Paul Davies
Prinzip Chaos

Paul Davies

Prinzip Chaos

Die neue Ordnung
des Kosmos

C. Bertelsmann

Die englische Originalausgabe ist 1987 unter dem Titel
»Cosmic Blueprint«
im Verlag Heinemann, London, erschienen.

Aus dem Englischen von Friedrich Griese

1. Auflage

© Text Paul Davies
Alle deutschen Rechte
© C. Bertelsmann Verlag, GmbH, München 1988
Umschlagfoto: S. C. Müller, Th. Plesser, B. Hess
Druck: Mohn, Gütersloh · Printed in Germany
ISBN 3-570-01748-6

Inhalt

Ob Ihnen das klar ist oder nicht:
Es besteht kein Zweifel daran, daß das Universum
sich erwartungsgemäß entfaltet.

Vorwort

Gewöhnlich stellt man sich unter der Erschaffung des Universums ein weit zurückliegendes plötzliches Ereignis vor. Diese Vorstellung wird von der Religion, aber auch von der Wissenschaft bestätigt, die Anhaltspunkte für einen »Urknall« besitzt. Doch durch diese schlichte Vorstellung wird verdeckt, daß die Erschaffung des Universums nie aufgehört hat.

Nach Ansicht der Kosmologen befand sich das Universum unmittelbar nach dem Urknall in einem vollkommen gestaltlosen Zustand, und erst später entstanden all die Strukturen und die Mannigfaltigkeit, die wir heute beobachten. Es gibt offenbar physikalische Vorgänge, die aus dem Nichts oder doch beinahe aus dem Nichts Sterne, Planeten, Kristalle, Wolken und Menschen entstehen lassen.

Woher kommt diese erstaunliche Schöpfungskraft? Kann die fortdauernde Kreativität der Natur mit den uns bekannten physikalischen Vorgängen erklärt werden, oder sind darüber hinaus Gestaltungsprinzipien wirksam, die der Materie und der Energie Form geben und sie zu immer höheren Zuständen der Ordnung und der Komplexität führen?

Erst in jüngster Zeit haben Wissenschaftler verstehen gelernt, wie aus Gestaltlosigkeit und Chaos Komplexität und Ordnung entstehen können. Forschungen auf so unterschiedlichen Gebieten wie der Turbulenz von Flüssigkeiten, dem Kristallwachstum und der Ausbildung von Nervensystemen zeigen, daß physikalische Systeme eine ausgeprägte Tendenz haben, spontan neue Ordnungen hervorzubringen. Offenkundig gibt es in allen Zweigen der Wissenschaft Prozesse der *Selbstorganisation*.

Wenn dem so ist, stellt sich eine grundlegende Frage: Ist die scheinbar unendliche Vielfalt der natürlichen Formen und Strukturen, die im Zuge der Entfaltung des Universums auftauchen, bloß das zufällige Ergebnis blinder Kräfte, oder ist sie das zwangsläufige Resultat des schöpferischen Wirkens der Natur? Die Wissenschaftler sind sich zum Beispiel nicht über die Entstehung des Lebens einig: Ist sie ein überaus seltenes Zufallsereignis, wie einige meinen, oder ist sie, wie andere sagen, der natürliche Endzustand von Zyklen sich selbst organisierender chemischer Reaktionen? Wenn die Mannigfaltigkeit der Natur schon in ihren Gesetzen steckt, bedeutet das dann, daß der gegenwärtige Zustand des Universums in einem gewissen Sinne vorherbestimmt war? Gibt es, bildlich gesprochen, einen kosmischen »Schöpfungsplan«?

Diese schwierigen Existenzfragen sind natürlich nicht neu – sie werden von Philosophen und Theologen seit Jahrtausenden gestellt. Besondere Aktualität gewinnen sie heute, weil sich die Ansichten der *Wissenschaftler* über die Natur des Universums durch neue Entdeckungen einschneidend ändern. Drei Jahrhunderte lang waren in der Naturwissenschaft die Paradigmen sei es der Newtonschen Physik oder der Thermodynamik bestimmend, nach denen das Universum entweder eine sterile Maschine war oder sich in einem Zustand des Niedergangs und Verfalls befand. Jetzt gibt es das neue Paradigma des schöpferischen Universums, nach dem die physikalischen Vorgänge etwas Progressives, Innovatives haben. Das neue Paradigma betont die kollektiven, kooperativen und organisierten Erscheinungen der Natur; es sieht sie weniger aus einer analytischen und reduktionistischen, sondern vielmehr aus einer synthetischen und holistischen Sicht.

Diese bedeutsamen Veränderungen möchte das vorliegende Buch allgemeinverständlich darstellen. Es berücksichtigt neue Erkenntnisse aus all den Disziplinen – von der Astronomie bis zur Biologie, von der Physik bis zur Neurologie –, in denen Komplexität und Selbstorganisation auftreten. Ich habe soweit wie möglich auf Fachterminologie verzichtet, aber dennoch gibt es wichtige Abschnitte, die besondere Aufmerksamkeit erfordern. Das gilt speziell für Kapitel 4, in dem sich einige kompliziertere Abbildungen finden. Der Leser sollte trotzdem nicht lockerlassen, denn ohne ein gewisses Maß an mathematischen Vorstellungen ist das Wesen des neuen Paradigmas nicht zu begreifen.

Bei der Zusammenstellung des Materials fand ich große Hilfe in meinen Kollegen an der Universität von Newcastle upon Tyne, die aber mit meinen Schlußfolgerungen nicht unbedingt einverstanden sein müssen. Besonderen Dank schulde ich Prof. Kenneth Burton, Dr. Ian Moss, Dr. Richard Rohwer und Dr. David Tritton. Danken möchte ich auch Dr. John Barrow, Prof. Roger Penrose und Prof. Frank Tipler, die mir hilfreiche Hinweise gegeben haben.

P. D.

1 Bauplan für ein Universum

Gott ist nicht länger ein Archivar, der eine von ihm ein für allemal festgelegte unendliche Abfolge aufblättert. Er ist die ganze Zeit dabei, die Schöpfung fortzusetzen.

Ilya Prigogine[1]

Der Ursprung der Dinge

Tief in uns steckt der Drang, über die Schöpfung nachzusinnen. Schon ein flüchtiger Blick zeigt deutlich, daß das Universum auf allen Stufen eine bemerkenswerte Ordnung aufweist. Materie und Energie sind weder gleichförmig noch beliebig verteilt, sondern zu kohärenten, erkennbaren Strukturen von einer bisweilen hochgradigen Komplexität organisiert. Woher kommen die unzähligen Galaxien, Sterne und Planeten, die Kristalle und Wolken, die Lebewesen? Auf welche Weise wurden sie zu einer so harmonischen und sinnreichen Interdependenz arrangiert? Man kann nicht einfach so tun, als sei der Kosmos mit seiner ehrfurchtgebietenden Ausdehnung und seiner reichen Fülle an Formen, vor allem aber mit seiner kohärenten Einheit eine wie selbstverständlich hinzunehmende Tatsache.

Noch bemerkenswerter ist, daß es *komplexe* Dinge gibt, zumal sie im allgemeinen eine ganz eigentümliche und anfällige Organisation besitzen und ständig allen möglichen zerstörerischen Einflüssen aus der Umgebung ausgesetzt sind, denen ihr Überleben herzlich gleichgültig ist. Dennoch schafft die geordnete Struktur des Universums es angesichts einer scheinbar unbarmherzigen Mutter

11

Natur nicht nur zu überleben, sondern sie gedeiht sogar ausgesprochen gut.

Es hat schon immer die Partei jener gegeben, die in der Harmonie und Ordnung des Kosmos einen Beweis für die Existenz eines metaphysischen Planers sehen wollen. In der Tatsache, daß es komplexe Formen gibt, äußert sich nach ihrer Ansicht die schöpferische Kraft des Planers. Mit dem Aufstieg der modernen Naturwissenschaft begann man jedoch, die Frage nach dem Ursprung der Dinge auf rationale Weise anzugehen. Man entdeckte, daß das Universum nicht immer so gewesen ist, wie wir es heute sehen. Geologische, paläontologische und astronomische Argumente sprachen dafür, daß die ungeheure Vielfalt von Formen und Strukturen, die unsere Welt bevölkern, nicht schon immer existierte, sondern im Laufe langer Zeiträume *aufgetaucht* ist.

Inzwischen ist den Wissenschaftlern klar, daß von den Objekten und Systemen, aus denen die von uns heute wahrgenommene Welt besteht, am Anfang *keines* existierte. Seit dem Zeitpunkt, da das Universum in einem plötzlichen Ausbruch, dem sogenannten »Urknall«, geboren wurde, haben sich all die Vielfalt und Komplexität des Universums nach und nach ergeben. Die Schöpfung sieht man heute so, daß der Kosmos in einem völlig gestaltlosen Zustand begann, um dann Schritt für Schritt zu dem gegenwärtigen Kaleidoskop organisierter Aktivität voranzuschreiten – man könnte sagen: sich zu *entfalten*.

Schöpfung aus dem Nichts

Der Philosoph Parmenides, der im 6. Jahrhundert vor Christus lebte, hat gelehrt, daß »nichts von nichts kommen kann«. Vielfach ist diese Aussage seither aufgegriffen worden. Sie bildet die Grundlage in etlichen Religionen, so beim Judentum und beim Christentum, das Problem der Schöpfung anzugehen. Die Anhänger des Parmenides gingen noch weiter und folgerten, daß es keine wirkliche Veränderung in der physikalischen Welt geben könne. Alle scheinbare Veränderung sei, behaupteten sie, eine Illusion. Ihr Universum ist von einer trostlosen Sterilität, unfähig, irgend etwas grundlegend Neues hervorzubringen.

Wer an den Ausspruch des Parmenides glaubt, kann nicht akzeptieren, daß das Universum spontan entstanden ist – es muß entweder immer schon bestanden haben, oder eine übernatürliche Macht hat es geschaffen. Die Bibel sagt ausdrücklich, daß Gott die Welt geschaffen habe, und christliche Theologen vertreten die Idee einer Schöpfung *ex nihilo* – buchstäblich aus nichts. Nur Gott, so heißt es, besitze die Macht, dies zu vollbringen.

Wie das physikalische Universum letztlich entstanden ist, ist ein Problem, das im Grenzbereich, nach Ansicht vieler Wissenschaftler sogar gänzlich außerhalb des Bereichs der Wissenschaft liegt. Dennoch hat es in jüngster Zeit ernsthafte Bemühungen gegeben, die Frage zu klären, wie das Universum aus dem Nichts aufgetaucht sein könnte, ohne gegen pyhsikalische Gesetze zu verstoßen. Aber wie kann etwas ohne Ursache entstehen?

Einen Zugang zu diesem scheinbaren Wunder liefert die *Quantenphysik.* Quantenprozesse sind *ihrem Wesen nach* unvorhersagbar und indeterministisch; es ist ganz und gar ausgeschlossen, in diesem Moment vorherzusagen, wie sich ein Quantensystem im nächsten verhalten wird, da das Gesetz von Ursache und Wirkung, das in der täglichen Erfahrung eine solide Grundlage hat, hier versagt. Spontane Änderungen sind in der Welt der Quanten nicht nur zulässig, sie sind sogar unausweichlich. Normalerweise beschränken sich Quanteneffekte auf den Bereich des Allerkleinsten, auf die Welt der Atome und ihrer Bausteine, doch grundsätzlich sollte die Quantenphysik für alles Gültigkeit besitzen. Es ist Mode geworden, die Quantenpyhsik des gesamten Universums zu untersuchen, man spricht von einer »Quantenkosmologie«. Es handelt sich um zaghafte und äußerst spekulative Überlegungen, die aber zu einer provozierenden Möglichkeit führen: Es ist jetzt nicht mehr gänzlich abwegig, wenn man sich vorstellt, das Universum sei durch einen Quantenprozeß spontan aus dem Nichts entstanden.

Das Problem, wie der Kosmos letztlich entstanden ist, wird wesentlich durch den Umstand erleichtert, daß das entstehende Universum offenbar weder Form noch Inhalt hatte. Daß ein Zustand gestaltloser Einfachheit spontan aus dem Nichts auftauchte, ist viel leichter zu glauben, als daß der gegenwärtige hochgradig komplexe Zustand des Universums fertig ins Dasein sprang.

Die Behebung des einen Problems führt sogleich zu einem anderen. Nun hat die Wissenschaft zu erklären, durch welche physikalischen Vorgänge die organisierten Systeme und die verwickelten Aktivitäten, die wir um uns beobachten, aus der anfänglichen Unterschiedslosigkeit des Urknalls hervorgegangen sind. Erst hielten wir es für möglich, daß sich das Universum selbst erschaffen hat, jetzt müssen wir ihm die Fähigkeit zuerkennen, *sich selbst zu organisieren*.

Immer mehr Wissenschaftler und Schriftsteller sind zu der Einsicht gelangt, daß die Fähigkeit der physikalischen Welt, sich selbst zu organisieren, eine fundamentale und überaus rätselhafte Eigenschaft des Universums darstellt. Daß die Natur *schöpferische Kraft* besitzt und eine immer reichere Mannigfaltigkeit von komplexen Formen und Strukturen hervorzubringen vermag, rührt an die Fundamente der zeitgenössischen Wissenschaft. »Das größte Rätsel der Kosmologie«, schreibt der Philosoph Karl Popper, bestehe darin, »daß das Universum in einem gewissen Sinne kreativ ist.«[2]

Der belgische Nobelpreisträger Ilya Prigogine und seine Koautorin Isabelle Stengers gelangen in ihrem Buch *Order Out of Chaos* zu ähnlichen Schlußfolgerungen: »Unser Universum hat einen pluralistischen, komplexen Charakter. Strukturen können verschwinden, aber sie können auch auftauchen.«[3] Prigogine und Stengers haben die englische Ausgabe ihres Buches Erich Jantsch gewidmet, der in seinem früher erschienenen Werk *Die Selbstorganisation des Universums* ebenfalls die Ansicht vertrat, daß die Natur so etwas wie einen »freien Willen« habe und daher Neues erzeugen könne: »...(wir) werden (...) vielleicht einmal die selbstorganisierenden Prozesse eines Universums verstehen, das nicht durch eine blinde Auswahl von Anfangsbedingungen determiniert ist, sondern teilweise Möglichkeiten zur Selbstbestimmung hat.«[4]

Diese radikal neuen Ideen sind der Wissenschaftspublizistik nicht entgangen. Louise Young spricht beispielsweise in schwärmerischem Ton von einem »unfertigen« Universum und äußert sich zu Poppers Frage: »Ich behaupte, daß wir einen sich ständig vollziehenden schöpferischen Vorgang miterleben, ja, daß wir an ihm teilhaben. Wie bei allen derartigen Unternehmungen war es unmöglich, das Endergebnis am Anfang vorherzusagen.« Sie vergleicht die sich entfaltende Organisation des Kosmos mit dem schöpferischen Tun des Künstlers: »... sie schließt Wandel und Wachstum ein, sie geht nach der Methode von Versuch und Irrtum vor, sie weist die verfügbaren Materialien zurück und formuliert sie neu, wenn neue Möglichkeiten auftauchen.«[5]

In den letzten Jahren hat es viel Aufhebens um das Problem der »Entstehung des Universums« gegeben, und es gibt eine Unmenge von populärwissenschaftlichen Büchern über »die Schöpfung«. Der Eindruck, den man daraus gewinnen kann: Das Universum wurde im Urknall mit einem Schlage geschaffen. Dabei wird immer deutlicher, daß die Schöpfung in Wirklichkeit ein ständiger, auch jetzt noch fortdauernder Prozeß ist. Die Existenz des Universums ist mit dem Urknall nicht erklärt – die Explosion, die am Anfang stand, brachte die Dinge lediglich in Gang.

Unsere Frage muß nun lauten: Wie kann das Universum, nachdem es einmal entstanden ist, im Einklang mit den Naturgesetzen völlig neue Dinge hervorbringen? Anders gefragt: Worauf beruht die schöpferische Potenz des Universums? Das wird die zentrale Frage dieses Buches sein.

Das Ganze und seine Teile

Für die meisten Menschen ist es eine offenkundige Tatsache, daß das Universum ein zusammenhängendes Ganzes bildet. Die Gesamtheit alles Seienden setzt sich zwar aus einer Unzahl von Bestandteilen zusammen, die aber zusammenzuhängen scheinen –

15

wenn nicht im Sinne einer Kooperation, so doch wenigstens in friedlichem Nebeneinander. In der Natur finden wir, kurz gesagt, Ordnung, Einheit und Harmonie, obwohl dort ebensogut Dissonanz und Chaos herrschen könnten.

Der griechische Philosoph Aristoteles entwarf ein Weltbild, das dem intuitiven Gefühl ganzheitlicher Harmonie weitgehend entsprach. Eine zentrale Rolle spielte in seinem Denken das Konzept der *Teleologie,* was in etwa bedeutet, daß ein Endzweck die Ursache der Erscheinungen ist. Er glaubte, das Verhalten von Objekten und Systemen folge einem umfassenden Plan, einer Bestimmung. Dies werde, so behauptete er, besonders an den Lebewesen deutlich, deren Bestandteile so zusammenwirken, daß ein Endzweck oder Endergebnis erreicht wird. Nach Aristoteles' Überzeugung verhalten sich lebende Organismen als ein zusammenhängendes Ganzes, weil es von dem gesamten Organismus, noch ehe er sich entwickelt, eine umfassende und vollständige »Idee« gibt. Entwicklung und Verhalten eines Lebewesens werden somit gelenkt und gesteuert von dem Gesamtplan, der dafür sorgt, daß es seinen ihm vorbestimmten Zweck erfüllt.

Aristoteles übertrug diese animistische Vorstellung auf den Kosmos insgesamt. Er behauptete, es gebe – wie wir heute sagen würden – einen *kosmischen Bauplan.* Das Universum wurde als eine Art Riesenorganismus aufgefaßt, der sich in systematischer und kontrollierter Weise auf seine ihm vorgegebene Bestimmung hin entfaltet. Das finalistische und teleologische Denken des Aristoteles fand später Eingang in die christliche Theologie und ist noch heute Grundlage des religiösen Denkens des Westens. Dem christlichen Dogma zufolge gibt es in der Tat einen kosmischen Bauplan, der Gottes Entwurf für ein Universum enthält.

In direktem Gegensatz zu Aristoteles standen die griechischen Atomisten, zum Beispiel Demokrit, nach dessen Lehre die Welt nichts anderes ist als Atome, die sich im leeren Raum bewegen. Alle Strukturen und Formen galten als bloß verschiedene Anordnungen von Atomen, und alle Veränderungen und Prozesse wurden auf bloße Umordnungen von Atomen zurückgeführt. Für den Atomisten ist das Universum eine Maschine, in der die Bewegungen aller einzelnen Atome von den blinden Kräften bestimmt werden, die von den übrigen Atomen ausgehen. Aus dieser Sicht gibt es keine Zweckursachen, keinen Gesamtplan, keinen Endzustand, auf den hin sich die Dinge entwickeln. Die Teleologie wird als eine mystische Vorstellung verworfen. Veränderungen werden allein von solchen Ursachen hervorgerufen, die aus der Gestalt und den Bewegungen anderer Atome entstehen.

Der Atomismus vermag die Ordnung und Harmonie der Welt nicht zu beschreiben, geschweige denn zu erklären. Betrachten wir einen lebenden Organismus: Man kann sich kaum dem Eindruck entziehen, daß die Atome des Organismus *kooperieren,* so daß ihr kollektives Verhalten eine kohärente Einheit bildet. Die organisierte Funktionsweise biologischer Systeme entzieht sich einer Beschreibung, für die das einzelne Atom blindlings von seinen Nachbarn umhergestoßen wird, ohne Bezug zur Gesamtstruktur. Schon im alten Griechenland gab es also den bis heute ungelösten tiefen Konflikt zwischen Holismus und Reduktionismus. Da gab es auf der einen Seite das synthetische, zweckbestimmte Universum des Aristoteles und auf der anderen eine streng materialistische Welt, die sich letztlich in die bloße mechanische Aktivität von Elementarteilchen auflösen, auf sie zurückführen ließ.

In der Folgezeit stand der Atomismus des Demokrit für das, was wir heute als naturwissenschaftliches Weltbild bezeichnen würden. Während der Renaissance wurden die Ideen des Aristoteles aus den physikalischen Wissenschaften verbannt. Etwas länger behaupteten sie sich in den biologischen Wissenschaften, und sei es nur, weil lebende Organismen so unverkennbar ein teleologisches Verhalten zeigen.

Doch Darwins Evolutionstheorie und der Aufstieg der modernen Molekularbiologie führten dazu, daß alle Formen von Animismus oder Finalismus entschieden verworfen wurden, und heute vertreten die meisten Biologen einen eindeutig mechanistischen und reduktionistischen Ansatz. Lebende Organismen werden allgemein

17

als lediglich komplexe Maschinen aufgefaßt, die auf der molekularen Ebene programmiert sind.

Das wissenschaftliche Paradigma, demzufolge alle physikalischen Erscheinungen auf das mechanische Verhalten ihrer elementaren Bestandteile zurückgeführt werden, hat sich als sehr erfolgreich erwiesen und zu vielen neuen und wichtigen Entdeckungen geführt. Dennoch nimmt die Unzufriedenheit mit dem radikalen Reduktionismus zu, macht sich das Gefühl breit, daß das Ganze tatsächlich mehr ist als die Summe seiner Teile. Analyse und Reduktion werden in den Wissenschaften immer eine zentrale Rolle spielen, aber viele können sich nicht damit abfinden, daß es eine ausschließliche Rolle sein soll. Besonders in der Physik gewinnt die synthetische oder holistische Betrachtungsweise immer mehr Anhänger, wenn es darum geht, bestimmte Arten von Problemen zu lösen.

Aber bei aller Bereitschaft, eine holistische Naturbeschreibung als notwendige Ergänzung des Reduktionismus anzuerkennen, werden viele Wissenschaftler die Vorstellung von einem kosmischen Bauplan als allzu mystisch ablehnen, denn sie setzt ja voraus, daß das Universum eine Zweckbestimmung hat, auf einen metaphysischen Planer zurückgeht. Solche Ansichten sind unter den Wissenschaftlern lange tabu gewesen. Die scheinbare Einheit des Universums könnte ja eine bloß anthropozentrische Projektion sein. Es könnte ja auch sein, daß sich das Universum so verhält, *als ob* es den Entwurf eines Bauplans verwirklichte, sich aber dennoch so entwickelt, daß es blind den Gesetzen gehorcht, die keinerlei Zweckbestimmung kennen.

Seit dem Anbruch des wissenschaftlichen Zeitalters haben diese fundamentalen Existenzfragen den Fortschritt der Erkenntnis begleitet. Ihre heutige Relevanz verdanken sie dem revolutionären Charakter neuerer Entdeckungen in der Kosmologie, der physikalischen Grundlagenforschung und der Biologie. In den folgenden Kapiteln werden wir zeigen, daß die Wissenschaftler sich allmählich ein Bild davon machen, wie Organisation und Komplexität in der Natur entstehen, und zu verstehen beginnen, woher die schöpferische Kraft des Universums rührt.

2 Der fehlende Pfeil

Ein Uhrwerks-Universum

Ein guter Schütze weiß, daß er nicht richtig gezielt hat, wenn die Kugel ihr Ziel verfehlt. So banal diese Feststellung klingt, steckt dahinter doch eine tiefe Wahrheit. Daß eine Kugel den Raum zwischen dem Lauf der Waffe und dem Ziel auf einer ganz bestimmten Bahn durchquert und daß diese Bahn durch die Größe und Richtung der Mündungsgeschwindigkeit vollständig determiniert ist, ist ein klarer Beleg für die – wie man sagen könnte – Verläßlichkeit der Natur. Im Vertrauen auf den nie versagenden Zusammenhang zwischen Ursache und Wirkung kann der Schütze die Bahn der Kugel im voraus abschätzen. Er weiß, daß die Kugel bei korrekter Ausrichtung der Waffe das Ziel treffen wird.

Das Vertrauen des Schützen beruht auf jenem gewaltigen Bestand an Erkenntnissen, den wir als klassische Mechanik bezeichnen. Seine Anfänge reichen bis ins Altertum zurück; schon den Jägern der Frühzeit muß bekannt gewesen sein, daß der Flug eines Steins aus der Schleuder oder eines Pfeils vom Bogen keine Sache des Zufalls war und die Ungewißheit hauptsächlich im Abwurf selbst steckte. Doch erst im 17. Jahrhundert sollten die Bewegungsgesetze durch Galileo Galilei und Isaac Newton ihre angemessene Formulierung erhalten. Newton legte in seinem 1687 erschienenen monumentalen Werk *Principia* seine berühmten drei Gesetze nieder, von denen die Bewegung materieller Körper bestimmt wird.

Newtons drei Gesetze, in die Form mathematischer Gleichungen gefaßt, besagen, daß die Bewegung eines Körpers durch den Raum gänzlich von den Kräften bestimmt wird, die auf ihn einwirken, nachdem seine Anfangslage und -geschwindigkeit einmal feststehen. Im Falle der Kugel kommt als nennenswerte Kraft nur die Anziehung der Schwerkraft in Frage, durch die die Bahn der Kugel leicht zu einer parabolischen Kurve gekrümmt wird.

Newton erkannte, daß die Schwerkraft auch die Bahnen der Planeten um die Sonne krümmt, und zwar zu Ellipsen. Es war ein triumphaler Erfolg, daß seine Bewegungsgesetze nicht nur die Form der Planetenbahnen, sondern auch die Umlaufzeiten korrekt beschrieben. Damit war bewiesen, daß auch die Himmelskörper universellen Bewegungsgesetzen gehorchen. Newton und seine Zeitgenossen vermochten das Funktionieren des Sonnensystems immer genauer und zutreffender zu erklären. Der Astronom Halley zum Beispiel berechnete die Bahn des nach ihm benannten berühmten Kometen und konnte dadurch angeben, wann er wieder erscheinen würde.

Während die Berechnungen immer raffinierter (und komplizierter) wurden, ließen sich die Positionen von Planeten, Kometen und Asteroiden mit immer größerer Genauigkeit vorhersagen. Wenn eine Abweichung auftrat, ließ sie sich auf die Wirkung einer Kraft zurückführen, die man bis dahin übersehen hatte. Die Planeten Uranus, Neptun und Pluto wurden entdeckt, weil ihre Gravitationsfelder bei den Bahnen der übrigen Planeten Störungen hervorriefen, die man sich nicht anders erklären konnte.

Nun konnte zwar im konkreten Fall eine Berechnung nur mit endlicher Genauigkeit durchgeführt werden, doch nahm man allgemein an, daß, wären nur die beteiligten Kräfte bekannt, die Bewegung jedes einzelnen Materiebruchstücks im Universum sich mit beliebiger Genauigkeit berechnen ließe. Diese Annahme schien in der Astronomie, wo die Schwerkraft die dominierende Kraft ist, spektakuläre Bestätigung zu finden. Sehr viel schwerer war sie jedoch bei kleineren Körpern nachzuprüfen, die einer Vielzahl von kaum verstandenen Kräften ausgesetzt sind. Dennoch glaubte man, daß Newtons Gesetze für *sämtliche* Materieteilchen gelten, auch für einzelne Atome.

Schließlich erkannte man, daß sich daraus eine alarmierende

Schlußfolgerung ergab. Wenn jedes Materieteilchen den Newtonschen Gesetzen unterliegt, so daß seine Bewegung gänzlich von den Anfangsbedingungen und der von allen übrigen Teilchen ausgehenden Kräfteverteilung determiniert ist, dann muß das gesamte Geschehen im Universum bis hin zur winzigsten Bewegung eines Atoms vollständig und in allen Einzelheiten feststehen.

Diese verblüffende Folgerung sprach der französische Physiker Pierre Laplace in einer berühmt gewordenen Passage explizit aus:

Eine Intelligenz, welche für einen gegebenen Augenblick alle in der Natur wirkenden Kräfte sowie die gegenseitige Lage der sie zusammensetzenden Elemente kennte und überdies umfassend genug wäre, würde in derselben Formel die Bewegungen der größten Weltkörper wie des leichtesten Atoms umschließen; nichts würde ihr ungewiß sein, und Zukunft wie Vergangenheit würden ihr offen vor Augen liegen.[1]

Laplaces Behauptung bedeutet, daß alles, was jemals im Universum geschehen ist, alles, was derzeit geschieht, und alles, was künftig geschehen wird, vom ersten Augenblick an unabänderlich determiniert war. In unseren Augen mag die Zukunft ungewiß sein – in Wirklichkeit ist sie *bereits in allen Einzelheiten festgelegt*. Entscheidungen oder Taten von Menschen können am Schicksal auch nur eines einzigen Atoms nicht das geringste ändern, denn auch wir sind Teil des physikalischen Universums. Mögen wir uns auch noch so frei fühlen – nach Laplace ist alles, was wir tun, vollkommen determiniert. Ja, der ganze Kosmos wird zu einem gigantischen Uhrwerks-Mechanismus reduziert, und jede Komponente führt sklavisch und unfehlbar ihre vorprogrammierten Anweisungen mit mathematischer Genauigkeit aus. Das ist die radikale Schlußfolgerung aus Newtons Mechanik.

Notwendigkeit

Den in Newtons Weltsicht enthaltenen Determinismus kann man auch so ausdrücken, daß man sagt, daß jedes Ereignis sich *mit Notwendigkeit* vollzieht. Es muß sich ereignen – das Universum hat keine Wahl. Schauen wir uns näher an, wie diese Notwendigkeit formuliert ist.

Es ist eine wesentliche Eigenschaft des Newtonschen Paradigmas, daß der Welt oder einem Teil der Welt ein *Zustand* zugeschrieben werden kann. Dieser Zustand kann zum Beispiel in der Lage und Geschwindigkeit eines Teilchens bestehen, in der Temperatur und dem Druck eines Gases oder in einer Reihe von komplizierteren Größen. Wenn in der Welt etwas geschieht, verändern sich die Zustände von physikalischen Systemen. Nach dem Newtonschen Paradigma lassen sich diese Veränderungen mit Hilfe der Kräfte erklären, die auf das System einwirken, und zwar im Einklang mit dynamischen Gesetzen, die ihrerseits von den Zuständen abhängig sind.

Der Erfolg der wissenschaftlichen Methode läßt sich weitgehend auf die Fähigkeit des Wissenschaftlers zurückführen, allgemeine Gesetze zu erkennen, mit deren Hilfe bei verschiedenen physikalischen Systemen gemeinsame Merkmale erfaßt werden können. Kugeln zum Beispiel folgen parabolischen Bahnen. Würde jedes System eine je eigene Beschreibung erfordern, so gäbe es keine Wissenschaft, wie wir sie kennen. Auf der anderen Seite wäre die Welt sterbenslangweilig, wenn allein die Bewegungsgesetze ausreichen würden, um alles, was geschieht, zu bestimmen. In Wirklichkeit beschreiben die Gesetze *Klassen* von Verhaltensweisen. Im konkreten Einzelfall müssen sie durch die Angabe von Anfangsbedingungen ergänzt werden. Zur eindeutigen Bestimmung einer Parabelbahn muß der Schütze zum Beispiel die Richtung und die Geschwindigkeit der Kugel an der Gewehrmündung kennen.

Der Zusammenhang zwischen Zuständen und dynamischen Gesetzen ist derart beschaffen, daß der Zustand eines Systems in einem gegebenen Zeitpunkt seine Zustände in allen späteren Zeit-

punkten *determiniert*. Dieses deterministische Element, das Newton in die Mechanik einbaute, hat anschließend die gesamte Naturwissenschaft durchdrungen. Da es eine Vorhersage möglich macht,
bildet es die Grundlage der *Überprüfung* von wissenschaftlichen
Aussagen.

Das Herzstück der wissenschaftlichen Methode besteht in der Fähigkeit des Wissenschaftlers, Ereignisse der realen Welt mit mathematischen Mitteln abzubilden oder nachzubilden. Der theoretische
Physiker zum Beispiel kann die einschlägigen dynamischen Gesetze
in Form von Gleichungen niederschreiben, die Angaben über den
Anfangszustand des Systems, das er nachbilden möchte, einsetzen
und die Gleichungen lösen, um herauszufinden, wie das System
sich entwickeln wird. Die Abfolge der Ereignisse, die dem System in
der Realität zustoßen, wird in den mathematischen Formeln abgebildet. In diesem Sinne darf man sagen, daß die Mathematik die
Realität nachzuahmen vermag.

Bei der Wahl der Gleichungen, mit denen man die Entwicklung
eines physikalischen Systems beschreiben möchte, sind bestimmte
Bedingungen zu beachten. Eine Eigenschaft, welche die Gleichungen selbstverständlich besitzen müssen, ist die, daß es für alle möglichen Zustände des Systems eine Lösung der Gleichungen geben
muß. Diese Lösung muß darüber hinaus eindeutig sein, da die Mathematik sonst mehr als eine mögliche Realität nachahmen würde.
Die beiden Bedingungen – daß eine Lösung existieren und daß sie
eindeutig sein muß – schränken die Form der verwendbaren Gleichungen stark ein. In der Praxis wird der Physiker zumeist Differentialgleichungen zweiten Grades verwenden. Dem deterministischen Zusammenhang zwischen Abfolgen von physikalischen Zuständen entspricht auf der mathematischen Ebene die logische Abhängigkeit, die in den Gleichungen zwischen verschiedenen Größen
besteht. Das wird ganz offenkundig, wenn ein Computer die
Gleichungen löst, um die Entwicklung eines dynamischen Systems
zu simulieren. Im Verlauf der Simulation wird jeder Rechenschritt
logisch durch den vorhergegangenen determiniert.

Die Physik hat in den drei Jahrhunderten, die seit dem Erscheinen der *Principia* vergangen sind, große Erschütterungen erlebt, und das ursprüngliche Newtonsche Weltbild ist ungeheuer erweitert worden. Als die wirklich fundamentalen materiellen Größen gelten heute nicht mehr die Teilchen, sondern *Felder*. Teilchen werden als Störungen in den Feldern aufgefaßt und sind damit auf einen sekundären Status reduziert worden. Die Felder werden aber immer noch gemäß dem Newtonschen Paradigma aufgefaßt, ihre Aktivität wird also durch Bewegungsgesetze und Anfangsbedingungen determiniert. Auch die Revolutionen, die die Quantentheorie und die Relativitätstheorie mit sich brachten und die zu einem tiefgreifenden Wandel in unserem Verständnis von Raum, Zeit und Materie führten, haben das Paradigma nicht in seinem Kern verändert. Das System wird noch immer im Sinne von Zuständen beschrieben, die sich nach feststehenden dynamischen Gesetzen deterministisch entwickeln. Ob Feld oder Teilchen – alles, was geschieht, geschieht noch immer »mit Notwendigkeit«.

Reduktion

Das Newtonsche Paradigma paßt mit der im vorigen Kapitel erwähnten Philosophie des Atomismus hervorragend zusammen. Das Verhalten eines makroskopischen Körpers läßt sich auf die Bewegung der ihn konstituierenden Atome reduzieren, die sich nach den mechanistischen Gesetzen Newtons bewegen. Das Verfahren, physikalische Systeme in ihre elementaren Bestandteile aufzulösen und auf der niedrigsten Ebene nach einer Erklärung für ihr Verhalten zu suchen, nennt man *Reduktionismus*. Es hat einen mächtigen Einfluß auf das wissenschaftliche Denken gehabt.

Der Reduktionismus hat die Physik so tief durchdrungen, daß es nach wie vor das oberste Ziel dieses Faches ist, die fundamentalen Felder (und damit Teilchen) und ihr Verhalten in Wechselwirkung zu identifizieren. In den letzten Jahren hat es spektakuläre Fortschritte in Richtung auf dieses Ziel gegeben. Der Theoretiker möchte, genaugenommen, zu einem mathematischen Ausdruck gelangen, den man als Lagrange-Funktion bezeichnet, nach dem französischen Physiker Joseph Lagrange, der den Newtonschen Gesetzen eine elegante Formulierung gegeben hat. Wenn man eine Lagrange-Funktion für ein System (gleichgültig, ob aus Feldern, aus Teilchen oder aus beidem bestehend) hat, gibt es ein wohldefiniertes mathematisches Verfahren, um daraus die dynamischen Gleichungen zu gewinnen.

Um dieses Verfahren ist eine regelrechte Philosophie entstanden: Sobald man eine Lagrange-Funktion gefunden hat, die ein System exakt beschreibt, gilt das Verhalten dieses Systems als »erklärt«. Kurz, *eine Lagrange-Funktion kommt einer Erklärung gleich.* Könnte also ein Theoretiker eine Lagrange-Funktion vorlegen, die sämtliche beobachteten Felder und Teilchen korrekt beschreibt, so wäre er überzeugt, weiter nichts zu benötigen. Wenn dann jemand nach einer Erklärung des Universums mit all seiner verwickelten Komplexität fragte, würde der theoretische Physiker bloß auf die Lagrange-Funktion verweisen und sagen: »Da! Ich habe alles erklärt!«

Diese Überzeugung, daß alle Dinge sich letztlich aus der fundamentalen Lagrange-Funktion ergeben, gilt unter Physikern nahezu als unzweifelhaft. Leon Lederman, der Direktor des Fermi National Accelerator Laboratory bei Chicago, hat ihr prägnant Ausdruck gegeben: »Wir hoffen, das gesamte Universum in einer einzigen, einfachen Formel [d. h. einer Lagrange-Funktion] zu erklären, die Sie auf Ihrem T-Shirt tragen können.«[2]

Der Cambridger Theoretiker Stephen Hawking hat vor einiger Zeit in seiner Antrittsvorlesung als Lucasian-Professor eine ähnliche Linie vertreten. Wie es sich für den Inhaber des Lehrstuhls, den einst Newton innehatte, möglicherweise geziemt, stellte Hawking zwanglose Vermutungen über den endgültigen Triumph des Newtonschen Paradigmas an. Angeregt durch die raschen Fortschritte, die man über den Ansatz der sogenannten Superschwerkraft in Richtung auf die fundamentale Lagrange-Funktion aller bekannten Felder gemacht hat, gab Hawking seiner Vorlesung den Titel: »Ist das Ende der theoretischen Physik in Sicht?« Gemeint war damit natürlich, daß, wenn man eine solche Lagrange-Funktion hätte, die theoretische Physik ihren Abschluß gefunden hätte und nur noch technische Einzelheiten zu klären blieben. Die Welt wäre »erklärt«.

Was ist mit der Zeit passiert?

Wenn die Zukunft vollkommen durch die Gegenwart determiniert ist, dann ist die Zukunft in einem gewissen Sinne bereits in der Gegenwart enthalten. Dem Universum kann ein gegenwärtiger Zustand zugeschrieben werden, der alle Informationen enthält, die man braucht, um die Zukunft – und in Umkehrung des Arguments auch die Vergangenheit – zu konstruieren. Die gesamte Existenz ist demnach in einem einzigen Augenblick gleichsam eingekapselt, gefroren. Die Zeit existiert lediglich als ein Parameter zur Messung des Abstandes zwischen Ereignissen. Vergangenheit und Zukunft haben keine reale Bedeutung. In Wirklichkeit *geschieht* nichts.

Prigogine hat die Zeit als »die vergessene Dimension« bezeichnet, wegen der Wirkungslosigkeit, zu der sie durch das Newtonsche Weltbild verurteilt wurde. Wir erleben die Zeit normalerweise ganz anders. Subjektiv haben wir das Gefühl, daß die Welt sich verändert, sich entwickelt. Vergangenheit und Zukunft haben eine klare und unverwechselbare Bedeutung. Die Welt erscheint uns wie ein Film. Es gibt Aktivität, es geschieht etwas, die Zeit *fließt*.

Diese subjektive Sicht einer aktiven, sich entwickelnden Welt wird durch die Beobachtung gestützt. Die sich ringsum vollziehenden Veränderungen sind mehr als eine bloße Umordnung von Atomen im leeren Raum im Sinne Demokrits. Eine Umordnung von Atomen findet gewiß statt, aber auf eine systematische Weise, die zwischen Vergangenheit und Zukunft einen Unterschied setzt. Man braucht nur einen Film rückwärts ablaufen zu lassen, und man erkennt, wie viele alltägliche physikalische Vorgänge zeitlich asymmetrisch sind. Das gilt nicht für unsere unmittelbare Erfahrung.

Das Universum insgesamt durchläuft einen *Wandel in einer Richtung* – eine Asymmetrie, die oft durch einen imaginären »Pfeil der Zeit« symbolisiert wird, der aus der Vergangenheit in die Zukunft weist.

Wie lassen sich diese beiden voneinander abweichenden Auffassungen der Zeit miteinander in Einklang bringen?

Die Newtonsche Zeit rührt von einer ganz elementaren Eigenschaft der Bewegungsgesetze her: sie sind reversibel. Das heißt, die Gesetze machen zwischen »Zeit vorwärts« und »Zeit rückwärts« keinen Unterschied – der Pfeil der Zeit kann in beide Richtungen weisen. Vom Standpunkt dieser Gesetze aus wäre ein rückwärts abgespielter Film eine durchaus annehmbare Abfolge realer Ereignisse. Doch von unserem Standpunkt aus ist eine solche umgekehrte Abfolge unannehmbar, weil die meisten physikalischen Vorgänge, die sich in der realen Welt abspielen, *irreversibel* sind.

Die Irreversibilität nahezu sämtlicher Naturerscheinungen ist eine grundlegende Erfahrungstatsache. Man braucht sich nur vorzustellen, daß man versuchen würde, ein zerbrochenes Ei wieder ganz zu machen, jünger zu werden, einen Fluß bergauf fließen zu lassen oder die im Kaffee verrührte Milch wieder »herauszurühren«. Das sind Dinge, die einfach nicht rückgängig zu machen sind. Damit entsteht jedoch ein merkwürdiges Paradoxon. Wenn die Gesetze, die der Aktivität jedes einzelnen Atoms in diesen Systemen zugrunde liegen, reversibel sind, woher kommt dann die Irreversibilität?

Die Andeutung einer Antwort fand man Mitte des 19. Jahrhunderts bei der Erforschung der Thermodynamik. Physiker, denen es um den Wirkungsgrad von Wärmekraftmaschinen ging, hatten einige Gesetze über den Austausch von Wärme und ihre Umwandlung in andere Formen von Energie formuliert. Eines davon, der sogenannte *Zweite Hauptsatz der Thermodynamik*, enthielt den Schlüssel zum Pfeil der Zeit. In seiner ursprünglichen Form besagt der Zweite Hauptsatz ungefähr, daß Wärme nicht ohne weiteres von kalten auf warme Körper übergehen kann. Das ist uns natürlich aus unserer normalen Erfahrung ganz vertraut. Wenn wir Eis in warmes Wasser tun, läßt das Wasser das Eis schmelzen, weil Wärme aus der warmen Flüssigkeit auf das kalte Eis übergeht. Den umgekehrten Vorgang, daß Wärme aus dem Eis fließt und das Wasser noch weiter erwärmt, hat man noch nie beobachtet.

Eine Präzisierung erfuhren diese Vorstellungen durch die Definition einer Größe namens *Entropie*, unter der man sich, ganz grob gesagt, ein Maß für die Potenz der Wärmeenergie vorstellen kann. In einem einfachen System, etwa einem mit Luft oder Wasser gefüllten Kolben, wird, wenn in dem gesamten Kolben eine gleichförmige Temperatur herrscht, nichts geschehen. Das System verharrt in einem gleichbleibenden Zustand, den man *thermodynamisches Gleichgewicht* nennt. Gewiß enthält der Kolben Wärmeenergie, aber diese Energie kann nichts tun, sie ist wirkungslos. Ist die Wärmeenergie dagegen an einer »heißen Stelle« konzentriert, so wird etwas geschehen, es kommt zum Beispiel zu Konvektion oder zu Dichteänderungen. Diese Vorgänge werden so lange anhalten, bis die Wärmeenergie sich zerstreut hat und das System bei gleichförmiger Temperatur ein Gleichgewicht erreicht.

Bei der Bestimmung der Entropie eines solchen Systems ist sowohl die Wärmeenergie als auch die Temperatur zu berücksichtigen, und man kann sagen, daß die Entropie um so geringer ist, je größer die »Potenz« der Wärmeenergie ist. Ein Zustand des thermodynamischen Gleichgewichts, bei dem die Wärmeenergie wirkungslos ist, besitzt maximale Entropie. Der Zweite Hauptsatz der Thermodynamik kann demnach so ausgedrückt werden: *In einem abgeschlossenen System nimmt die Entropie niemals ab.* In einem System zum Beispiel, das zunächst eine nichtgleichförmige Temperaturverteilung, also eine relativ geringe Entropie, aufweist, wird Wärme fließen, und die Entropie wird zunehmen, bis sie ein Maximum erreicht; dann wird die Temperatur gleichförmig sein, und es wird ein thermodynamisches Gleichgewicht eingetreten sein.

Die Beschränkung auf ein abgeschlossenes System ist wichtig. Wenn zwischen dem System und seiner Umgebung Wärme oder andere Formen von Energie ausgetauscht werden können, ist es natürlich möglich, die Entropie zu vermindern. Genau das geschieht zum Beispiel in einem Kühlschrank, wo kalten Körpern Wärme entzogen und an die warme Umgebung abgeführt wird. Das ist jedoch nicht umsonst, und im Falle des Kühlschranks besteht der Preis im Energieaufwand, d. h. im Stromverbrauch. Wenn man diesen Preis berücksichtigt, indem man den Kühlschrank, seinen Stromverbrauch, die Umgebungsluft usw. zu einem größeren System zusammenfaßt, dann nimmt die Entropie insgesamt zu, auch wenn sie örtlich (innerhalb des Kühlschranks) abgenommen hat.

Zufall

Die Wirkungsweise des Zweiten Hauptsatzes läßt sich recht gut erkennen, wenn man den Wärmeaustausch zwischen Gasen studiert. Die kinetische Gastheorie wurde im 19. Jahrhundert von James Clerk Maxwell in Großbritannien und Ludwig Boltzmann in Österreich entwickelt. Ein Gas war im Sinne dieser Theorie eine gewaltige Ansammlung von Molekülen, die sich in ununterbrochener chaotischer Bewegung befinden und ständig aufeinander und gegen die Wände des Behälters prallen. Die Temperatur des Gases wurde mit der Unruhe der Moleküle in Verbindung gebracht, und der Druck wurde dem unablässigen Bombardement der Behälterwände zugeschrieben.

Dieses eingängige Bild macht es leicht verständlich, daß Wärme vom Heißen zum Kalten fließt. Angenommen, das Gas ist in einem Teil des Behälters wärmer als im anderen. Die Moleküle in dem wärmeren Teil, die sich rascher bewegen, werden durch die wiederholten Zusammenstöße bald etwas von ihrem Energieüberschuß an ihre langsameren Nachbarn abgeben. Wenn die Moleküle sich ziellos bewegen, dauert es nicht lange, bis der Energieüberschuß einigermaßen gleichmäßig über den ganzen Behälter verteilt ist und schließlich ein einheitliches Maß an Bewegung (d. h. Temperatur) erreicht wird.

Warum wir diesen Temperaturausgleich als irreversibel betrachten, läßt sich am besten durch den Vergleich mit dem Kartenmischen erläutern. Die Zusammenstöße der Moleküle wirken sich ähnlich aus wie das zufällige Neuordnen eines Packs Spielkarten. Wenn die Karten anfangs auf eine bestimmte Weise – zum Beispiel nach Farben und nach Werten – geordnet sind und man sie dann mischt, wird man kaum annehmen, durch weiteres Mischen die ursprüngliche geordnete Reihenfolge wiederherstellen zu können. Wahlloses Mischen führt nun einmal in der Regel zu einem Durcheinander. Es verwandelt Ordnung in ein Durcheinander, und es verwandelt ein Durcheinander in ein Durcheinander, aber praktisch nie verwandelt es ein Durcheinander in Ordnung.

Man könnte folgern, daß der Übergang von einer geordneten Kartenfolge zu einem Durcheinander eine irreversible Veränderung sei und einen Pfeil der Zeit definiere: Ordnung ≫ Unordnung. Diese Folgerung beruht jedoch auf einer Mogelei. Man nimmt an, daß wir, wenn wir eine geordnete Folge sehen, erkennen, daß sie geordnet ist, aber eine ungeordnete Folge nicht von einer anderen ungeordneten unterscheiden. Dann ist natürlich klar, daß es weit mehr Kartenfolgen gibt, die als »ungeordnet« bezeichnet werden, denn solche, die als »geordnet« bezeichnet werden. Daraus folgt, daß bei wirklich wahllosem Mischen weit häufiger ungeordnete als geordnete Folgen herauskommen werden – weil es so viele mehr davon gibt. Man könnte das auch so ausdrücken: Wenn man sich zufällig eine Folge herauspickt, besteht eine weit größere Chance, daß sie ungeordnet ist, als daß sie geordnet ist.

Zwei wichtige Ideen lassen sich anhand des Beispiels mit dem Kartenmischen verdeutlichen. Zum einen wurde der Begriff der Irreversibilität mit den teilweise subjektiven Begriffen der Ordnung und Unordnung in Zusammenhang gebracht. Hätten alle Kartenfolgen für uns die gleiche Bedeutung, dann könnte von »einer gewaltigen Anzahl von ungeordneten Zuständen« keine Rede sein, und Mischen hieße nichts anderes, als eine bestimmte Kartenfolge in eine andere bestimmte Kartenfolge zu überführen. Zum anderen spielt hier in einem ganz fundamentalen Sinne die *Statistik* herein. Der Übergang von Ordnung zu Unordnung ist nicht *absolut* unvermeidlich – er ist bei wahllosem Mischen nur sehr *wahrscheinlich*. Es besteht ganz offenkundig eine winzige, aber doch von Null verschiedene Chance, daß eine ungeordnete Kartenfolge durch Mischen in eine nach Farben geordnete Folge übergeführt wird, ja, wenn man nur lange genug mischt, wird schließlich *jede* mögliche Folge auftauchen, einschließlich der ursprünglichen.

Es hat also den Anschein, als könnte ein unermüdlicher Mischer es schaffen, die ursprüngliche geordnete Folge wiederherzustellen. Offensichtlich ist die Zerstörung des geordneten Anfangszustandes nicht im mindesten irreversibel: Dem Kartenmischen haftet nichts Zeitlich-Asymmetrisches an.

Ist es demnach falsch, hier vom Pfeil der Zeit zu sprechen? Genaugenommen nein. Mit Sicherheit können wir sagen, daß bei einer anfangs geordneten Kartenfolge die Wahrscheinlichkeit, daß sie nach mehrmaligem Mischen weniger geordnet sein wird als vorher, ungeheuer groß ist. Aber es ist offenbar nicht das Mischen als solches, das den Pfeil der Zeit ins Spiel bringt, sondern der spezielle, geordnete Anfangszustand.

Damit haben wir einen relativ zwanglosen Übergang zum Beispiel des Gases. Der Zustand des Gases ist in jedem beliebigen Zeitpunkt durch Angabe des Ortes und der Geschwindigkeit jedes einzelnen Moleküls gegeben. Könnten wir ein Gas wirklich auf der molekularen Ebene beobachten und hätte jeder Zustand für uns die gleiche Bedeutung, dann gäbe es keinen Pfeil der Zeit. Das Gas würde sich lediglich selbst aus einem bestimmten Zustand in einen anderen »mischen«. In der Praxis interessieren uns aber nicht der genaue Ort und die Geschwindigkeit jedes einzelnen Moleküls, und wir könnten sie auch nicht alle beobachten. Die meisten Zustände sind für uns einfach »ungeordnet«, und wir machen keine Unterschiede zwischen ihnen. Wenn das Gas anfangs in einem relativ geordneten Zustand ist (wie in dem Fall, daß es an einem Ende heiß und am anderem kalt ist), dann ist die Wahrscheinlichkeit, daß durch die Zusammenstöße der Moleküle ein weniger geordneter Zustand entsteht, ungeheuer groß – einfach deshalb, weil es für das Gas soviel mehr Möglichkeiten gibt, statt geordnet ungeordnet zu sein.

Das alles läßt sich quantifizieren; man kann berechnen, auf wie viele verschiedene Arten die Moleküle auf mikroskopischer Ebene angeordnet sein können, ohne daß wir auf der makroskopischen Ebene irgendeine Veränderung bemerken. Dies ist Gegenstand der *statistischen Mechanik*. Das Volumen des Behälters wird aufgeteilt in kleine Zellen, die dem Auflösungsvermögen unserer Beobachtungsinstrumente entsprechen. Es geht dann darum, ob ein Molekül sich in einer bestimmten Zelle aufhält oder nicht. Wo genau es sich innerhalb der Zelle befindet, interessiert uns nicht. Für die Geschwindigkeiten macht man es genauso. Die verschiedenen Verteilungsmöglichkeiten der Moleküle auf die Zellen lassen sich dann einfach berechnen. Aus der Sicht des makroskopischen Beobachters kann der Zustand des Gases jetzt zum Beispiel durch die Anzahl der Moleküle je Zelle angegeben werden.

Für bestimmte Zustände des Gases wird es danach nur sehr wenige Wege geben, auf denen sie erreicht werden – zum Beispiel der Zustand, in dem alle Moleküle sich in einer Zelle befinden. Andere Zustände werden dagegen auf sehr vielen verschiedenen Wegen erreichbar sein. Allgemein gilt: Je weniger geordnet ein Zustand ist, desto größer ist die Zahl der möglichen Verteilungen der Moleküle auf die Zellen, durch die er erreicht werden kann.

Es gibt einen Zustand, der die »maximale Unordnung« darstellt. Dieser Zustand kann auf die größtmögliche Zahl von Wegen erreicht werden. Wenn die Zustände also wahllos »gemischt« werden, wird höchstwahrscheinlich der Zustand maximaler Unordnung entstehen. Wenn das Gas diesen Zustand erreicht hat, wird es höchstwahrscheinlich darin bleiben, denn ein weiteres wahlloses Mischen wird mit noch größerer Wahrscheinlichkeit diesen auf vielen Wegen erreichbaren Zustand reproduzieren und nicht zu einem der selteneren Zustände führen. Der Zustand maximaler Unordnung entspricht daher der Bedingung des thermodynamischen Gleichgewichts.

Nun läßt sich eine statistische Größe definieren, die das »Maß der Unordnung« des Gases wiedergibt. Boltzmann zeigte, daß diese Größe – vorausgesetzt, die molekularen Zusammenstöße sind (in einem ganz präzisen Sinne) chaotisch – mit überwältigender Wahrscheinlichkeit zunimmt. Dies ist aber genau das Verhalten, das auch die thermodynamische Eigenschaft namens Entropie aufweist. Boltzmann hatte demnach eine Größe in der statistischen Mechanik gefunden, die der entscheidenden thermodynamischen Größe der Entropie entspricht. Mit seiner Beweisführung hatte er somit zumindest an einem einfachen Modell eines Gases gezeigt, wie der Zweite Hauptsatz der Thermodynamik es anstellt, die Entropie hochzutreiben, bis sie ein Maximum erreicht.

Maxwell und Boltzmann enthüllten durch ihre Arbeit einen Pfeil der Zeit, indem sie den Begriff des *Zufalls* in die Physik einführten. Der französische Biologe Jacques Monod hat die Natur als ein Wechselspiel von Zufall und Notwendigkeit beschrieben. Die Welt der Newtonschen Notwendigkeit besitzt keinen Pfeil der Zeit. Boltzmann fand einen Pfeil, der im molekularen Roulette der Natur verborgen liegt.

Stirbt das Universum?

Die wohl furchterregendste Erkenntnis, zu der man in der ganzen Geschichte der Wissenschaft jemals gelangte, wurde erstmals 1854 von dem deutschen Physiker Hermann von Helmholtz verkündet. Das Universum, behauptete Helmholtz, ist zum Untergang verurteilt.

Diese apokalyptische Vorhersage beruhte auf dem Zweiten Hauptsatz der Thermodynamik. Der mit jedem Naturvorgang verbundene unbarmherzige Anstieg der Entropie könne, sagte Helmholtz, am Ende nur dazu führen, daß alle interessante Aktivität im gesamten Universum zum Erliegen kommt, da der ganze Kosmos irreversibel in einen Zustand des thermodynamischen Gleichgewichts abgleitet. Das Universum zehrt Tag für Tag von seinem Vorrat an potenter Energie und vergeudet sie in Gestalt nutzloser Abwärme. Diese unerbittliche Verschleuderung einer endlichen und unersetzlichen Ressource hat zur Folge, daß das Universum langsam, aber sicher stirbt, indem es in seiner eigenen Entropie erstickt.

Wir können das unablässige Fortschreiten dieses kosmischen Niedergangs daran beobachten, wie die Sonne und andere Sterne ihre Kernstoffvorräte verbrennen und die frei werdende Energie in den Weltraum verströmen. Irgendwann wird der Brennstoff erschöpft sein, die Sterne werden verlöschen, und ein kaltes, dunkles, lebloses Universum wird zurückbleiben. Man kann keinen neuen Prozeß, keinen noch so genialen Mechanismus erfinden, der dieses Schicksal abzuwenden vermöchte, weil jeder physikalische Prozeß dem Imperativ des Zweiten Hauptsatzes unterworfen ist.

Diese düstere Prognose, als »Wärmetod« des Universums bekannt, hat Wissenschaft und Philosophie in den letzten hundert Jahren stark beeinflußt. Bertrand Russell zum Beispiel hat darauf so reagiert:

... daß all die Anstrengungen der Generationen, all die Hingabe, all die Inspiration, all der helle Glanz des menschlichen Genies im umfassenden Tod des Sonnensystems dem Untergang geweiht sind, daß der ganze Tempel der Errungenschaften des Menschen unausweichlich unter den Trümmern eines verfallenden Universums begraben werden wird – all diese Dinge sind, wenn nicht gänzlich unzweifelhaft, doch nahezu so gewiß, daß keine Philosophie, die sie verwirft, weiterhin auf Geltung hoffen kann. Nur im Gerüst dieser Wahrheiten, nur auf der festen Grundlage unnachgiebiger Verzweiflung kann von nun an die Wohnung der Seele sicher errichtet werden.[3]

Einige Denker haben sich gegen die gräßliche Aussicht auf den Wärmetod gesträubt und nach einem Ausweg gesucht. Der marxistische Philosoph Friedrich Engels war überzeugt, daß der Zweite Hauptsatz der Thermodynamik sich am Ende umgehen ließe:

Wir kommen also zu dem Schluß, daß auf einem Wege, den es später einmal die Aufgabe der Naturforschung sein wird aufzuzeigen, die in den Weltraum ausgestrahlte Wärme die Möglichkeit haben muß, in eine andere Bewegungsform sich umzusetzen, in der sie wieder zur Sammlung und Betätigung kommen kann. Und damit fällt die Hauptschwierigkeit, die der Rückverwandlung abgelebter Sonnen in glühenden Dunst entgegenstand.[4]

Doch die Mehrheit der Wissenschaftler hat bekräftigt, daß der Zweite Hauptsatz etwas ganz Fundamentales ist und daß es aussichtslos ist, dem unbarmherzigen Anstieg der Entropie entgehen zu wollen. Sir Arthur Eddington hat es so ausgedrückt:

> Ich glaube, daß dem Gesetz von dem ständigen Wachsen der Entropie – dem zweiten Hauptsatz der Thermodynamik – die erste Stelle unter den Naturgesetzen gebührt. Wenn jemand Sie darauf hinweist, daß die von Ihnen bevorzugte Theorie des Universums den Maxwellschen Gleichungen widerspricht – nun, können Sie sagen, um so schlimmer für die Maxwellschen Gleichungen. Wenn es sich herausstellt, daß sie mit der Beobachtung unvereinbar ist – gut, auch Experimentalphysiker pfuschen manchmal. Aber wenn Ihre Theorie gegen den zweiten Hauptsatz der Thermodynamik verstößt, dann ist alle Hoffnung vergebens. Dann bleibt ihr nichts mehr übrig, als in tiefster Demut in der Versenkung zu verschwinden.[5]

Es scheint demnach, als hätten Boltzmann und seine Kollegen einen Pfeil der Zeit entdeckt, aber einen, der für den Geschmack vieler in »die falsche Richtung« weist, in die Richtung von Niedergang und Tod.

Neben dem Entropie-Pfeil gibt es einen anderen Pfeil der Zeit, der ebenso fundamental und von nicht minder subtiler Art ist. Sein Ursprung ist geheimnisumwittert, doch sein Wirken ist unbestreitbar. Ich spreche von der Tatsache, daß das Universum durch das stetige Wachsen von Struktur, Organisation und Komplexität zu immer entwickelteren und komplizierteren Zuständen *fortschreitet*. Dieses Vorwärtsschreiten in eine Richtung könnten wir als den optimistischen Pfeil bezeichnen, im Gegensatz zum pessimistischen Pfeil des Zweiten Hauptsatzes.

Es hat unter den Wissenschaftlern eine Tendenz gegeben, die Existenz dieses optimistischen Pfeils schlicht zu leugnen. Man fragt sich, warum. Vielleicht liegt es daran, daß wir die Komplexität noch unvollkommen verstehen, während der Zweite Hauptsatz eindeutig bewiesen ist. Zum Teil liegt es vielleicht auch daran, daß der Hauptsatz einen Beigeschmack von anthropozentrischer Rührseligkeit hat und viele religiöse Denker sich ihn zu eigen gemacht haben. Dennoch ist das fortschrittliche Wesen des Universums eine objektive

Tatsache und muß auf irgendeine Weise mit dem Zweiten Hauptsatz, dem man ganz sicher nicht entkommt, in Einklang gebracht werden. Erst in den letzten Jahren haben Fortschritte in der Erforschung von Komplexität, Selbstorganisation und kooperativen Phänomenen erkennbar werden lassen, daß die beiden Pfeile tatsächlich nebeneinander existieren können.

3 Komplexität

Das Problem der Modellbildung

»Das Universum ist nicht ein fertig Entstandenes, sondern ein ohne Unterlaß Entstehendes. Es wächst sicher unbegrenzt...« Dies schrieb Henri Bergson[1], einer der bedeutendsten Philosophen unseres Jahrhunderts. Bergson hatte erkannt, daß ständig neue Formen und Strukturen entstehen, daß das Universum fortschreitet, sich weiterentwickelt und dabei einen eindeutigen Pfeil der Zeit aufweist. Die moderne Wissenschaft bestätigt das: Das Universum war am Anfang von gestaltloser Einfachheit und wird im Laufe der Zeit immer komplizierter.

Diese in einer Richtung voranschreitende Entwicklung ist unverkennbar, aber es ist nicht so leicht auszumachen, welche Qualität da Fortschritte macht. Unter anderem kommt dafür die Komplexität in Frage. Das junge Universum befand sich wahrscheinlich in einem Zustand extremer – vielleicht sogar maximaler – Einfachheit. Die Gegenwart strotzt dagegen vor Komplexität in allen Größenordnungen, von den Molekülen angefangen bis hin zu den galaktischen Superhaufen. Es gibt demnach so etwas wie ein Gesetz der zunehmenden Komplexität. Doch die Erforschung der Komplexität steckt noch ganz in den Anfängen. Man hofft, durch die Erforschung komplexer Systeme in vielen verschiedenen Wissenschaftszweigen neue universelle Gesetzmäßigkeiten zu entdecken, die erhellen könnten, wie die Komplexität im Laufe der Zeit zunimmt.

In meiner Kindheit besaßen sehr wenige Menschen eine Zentralheizung. Wenn man damals an einem kalten Wintermorgen aus dem Bett kroch, bestand eine der Freuden darin, am Schlafzimmerfenster die verschlungenen Muster der Eisblumen zu bewundern, die in der Morgensonne funkelten. Auch wer diese Erfahrung nicht kennt, wird wohl schon die kunstvolle Struktur einer Schneeflocke mit ihrer eindrucksvollen Kombination von Komplexität und hexagonaler Symmetrie bestaunt haben.

In der Natur wimmelt es von komplexen Strukturen, in denen Regelmäßigkeit und Unregelmäßigkeit sich innig verbinden: Küstenlinien, Wälder, Bergketten, Eisschollen, Sternhaufen. Die Materie manifestiert sich in einer scheinbar unbegrenzten Formenvielfalt. Wie stellt man es an, sie wissenschaftlich zu erforschen?

Eine fundamentale Schwierigkeit liegt darin, daß komplexe Formen eben aufgrund ihrer Komplexität eine hochgradige Individualität besitzen. Wir erkennen eine Schneeflocke als Schneeflocke, aber nicht eine davon gleicht der anderen. In der Wissenschaft ist es üblich, Dinge exakt mit Hilfe allgemeiner Gesetze zu erklären. Die Gestalt einer Schneeflocke oder einer Küstenlinie kann auf diese Weise nicht erklärt werden.

Das Newtonsche Paragidma wurzelt in jenem Zweig der Mathematik – der Differentialrechnung –, der sich mit sanften und stetigen Veränderungen befaßt, und ist daher schlecht gerüstet, unregelmäßige Erscheinungen zu behandeln. Üblicherweise geht man an komplizierte, unregelmäßige Systeme in der Weise heran, daß man ein Modell von ihnen bildet, das annähernd regelmäßigen Systemen entspricht. Je unregelmäßiger das reale System ist, desto unbefriedigender wird diese Modellbildung. Galaxien zum Beispiel sind nicht gleichmäßig über den Weltraum verteilt, sondern in Haufen, Ketten, Schichten und sonstigen Formen zusammengefaßt, die oft von verwickelter und unregelmäßiger Gestalt sind. Um von diesen Erscheinungen mit Newtonschen Methoden ein Modell zu schaffen, sind sehr umfangreiche Computersimulationen erforderlich, die selbst auf modernen Maschinen viele Rechenstunden in Anspruch nehmen.

Bei ganz hochgradig organisierten Systemen wie einer lebenden Zelle ist jeder Versuch, ein Modell in Anlehnung an einfache, stetige und sich übergangslos verändernde Größen zu schaffen, zum

Scheitern verurteilt. Aus diesem Grunde ist es kaum überzeugend, wenn Soziologen und Ökonomen es den Physikern gleichtun und ihren Gegenstand mit einfachen mathematischen Gleichungen beschreiben möchten.

Es gibt, ganz allgemein, vier Gründe, aus denen komplexe Systeme nicht die Bedingungen der herkömmlichen Modellbildung erfüllen. Der erste betrifft ihre Entstehung. Komplexität tritt oft abrupt ein, nicht als Folge einer allmählichen, stetigen Entwicklung. Wir werden viele Beispiele dafür finden. Zweitens weisen komplexe Systeme oft (wenngleich nicht immer) eine sehr große Zahl von Komponenten (Freiheitsgraden) auf. Drittens handelt es sich selten um abgeschlossene Systeme; zumeist ist es sogar ihre Offenheit gegenüber einer komplexen Umgebung, was sie antreibt. Schließlich sind solche Systeme überwiegend »nichtlinear« – ein wichtiger Begriff, auf den wir im nächsten Abschnitt näher eingehen werden.

Es besteht eine gewisse Neigung, in der Komplexität der Natur so etwas wie eine lästige Verirrung zu sehen, die den Fortschritt der Wissenschaft aufhält. Erst in allerjüngster Zeit ist eine völlig neue Perspektive aufgetaucht, der zufolge Komplexität und Unregelmäßigkeit als die Norm und glatte Kurven als die Ausnahme angesehen werden. Nach der traditionellen Auffassung sind komplexe Systeme nur komplizierte Ansammlungen von einfachen Systemen; komplexe und unregelmäßige Systeme sind also grundsätzlich *auflösbar* in ihre einfachen Bestandteile, und das Verhalten des Ganzen läßt sich auf das Verhalten der Bestandteile reduzieren. Der neue Ansatz faßt komplexe oder unregelmäßige Systeme primär als eigenständig auf; es ist einfach nicht möglich, sie in Mengen von einfachen Stücken zu »zerhacken«, ohne daß sie ihre kennzeichnenden Eigenschaften einbüßen.

Man könnte diesen neuen Ansatz als synthetisch oder holistisch bezeichnen – im Gegensatz zu einem analytischen oder reduktionistischen –, weil er Systeme als Ganzheiten betrachtet. Genauso wie es idealisierte einfache Systeme (z. B. Elementarteilchen) gibt, die dem reduktionistischen Ansatz als Bausteine dienen, muß man nach idealisierten komplexen oder unregelmäßigen Systemen für den holistischen Ansatz suchen. Reale Systeme können dann als Näherungen im Hinblick auf diese idealisierten komplexen oder unregelmäßigen Systeme betrachtet werden.

Das neue Paradigma läuft darauf hinaus, dreihundert Jahre einer eingewurzelten Denkweise auf den Kopf zu stellen. Um es mit dem Physiker Predrag Cvitanović zu sagen: »Werfen Sie Ihre alten Gleichungen auf den Schrott, und suchen Sie nach Anleitung in den wiederkehrenden Mustern der Wolken.«[2] Es ist, um es kurz zu machen, ein vollkommener Neuanfang in der Beschreibung der Natur.

Lineare und nichtlineare Systeme

Bei allen Mängeln der herkömmlichen Modellbildung vermag sie doch eine breite Palette von physikalischen Systemen als regelmäßig und stetig mit befriedigender Näherung zu beschreiben. Oft ist dafür eine entscheidende Eigenschaft verantwortlich – die *Linearität*.

Linear ist ein System, in dem zwischen Ursache und Wirkung ein proportionaler Zusammenhang besteht. Betrachten wir als ein einfaches Beispiel die Dehnung eines Gummibandes. Wenn sich das Band bei einer bestimmten Zugkraft um eine bestimmte Länge dehnt, so wird es sich bei doppelter Zugkraft auf die zweifache Länge dehnen. Dies bezeichnet man als einen linearen Zusammenhang, denn wenn man in einer graphischen Darstellung die Länge des Bandes gegen die Zugkraft abträgt, ergibt sich eine gerade Linie *(Abbildung 1)*. Die Linie läßt sich beschreiben durch die Gleichung $y = ax + b$, wobei y die Länge des Bandes und x die Kraft ist, während a und b Konstanten sind.

Wenn das Gummiband sehr stark gedehnt wird, läßt seine Elastizität nach, und die Proportionalität zwischen Kraft und Dehnung geht verloren. In dem Maße, wie das Band starr wird, weicht die Kurve von der geraden Linie ab – das System ist jetzt *nichtlinear*.

Schließlich reißt das Band: eine hochgradig nichtlineare Reaktion auf die angelegte Kraft.

Sehr viele physikalische Systeme werden durch Größen beschrieben, zwischen denen ein linearer Zusammenhang besteht. Ein bedeutendes Beispiel ist die Wellenbewegung. Eine bestimmte Wellenform wird durch die Lösung einer Gleichung beschrieben (es handelt sich um eine sogenannte Differentialgleichung, die für fast alle dynamischen Systeme kennzeichnend ist). Die Gleichung besitzt auch andere Lösungen, die Wellen von anderer Form entsprechen. Die Eigenschaft der Linearität gilt für das, was geschieht, wenn wir zwei oder mehr Wellen einander überlagern lassen. In einem linearen System werden die Amplituden der einzelnen Wellen einfach addiert.

Die meisten Wellen, mit denen man es in der Physik zu tun hat, sind in guter Näherung linear, zumindest so lange, wie ihre Amplituden klein sind. Was Schallwellen angeht, so hängt die harmonische Qualität von Musikinstrumenten von der Linearität der Schwingungen in der Luft, an den Saiten usw. ab. Elektromagneti-

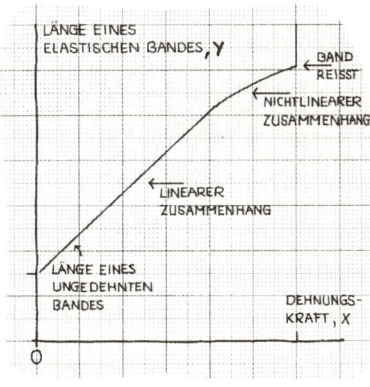

ABBILDUNG 1. Man sagt, die Länge y eines elastischen Bandes hänge mit der Dehnungskraft x »linear« zusammen, wenn die graphische Darstellung von y und x eine gerade Linie ergibt. In der Realität setzt nichtlineares Verhalten ein, wenn das Band stark gedehnt wird.

sche Wellen wie zum Beispiel Licht- und Radiowellen sind ebenfalls linear, was für die Fernmeldetechnik von großer Bedeutung ist. Oszillierende Ströme in elektrischen Schaltkreisen sind oft gleichfalls linear, und elektronische Geräte sind überwiegend auf eine lineare Arbeitsweise ausgelegt. In fehlerhaften Geräten kommen manchmal Nichtlinearitäten vor, wodurch das Ergebnis verzerrt werden kann.

Eine bedeutende Entdeckung im Zusammenhang mit linearen Systemen machte der französische Mathematiker und Physiker Jean Fourier. Er bewies, daß jede periodische mathematische Funktion durch eine (im allgemeinen unendliche) Folge von reinen Sinuswellen dargestellt werden kann, deren Frequenzen exakte Vielfache voneinander sind. Das bedeutet, daß jedes periodische Signal, so kompliziert es auch sein mag, in eine Folge von einfachen Sinuswellen *aufgelöst* werden kann. Linearität bedeutet im Grunde, daß eine Wellenbewegung oder jedes sonstige periodische Geschehen zerlegt und ohne Verzerrung wieder zusammengesetzt werden kann.

Die Eigenschaft der Linearität kommt nicht nur Wellen zu; auch elektrische und magnetische Felder oder schwache Schwerefelder besitzen sie, ferner Spannungen und Dehnungen in vielfältigen Materialien, der Wärmefluß, die Diffusion von Gasen und Flüssigkeiten und vieles andere mehr. Die moderne Wissenschaft und Technik beruhen zum überwiegenden Teil direkt auf dem glücklichen Umstand, daß so vieles von dem, was in der modernen Gesellschaft von Interesse und Bedeutung ist, mit linearen Systemen zu tun hat. Man kann ungefähr sagen, daß ein System dann linear ist, wenn das Ganze einfach die Summe seiner Teile ist. So kompliziert ein lineares System also auch sein mag, kann man es doch immer so auffassen, als sei es bloß eine Zusammenfügung oder eine Überlagerung oder ein friedliches Nebeneinander von vielen einfachen Elementen, die gleichzeitig da sind, aber »einander nicht in die Quere kommen«. Deshalb kann man solche Systeme in ihre unabhängigen Bestandteile zerlegen, auflösen oder auf diese reduzieren. Es ist nicht erstaunlich, daß der größte Teil der wissenschaftlichen

Forschungsanstrengungen bislang darauf gerichtet war, Verfahren zu entwickeln, mit denen lineare Systeme untersucht und gesteuert werden können. Nichtlineare Systeme sind dagegen weitgehend vernachlässigt worden. In einem nichtlinearen System ist das Ganze weit mehr als die Summe seiner Teile, und es kann nicht auf einfache, zusammenwirkende Untereinheiten reduziert oder in diese aufgelöst werden. Oft kommen so unerwartete Eigenschaften zustande, die kompliziert sind und sich einer mathematischen Behandlung entziehen.

In den letzten Jahren hat man sich jedoch immer intensiver mit nichtlinearen Systemen befaßt. Ein wichtiges Ergebnis dieser Untersuchungen war, daß selbst ganz einfache nichtlineare Systeme ein außerordentlich vielseitiges Verhalten zeigen können. Man könnte annehmen, daß ein komplexes Verhalten ein komplexes System mit zahlreichen Freiheitsgraden voraussetzt, aber das ist nicht der Fall. Wir werden ein äußerst einfaches nichtlineares System betrachten und feststellen, daß sein Verhalten in der Tat unendlich komplex ist.

Komplexität – im Nu erzeugt

Die einfachste denkbare Bewegung ist die eines punktförmigen Teilchens, das längs einer Geraden abrupt von einer Stelle zur anderen springt. Betrachten wir ein Beispiel, bei dem die Bewegung deterministisch ist, bei dem also die jeweilige Stelle, an der sich der Punkt befindet, vollständig durch die zuvor eingenommene Stelle determiniert ist. Sie ist also, wenn die anfängliche Lage des Punktes gegeben ist, für alle Zeiten determiniert, wenn man ein Verfahren – einen Algorithmus – angeben kann, um die aufeinanderfolgenden Sprünge zu berechnen.

Um die Sprungbewegung mathematisch abzubilden, kann man Punkte auf der Geraden durch Zahlen kennzeichnen *(siehe Abbildung 2)* und dann mit Hilfe eines einfachen Algorithmus eine Zah-

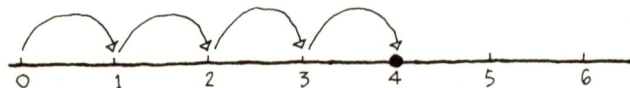

ABBILDUNG 2. Jeder Punkt auf der Geraden entspricht einer Zahl, das »Teilchen« ist ein beweglicher Punkt, der an der Geraden entlanghüpft und dabei einem Plan folgt, der von einem arithmetischen Algorithmus vorgeschrieben wird. Hier lautet der Algorithmus einfach »füge eins hinzu«.

lenfolge erzeugen. Diese Folge soll dann den jeweiligen Positionen des Teilchens entsprechen, wobei jede Anwendung des Algorithmus eine Zeiteinheit (ein »Ticken der Uhr«) darstellt. Wenn wir, um ein ganz einfaches Beispiel zu wählen, den Punkt bei 0 beginnen lassen und als Algorithmus »füge eins hinzu« wählen, erhalten wir die Folge 1, 2, 3, 4, 5, 6, 7,...; sie beschreibt, wie das Teilchen in gleichmäßigen Schritten nach rechts springt. Dies ist ein Beispiel für einen linearen Algorithmus, und die erzeugte Bewegung ist alles andere als komplex.

Auf den ersten Blick scheint es, als sei ein komplizierter Algorithmus erforderlich, um eine komplizierte Zahlenfolge zu erzeugen. Doch in Wahrheit verhält es sich ganz anders. Nehmen wir den Algorithmus »multipliziere mit zwei«, der die Folge 1, 2, 4, 8, 16,... ergeben könnte. So wie die Dinge liegen, ist dieser Algorithmus ebenfalls linear, und er ist nicht sonderlich interessant, aber eine geringfügige Abwandlung führt zu einer dramatischen Änderung.

Statt einer gewöhnlichen Verdopplung betrachten wir eine »Uhrenverdopplung«. Das geschieht in der Weise, daß die auf der Uhr angezeigten Zeitspannen verdoppelt werden. Die Zahlen auf dem Zifferblatt gehen von 1 bis 12, dann wiederholen sie sich: 12 gilt als 0, und man fängt von vorn zu zählen an. Wenn etwas fünf Stunden dauert und mittags anfängt, endet es um 5 Uhr. Dauert es doppelt so lange, endet es um 10 Uhr. Noch einmal doppelt so lang, und wir sind nicht bei 20, sondern bei 8 Uhr, weil wir wieder bei 0 anfangen, wenn der Stundenzeiger an der 12 vorbeigeht.

Wir verdoppeln in diesem Fall nicht eine Länge, sondern einen Winkel. Wenn ein Winkel 360° erreicht, fangen wir wieder bei 0 an.

44

Durch Abschnitte auf einer Geraden ausgedrückt, bedeutet das, eine unendliche Gerade durch einen Kreis zu ersetzen.

Wir verwenden jetzt die Uhrenverdopplung als Algorithmus, um den Weg eines Punktes zu erzeugen, der auf einer Linie springt. Doch als Zahlen auf der »Uhr« wählen wir diejenigen, die zwischen 0 und 1 liegen *(siehe Abbildung 3).* Wenn wir 1 erreichen, fangen wie wieder bei 0 an. Die Verdopplung einer Zahl kleiner als 1/2 erfolgt wie gewöhnlich: 0,4 verdoppelt sich z. B. zu 0,8. Weil Zahlen größer als 1/2 bei Verdopplung aber über 1 hinausgehen, lassen wir

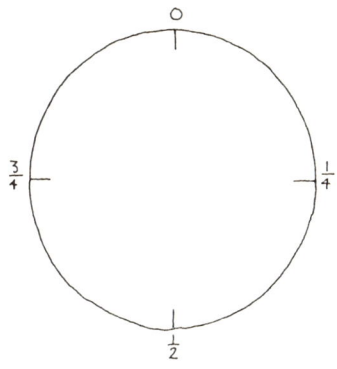

Abbildung 3.

die 1 fort und behalten nur den Dezimalteil bei. So verdoppelt sich 0,8 zu 1,6, das zu 0,6 wird. Obwohl die gewöhnliche Verdopplung linear ist, besitzt die Uhrenverdopplung die entscheidende Eigenschaft der Nichtlinearität.

Das Verfahren der Uhrenverdopplung ist in Abbildung 4 bildlich dargestellt. Der Streckenabschnitt 0 bis 1 wird zunächst auf doppelte Länge gedehnt *(Abbildung 4[a]).* Dies entspricht der Verdopplung der Zahl. Jetzt wird der gedehnte Abschnitt in der Mitte geteilt *(Abbildung 4[b]),* und die beiden Hälften werden genau übereinander gelegt *(Abbildung 4[c]).* Schließlich werden die beiden Abschnitte zu einem einzigen verschmolzen, und man hat eine Strecke von der gleichen Länge wie die, mit der man begonnen hat *(Abbildung 4[d])*. Die ganze Operation kann nun für den nächsten Schritt des Algorithmus wiederholt werden. Das Verfahren, bei dem abwechselnd die Strecke gedehnt und zusammengelegt wird, läßt sich mit dem Ausrollen von Kuchenteig vergleichen.

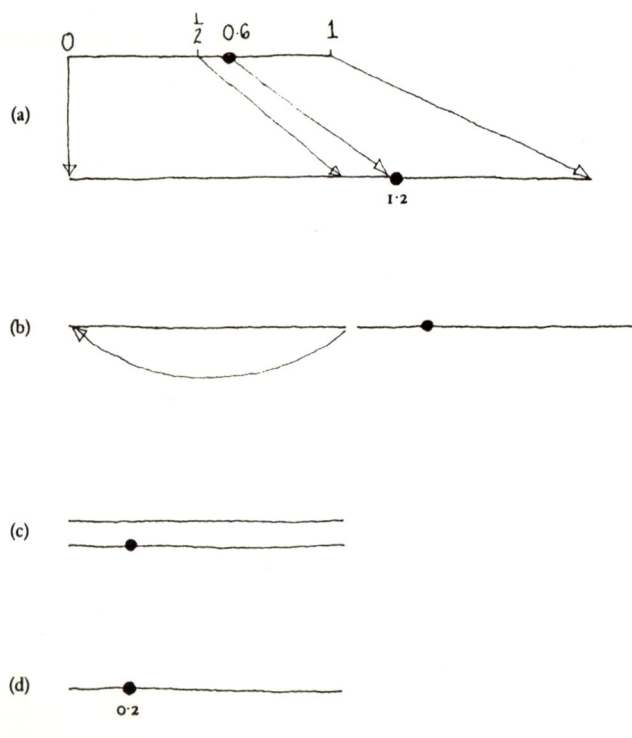

ABBILDUNG 4. (a) Das Geradenintervall 0 bis 1 wird auf doppelte Länge gedehnt: jede Zahl in dem Intervall wird verdoppelt. (b) Die gedehnte Gerade wird in der Mitte geteilt. (c) Die beiden Abschnitte werden übereinandergeschichtet. (d) Die übereinandergeschichteten Geradenabschnitte werden verschmolzen, so daß sich wieder ein Intervall von Einheitslänge ergibt. Diese Folge von Operationen entspricht der Verdopplung der Zahlen unter Beibehaltung nur des Dezimalteils. Als Beispiel wird der Fall von 0,6 gezeigt, das zu 0,2 wird.

Um den Weg eines »Teilchens« unter diesem Algorithmus genau zu verfolgen, kann man entweder einen Rechner oder auch ein Diagramm wie in Abbildung 5 benutzen. Die waagerechte Achse enthält den Streckenabschnitt 0 bis 1, und wir beginnen mit der Festlegung eines Punktes x_0. Um den nächsten Punkt, x_1, zu erzeugen, gehen wir von x_0 senkrecht nach oben bis zur durchgezogenen Linie, dann waagerecht bis zur gestrichelten Linie. Unter dem Schnittpunkt können wir nun auf der waagerechten Achse den neuen Wert x_1 ablesen. Nach dem gleichen Verfahren können wir dann den nächsten Punkt, x_2, finden und so weiter.

Dieser Algorithmus erzeugt trotz seiner Einfachheit ein Verhalten, das so vielfältig, komplex und unstet ist, daß es sich jeder Vorhersage entzieht. Tatsächlich springt das Teilchen zumeist auf eine scheinbar *zufällige* Weise hin und her!

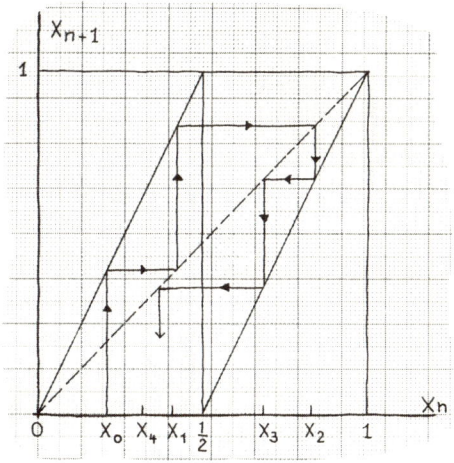

ABBILDUNG 5. Vorherbestimmung gegen Vorhersage. Der dargestellte Pfad generiert völlig deterministisch eine Zahlenfolge $x_1, x_2, x_3, \ldots$ Man könnte sich vorstellen, daß die Zahlen den Weg eines Teilchens beschreiben, das zwischen 0 und 1 auf der horizontalen Geraden springt. Obwohl sein Weg für immer und ewig einzig von der Ausgangsposition x_0 determiniert wird, bewegt sich das Teilchen für fast jedes x_0 zufällig; seine Entwicklung wird zwangsläufig unvorhersagbar, außer man kann x_0 *genau* angeben – was unmöglich ist.

Um dies zu zeigen, bietet es sich an, binäre Zahlen zu verwenden. Im binären System werden alle Zahlen durch nur zwei Symbole ausgedrückt: 0 und 1. Eine typische binäre Zahl zwischen 0 und 1 ist zum Beispiel 0,10010110100011101. Der Leser braucht sich nicht den Kopf darüber zu zerbrechen, wie man gewöhnliche Zahlen des Zehnersystems in die Zweierform überführt. Er benötigt nur eine Regel. Wenn gewöhnliche Zahlen mit 10 multipliziert werden, braucht man nur das Komma vor der ersten Dezimalstelle um eine Stelle nach rechts zu verschieben; so ergibt $0{,}3475 \cdot 10 = 3{,}475$. Bei binären Zahlen gilt die gleiche Regel, nur wird das Komma durch Multiplikation mit 2 statt mit 10 verschoben. Aus 0,1011 wird bei Verdopplung 1,011. Die Regel fügt sich zwanglos in den Verdopplungs-Algorithmus ein: Wird er zum Beispiel wiederholt auf die Zahl 0,1001011 angewandt, so ergeben sich 0,001011, 0,01011, 0,1011, 0,011, 0,11 und so weiter (nicht vergessen, die 1 vor dem Komma fortzulassen, wenn sie auftaucht).

Wird das Intervall 0 bis 1 durch eine Gerade dargestellt *(siehe Abbildung 6)*, so liegen Zahlen kleiner als $1/2$ links und Zahlen größer als $1/2$ rechts vom Mittelpunkt. In binärer Schreibweise entspricht das Zahlen, bei denen die erste Stelle nach dem Komma 0 bzw. 1 lautet. So liegt zum Beispiel 0,1011 rechts, 0,01011 links von der Mitte. Wir könnten uns zwei Zellen oder Behälter vorstellen, die für das linke bzw. rechte Intervall mit L und R gekennzeichnet sind, und jede Zahl, je nachdem, ob sie in binärer Schreibweise mit 0 oder 1 beginnt, L beziehungsweise R zuweisen. Der Verdopplungs-Al-

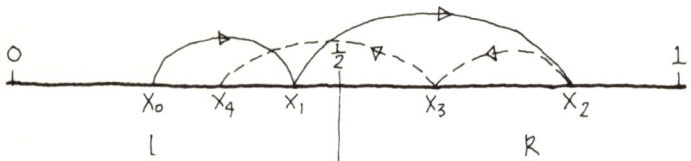

ABBILDUNG 6. Das Geradenintervall von 0 bis 1 ist hier in zwei Abschnitte geteilt, L und R. Das Teilchen, das auf der Geraden umherhüpft, kann von L nach R springen und umgekehrt. Die vollständige LR-Folge entspricht genau der binären Entwicklung der Ausgangszahl x_0. Die gezeigte Folge ist die des dargestellten Beispiels.

gorithmus bewirkt, daß das Teilchen zwischen L und R hin- und herspringt.

Angenommen, wir beginnen mit der Zahl 0,011010001, die einem Punkt in der linken Zelle entspricht, weil die erste Stelle nach dem Komma eine 0 ist. Das Teilchen startet also in L. Bei der Verdopplung wird daraus 0,11010001, ein Punkt auf der rechten Seite, das Teilchen springt also nach R. Eine weitere Verdopplung ergibt 1,1010001, und wenn wir, wie es unser Algorithmus verlangt, die 1 vor dem Komma fortlassen, ist die erste Stelle *nach* dem Komma eine 1, das Teilchen bleibt also in R. Wenn wir so weitermachen, erzeugen wir die Sprungsequenz LRRLRLLLR.

Danach dürfte klar sein, daß das Schicksal des Teilchens (d. h., ob es in L oder R ist) beim n-ten Schritt davon abhängt, ob die n-te Ziffer eine 0 oder eine 1 ist. Zwei Zahlen, die bis zur n-ten Dezimalstelle übereinstimmen, aber in der $n + 1$-ten Stelle differieren, erzeugen also bei n Schritten die gleiche Folge von L-R-Sprüngen, doch beim nächsten Schritt schicken sie das Teilchen in unterschiedliche Zellen. Mit anderen Worten: Zwei Startnummern, die dicht beieinander liegen, was zwei eng benachbarten Punkten auf der Linie entspricht, ergeben Sprungfolgen, die am Ende stark voneinander abweichen.

Man wird jetzt einsehen, warum die Bewegung des Teilchens unvorhersagbar ist. Wenn die Ausgangsposition des Teilchens nicht *genau* bekannt ist, wird die Unsicherheit laufend zunehmen, bis wir schließlich überhaupt nichts mehr vorhersagen können. Wenn wir zum Beispiel die Ausgangsposition des Teilchens bis auf 20 binäre Dezimalstellen genau kennen, werden wir nicht vorhersagen können, ob es sich nach 20 Sprüngen links oder rechts vom Streckenmittelpunkt befinden wird. Da eine *präzise* Angabe der Ausgangsposition eine *unendliche* Dezimalentwicklung verlangt, wird der *geringste* Fehler früher oder später dazu führen, daß Vorhersage und Wirklichkeit divergieren.

Da die Verdopplungen den Unsicherheitsbereich mit jedem Schritt erweitern (tatsächlich wächst er exponentiell), kann er anfangs noch so klein sein – am Ende wird er den ganzen Abschnitt umfassen, und damit ist die Vorhersagefähigkeit hin. Der Werdegang des Punktes ist zwar vollkommen deterministisch, doch reagiert es so empfindlich auf die Anfangsbedingung, daß jede noch so geringe Unsicherheit in unseren Kenntnissen genügt, um die Vorhersagbarkeit nach einer nur endlichen Zahl von Sprüngen zu zerstören. Das Verhalten des Teilchens weist also in einem gewissen Sinne *unendliche Komplexität* auf. Um den Werdegang des Teilchens exakt zu beschreiben, müßte man eine unendliche Ziffernfolge angeben, die eine unendliche Informationsmenge enthält. In der Praxis ist das natürlich vollkommen unmöglich.

Es scheint sich bei diesem einfachen Beispiel zwar um ein hochgradig idealisiertes mathematisches Beispiel zu handeln, und doch ist es buchstäblich von kosmischer Bedeutung. Nach verbreiteter Annahme gehen Unvorhersagbarkeit und Indeterminismus Hand in Hand, aber das muß nicht so sein, wie man jetzt sieht. Man kann sich ein vollkommen deterministisches Universum vorstellen, in dem die Zukunft gleichwohl unbekannt und unerkennbar ist. Das ist von tiefgreifender Bedeutung: Auch wenn die physikalischen Gesetze streng deterministisch sind, hat das Universum dennoch die Möglichkeit, schöpferisch zu sein und unvorhersehbar Neues hervorzubringen.

Grundgesetz eines Glücksspielers

Der klassischen Physik liegt ein tiefer Widerspruch zugrunde. Einerseits sind die Gesetze der Physik deterministisch, andererseits beobachten wir ringsum Prozesse, die scheinbar zufällig sind. Der Direktor eines Spielkasinos muß sich, um im Geschäft zu bleiben, auf die »Gesetze des Zufalls« verlassen können. Aber wie ist es möglich, daß ein physikalischer Prozeß wie der Wurf eines Würfels *sowohl* den deterministischen Gesetzen der Physik *als auch* den Gesetzen des Zufalls gehorcht?

Im vorigen Kapitel haben wir gesehen, wie Maxwell und Boltzmann den Begriff des Zufalls in die Physik einführten, als sie die Bewegungen großer Ansammlungen von Molekülen mit Hilfe der statistischen Mechanik beschrieben. Ein wesentliches Element ihres Programms war die Annahme, daß die Zusammenstöße der Moleküle zufällig erfolgen. Die Zufälligkeit in der Bewegung von Gasmolekülen beruht auf deren großen Zahl, die es vollkommen aussichtslos macht, festzustellen, wo sich welche Moleküle befinden. Ähnlich ist es, wenn ein Würfel geworfen wird: Niemand kann die genauen Bedingungen des Wurfs und all die Kräfte kennen, die auf den Würfel einwirken. Die Zufälligkeit kann, anders gesagt, der Wirkung von Kräften (oder Variablen) zugeschrieben werden, die uns praktisch verborgen, aber im Prinzip deterministisch sind. Für einen Laplaceschen Dämon, der jede Drehung und Wendung einer Ansammlung von Gasmolekülen verfolgen könnte, würde die Welt nicht zufällig erscheinen. Für uns normale Sterbliche mit unseren begrenzten Wahrnehmungsmöglichkeiten ist die Zufälligkeit jedoch unausweichlich.

Hier ergibt sich nun ein schwieriges Problem: Wenn Zufälligkeit ein Ergebnis unserer Unwissenheit ist, dann ist sie etwas Subjektives. Wie kann aber etwas Subjektives sich in *Gesetzen* des Zufalls niederschlagen, die das Verhalten solcher materiellen Objekte wie Rouletteräder und Würfel in so verläßlicher Weise lenken?

Bei der Suche nach den Gründen der Zufälligkeit in physikalischen Prozessen vollzog sich ein dramatischer Wandel, als man auf Beispiele wie das des springenden Teilchens stieß. Hier liegt ein Prozeß vor, der in echter Glücksspielmanier unvorhersagbar ist, bei dem aber weder von großen Zahlen von Teilchen noch von verborgenen Kräften die Rede sein kann. Eigentlich kann man sich kaum einen Prozeß vorstellen, der so transparent, so einfach und unverhüllt deterministisch wäre wie der im vorigen Abschnitt beschriebene.

Die Aktivität des springenden Teilchens ist genauso zufällig wie ein Münzwurf, und das kann man tatsächlich beweisen. Wir folgen hier der geschickten Beweisführung von Joseph Ford vom Georgia Institute of Technology[3], die allerdings einen kurzen Abstecher in die Zahlentheorie erfordert. Wenn wir uns kurz wieder der gewöhnlichen Arithmetik zuwenden, so enthält das Intervall von 0 bis 1 offensichtlich eine unendliche Zahl von Punkten, die durch eine unendliche Menge von Dezimalzahlen benannt werden können. Unter diesen Dezimalzahlen sind auch die, die den Brüchen $1/2$, $1/3$, $1/5$ usw. entsprechen. Für manche Brüche gibt es endliche Dezimalentwicklungen – zum Beispiel $1/2 = 0,5$ –, während andere wie etwa $1/3$ unendlich viele Dezimalstellen erfordern: $1/3 = 0,333\,333\,333\ldots$ Die endlichen Folgen kann man als einfache Fälle von unendlichen Folgen auffassen, indem man Nullen anhängt: so ist $1/2 = 0,500\,000\ldots$ Man beachte, daß alle Brüche entweder endliche Dezimalentwicklungen haben, gefolgt von Nullen, oder irgendeine periodische Wiederholung aufweisen, zum Beispiel $3/11 = 0,272\,727\,272\ldots$ und $7/13 = 0,538\,461\,538\,461\ldots$

Zwar hat jeder Bruch eine Dezimalentwicklung, doch nicht alle Dezimalstellen können als Brüche ausgedrückt werden. Die Menge aller unendlichen Dezimalzahlen enthält also mehr Zahlen als die Menge aller Brüche. Es gibt sogar unendlich viel mehr dieser »überzähligen« (als »irrationale Zahlen« bezeichneten) Dezimalzahlen, als es Brüche gibt, obwohl es bereits eine unendliche Menge von Brüchen gibt. Bekannte Beispiele irrationaler Zahlen sind π, $\sqrt[2]{2}$ und die Exponentialbasis e. Solche Zahlen können unmöglich durch Brüche dargestellt werden, so kompliziert diese auch seien.

Versuche, die Zahl π als Ziffernfolge auszuschreiben $(3,14159\ldots)$, können nur Näherungen sein, da die Folge irgendwo abgebrochen werden muß. Wenn man mit Hilfe eines Computers immer weitere Dezimalstellen von π erzeugt, stößt man darauf, daß keine Folge vorkommt, die sich periodisch wiederholt (anders als bei der Dezimalentwicklung eines Bruches). Dies läßt sich zwar direkt nur bis zu einer endlichen Zahl von Dezimalstellen überprüfen, aber es kann bewiesen werden, daß systematische Periodizität nicht auftreten kann. Anders gesagt, bilden die Dezimalstellen von π eine vollkommen regellose Folge.

Wenn wir uns jetzt wieder dem Zweiersystem zuwenden, können wir sagen, daß alle Zahlen zwischen 0 und 1 durch unendliche

Folgen von Einsen und Nullen (nach dem Komma) ausgedrückt werden können. Umgekehrt entspricht *jede* Folge von Einsen und Nullen in jeder beliebigen Kombination irgendeinem Punkt in dem Intervall.

Jetzt kommen wir zu dem entscheidenden Punkt, was die Zufälligkeit betrifft. Man denke sich eine Münze, die auf der einen Seite eine 0 und auf der anderen eine 1 trägt. Mehrfache Münzwürfe erzeugen eine Ziffernfolge wie zum Beispiel 010011010110... Hätten wir eine unendliche Zahl solcher Münzen, so könnten wir *alle* unendlichen Ziffernfolgen erzeugen und somit *alle* Zahlen zwischen 0 und 1. Mit anderen Worten: Man kann die Zahlen zwischen 0 und 1 als Darstellung aller möglichen Ergebnisse von unendlichen Folgen von Münzwürfen betrachten. Nun erkennen wir aber bereitwillig an, daß das Werfen von Münzen zufällig ist, und folglich ist das sukzessive Auftreten von Einsen und Nullen in einer bestimmten binären Entwicklung ebenso zufällig wie das Werfen von Münzen. Übertragen wir dies auf die Bewegung des springenden Teilchens, so können wir sagen, daß es mit der gleichen Zufälligkeit zwischen L und R hin- und herhüpft, wie die Würfe einer Münze ausfallen.

Ein Blick auf diese Zahlentheorie offenbart eine andere wichtige Eigenschaft dieses Vorgangs. Angenommen, wir wählen eine endliche Ziffernfolge, etwa 1011101. Alle binären Zahlen zwischen 0 und 1, die mit dieser spezifischen Folge beginnen, liegen in einem schmalen Intervall der Geraden, das von den Zahlen 101101000000... und 101101111111... begrenzt wird. Wenn wir eine längere Folge wählen, wird ein schmaleres Intervall umschrieben. Je länger die Folge, desto schmaler ist das Intervall. Im Grenzfall, daß die Folge unendlich lang wird, schrumpft das Intervall auf nichts zusammen, und bezeichnet wird ein einziger Punkt (d. h. eine Zahl).

Wenden wir uns nun wieder dem Verhalten des springenden Teilchens zu. Wenn die Beispiel-Ziffernfolge 101101 irgendwo in der binären Entwicklung seiner Ausgangsposition vorkommt, dann muß das Teilchen in irgendeiner Etappe seiner Wanderung schließlich in das so bezeichnete Intervall hüpfen. Entsprechendes gilt natürlich für jede endliche Ziffernfolge.

Nun läßt sich beweisen, daß *jede* endliche Ziffernfolge irgendwo in der unendlichen binären Entwicklung *jeder* irrationalen Zahl vorkommt (mit wenigen Ausnahmen, um genau zu sein). Wenn das Teilchen an einem Punkt beginnt, der durch eine irrationale Zahl bezeichnet wird (und die meisten Punkte in dem Geradenintervall werden durch irrationale Zahlen bezeichnet), dann muß es folglich früher oder später in den schmalen Bereich hüpfen, der durch eine beliebige Ziffernfolge bezeichnet wird. Es ist demnach sicher, daß das Teilchen in irgendeiner Etappe seines Werdegangs jedes noch so schmale Intervall der Geraden aufsucht.

Das ist noch nicht alles. Es zeigt sich, daß eine gegebene Ziffernfolge nicht nur irgendwo in der binären Entwicklung von (fast) jeder irrationalen Zahl auftaucht, sondern daß sie es unendlich oft tut. Auf das springende Teilchen bezogen heißt das, daß wir wissen, daß es, wenn es aus einem bestimmten Intervall der Geraden heraushüpft, schließlich wieder zurückkommen wird, und zwar wieder und wieder. Da dies seine Gültigkeit behält, unabhängig davon, wie schmal das betrachtete Gebiet ist, und da es für *jedes* derartige Gebiet irgendwo innerhalb des Geradenintervalls gilt, muß das Teilchen zwangsläufig jeden Punkt der Geraden wieder und wieder aufsuchen – Lücken gibt es nicht. In der Fachsprache bezeichnet man diese Eigenschaft als Ergodizität. Sie bildet die entscheidende Annahme, die in der statistischen Mechanik gemacht werden muß, wenn wahrhaft zufälliges Verhalten gesichert werden soll. Dort wird sie unter Hinweis auf die ungeheure Zahl der betroffenen Teilchen erklärt. Hier taucht sie – unglaublich genug – automatisch als Eigenschaft der Bewegung eines *einzigen* Teilchens auf.

Die Behauptung, die Bewegung des Teilchens sei wirklich zufällig, läßt sich mit Hilfe eines Zweiges der Mathematik, der algorithmischen Komplexitätstheorie, untermauern. Sie erlaubt es, die Komplexität unendlicher Ziffernfolgen zu quantifizieren, und zwar in Gestalt der Information, die eine Rechenmaschine benötigt, um sie zu erzeugen. Gewisse Zahlen können ungeachtet dessen, daß sie unendliche binäre Entwicklungen enthalten, durch endliche Computer-Algorithmen angegeben werden. Die Zahl π gehört zu ihnen, trotz der scheinbar endlosen Komplexität ihrer Dezimalentwicklung. Doch für die Erzeugung der meisten Zahlen sind *unendliche* Computer-Programminformationen erforderlich, sie können daher als unendlich komplex betrachtet werden. Die meisten Zahlen sind also tatsächlich unbenennbar! Sie sind vollkommen unvorhersehbar und vollkommen unberechenbar. Ihre binären Entwicklungen sind in einem ganz fundamentalen Sinne zufällig. Selbstverständlich ist auch die Bewegung eines Teilchens, die durch eine solche Zahl beschrieben wird, wirklich zufällig.

Das spielerische Beispiel mit dem springenden Teilchen dient dem sehr nützlichen Zweck, das Verhältnis zwischen Komplexität, Zufälligkeit, Vorhersagbarkeit und Determinismus zu klären. Doch ist es für die Realität von Belang? Sie ist es, zu unserer Überraschung, wie wir im nächsten Kapitel sehen werden.

4 Chaos

Pharaos Traum

Da sprach Pharao zu ihm: Mir hat ein Traum geträumt, und ist niemand, der ihn deuten kann; ich habe aber gehört von dir sagen, wenn du einen Traum hörst, so kannst du ihn deuten... Mir träumte, ich stand am Ufer bei dem Wasser und sah aus dem Wasser steigen sieben schöne, fette Kühe; die gingen auf der Weide im Grase. Und nach ihnen sah ich andere sieben, dürre, sehr häßliche und magere Kühe heraussteigen. Ich habe in ganz Ägyptenland nicht so häßliche gesehen.[1]

Josephs Deutung des Traums des Pharao ist berühmt: Ägypten sollte sieben reiche Jahre erleben, gefolgt von sieben Hungerjahren. Für diese Vorhersage machte ihn der Pharao zum Großwesir. Aber ist die Geschichte glaubhaft?

Untersucht man die Populationsentwicklung von Pflanzenschädlingen, Fischen, Vögeln und sonstigen Arten mit bestimmten Fortpflanzungszeiten, so erkennt man vielfältige Verlaufsformen: Da gibt es rasches Wachstum und schnelles Aussterben, periodische Zyklen und ein scheinbar zielloses Driften. Die Suche nach der Ursache dieser unterschiedlichen Verhaltensweisen vermittelt wertvolle Einsichten in eine Form von Komplexität, die, wie man in jüngster Zeit erkannte, von universeller Bedeutung ist.

Der einfachste Fall von Populationsveränderung ist unbeschränktes Wachstum, wie man es bei einer kleinen Kolonie von Insekten auf einer großen, abgelegenen Insel oder bei Fischen in einem großen Teich oder bei Bakterien beobachten kann, die sich in einer Schutz bietenden Kultur vermehren. Unter diesen Umständen wird sich die Anzahl der Individuen N in einem bestimmten

Zeitraum – der mittleren Dauer des Fortpflanzungszyklus – verdoppeln. Man bezeichnet diese Art einer sich beschleunigenden Populationszunahme als exponentielles Wachstum. Es gibt auch den umgekehrten Fall eines exponentiellen Rückgangs, wenn beispielsweise die Umwelt keine für die ganze Population ausreichenden Nahrungsvorräte bietet. Beide Fälle sind dargestellt in *Abbildung 7.* Dazwischen liegen Verlaufsformen, bei denen die Population zu- oder abnimmt, um sich auf einem bestimmten optimalen Niveau zu stabilisieren. Es gibt aber auch den Fall, daß sie zyklisch schwankt.

Um zu sehen, wie es zu solchen Schwankungen kommt, betrachten wir den Fall einer Insektenpopulation auf einer Insel. Nehmen wir an, im ersten Jahr sei sie klein. Es ist für alle reichlich Nahrung vorhanden, es findet eine rege Fortpflanzung statt, und die Population steigt steil an. Im zweiten Jahr wimmelt die Insel von Insekten, und der begrenzte Nahrungsvorrat wird übermäßig in Anspruch genommen. Ergebnis: eine hohe Sterblichkeit infolge von Nahrungsmangel, gefolgt von einer niedrigen Fortpflanzungsrate. Im dritten Jahr ist die Insektenpopulation wieder klein. Und so geht es weiter.

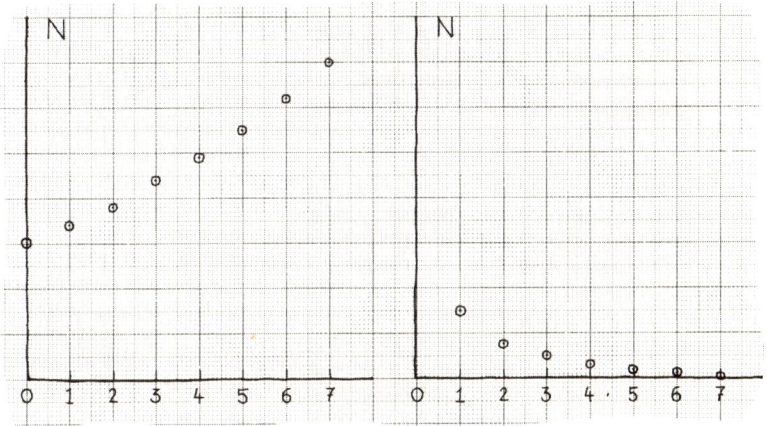

ABBILDUNG 7. (a) Die Population N wächst mit der Zeit exponentiell. (b) Die Population nimmt mit der Zeit exponentiell ab.

57

Es ist eine interessante Frage, ob diese und andere, kompliziertere Formen des Populationswandels mathematisch so abgebildet werden können, daß Ökologen imstande sind, so wie Joseph sieben magere Jahre vorherzusagen. Ein einfaches Verfahren bestünde darin, von der Annahme auszugehen, daß die Population jeweils vollständig durch ihre Größe im Vorjahr determiniert wird, und dann anhand bestimmter Geburten- und Sterbeziffern rechnerische Experimente zu machen.

Nehmen wir an, die Art habe einmal im Jahr eine bestimmte Fortpflanzungszeit. Bezeichnen wir die Population im Jahr y mit N_y. Bei unbeschränkter Fortpflanzung wäre die Population im nächsten Jahr, dem Jahr $y + 1$, proportional zu der im Jahr y, so daß wir schreiben könnten: $N_{y+1} = aN_y$, wobei a eine Konstante ist, die von der Fortpflanzungstüchtigkeit dieser Art abhängt. Die Lösung dieser Gleichung erhält man leicht: es ist das erwartete exponentielle Wachstum.

In Wirklichkeit ist das Populationswachstum durch das Nahrungsangebot und andere Konkurrenzfaktoren beschränkt, und so werden wir die obige Gleichung um ein Glied erweitern müssen, in dem das Sterben Berücksichtigung findet, das die Fortpflanzungsrate senkt. Eine gute Näherung dürfte in der Annahme bestehen, daß die Sterbewahrscheinlichkeit für jedes Individuum der gesamten Population N_y proportional ist. Die Sterbeziffer für die Population insgesamt wird demnach proportional zu $N_y{}^2$ sein – nennen wir sie $bN_y{}^2$ –, wobei b eine andere Konstante ist. Wir kommen somit dahin, die Gleichung $N_{y+1} = N_y(a - bN_y)$ zu untersuchen, die als die *logistische Gleichung* bezeichnet wird.

Man kann die logistische Gleichung auffassen als einen deterministischen Algorithmus für die in Kapitel 3 erörterte Bewegung eines Punktes längs einer Geraden. Und zwar deshalb, weil wir, wenn wir für das Jahr 0 einen Anfangswert N_0 wählen und die rechte Seite der logistischen Gleichung benutzen, um N_1 zu berechnen, *diesen* Wert wieder auf der rechten Seite einsetzen zu können, um N_2 zu berechnen, und so weiter. Die Zahlenfolge, die wir durch diese Wiederholung erhalten, stellt eine deterministische Folge dar, von der man sich vorstellen kann, daß sie die Positionen bezeichnet, die ein Punkt nach und nach auf einer Geraden einnimmt. Die Berechnung ist mit einem Taschenrechner ein Kinderspiel. Die Ergebnisse sind jedoch alles andere als einfach.

Zu ihrer Erörterung ist es zweckmäßig, zunächst einmal $x = aN/b$ zu definieren und x statt N zu untersuchen. Wir erhalten so die Gleichung $x_{y+1} = ax_y(1 - x_y)$, und für x gilt die Beschränkung, daß es wie in dem in Kapitel 3 erörterten Beispiel zwischen 0 und 1 liegt. Man kann eine graphische Darstellung anfertigen, ähnlich der Abbildung 5, nur erhält man nun anstelle der schrägen Linien eine umgekehrte Parabel.

Wenn a kleiner als 1 ist, liegt die gestrichelte Linie vollständig oberhalb der Kurve, wie aus *Abbildung 8* ersichtlich. Um das

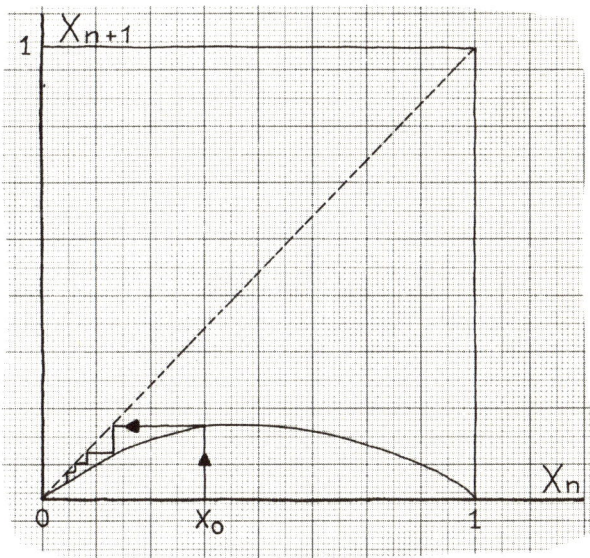

ABBILDUNG 8. Die von dem gezeigten Pfad generierte Zahlenfolge konvergiert, gleichgültig, wie man die Ausgangszahl x_0 wählt, gegen 0. Dies entspricht einer Population, die wegen unzureichender Nahrungsquellen dem Untergang geweiht ist. Die Abnahme von Jahr zu Jahr ist ähnlich wie in Abbildung 7 (b).

59

Schicksal der Population zu verfolgen, lege man einen Anfangswert x_0 fest und vollziehe die gleichen Schritte, wie sie im Zusammenhang mit Abbildung 5 beschrieben wurden. Man geht also senkrecht bis zu der Kurve, dann waagerecht bis zu der gestrichelten Linie und liest auf der x-Achse den Wert für das kommende Jahr, x_1, ab. Dies wiederholt man dann für x_2 und so weiter. Aus der Zeichnung dürfte klarwerden, daß die Population, gleichgültig, welchen Anfangswert x_0 wir wählen, stetig abnimmt und gegen Null strebt. Das Nahrungsangebot der Insel oder des Teiches ist zu dürftig, und es kommt zum Aussterben.

Wählt man den Wert des Parameters a größer als 1, was einer etwas größeren Insel oder einem größeren Teich mit einem besseren Nahrungsangebot entspricht, so schneidet die gestrichelte Linie die Kurve an zwei Stellen *(Abbildung 9)*. Nach dem gleichen Verfahren wie zuvor gelangt man nun zu einem ganz anderen Verhalten. Tatsächlich weisen die Lösungen, wenn man den Wert von a variieren läßt, eine ganze Reihe von sehr komplizierten Verhaltensweisen auf.

Wenn a zwischen 1 und 3 liegt, ändert sich die Population laufend, bis sie sich bei dem Gleichgewichtswert $1 - 1/a$ stabilisiert. Ein spezieller Fall wird in *Abbildung 9* gezeigt. Man beachte, wie der Wert von x Schritt für Schritt dem Gleichgewichtswert zustrebt. Die entsprechende Änderung der Population ist in *Abbildung 10 (a)* dargestellt.

Sind die Werte von a größer als 3 (noch größeres Nahrungsangebot), so wird die Parabel steiler *(Abbildung 11)*. Eine kleine Anfangspopulation nimmt zunächst stetig zu, aber dann beginnt sie mit einer Periode von zwei Jahren zwischen zwei festen Werten hin- und herzuspringen *(siehe Abbildung 10 [b])*. Das ist der Joseph-Effekt. Man beachte, wie sich in *Abbildung 11* der Weg der sukzessiv angenommenen Werte einem Kästchen nähert, das den Schnittpunkt der Kurve und der schrägen Linie umschließt.

Wird die Insel oder der Teich noch weiter vergrößert, wird a also noch größer (konkret: über $1 + \sqrt[2]{6} = 3{,}4495$), so kommt es zu Schwankungen zwischen *vier* festen Werten mit einer Periodizität von vier Jahren *(Abbildung 10 [c])*. Wird der Wert von *a* fortlaufend gesteigert, so verdoppelt sich die Periode wieder und wieder, immer rascher, bis die Population bei einem kritischen Wert – etwa 3,6 – auf eine komplexe und völlig regellose Weise zu schwanken beginnt.

Im Bereich jenseits des kritischen Wertes zeigt *x* (und damit *N*) ein ganz sonderbares Verhalten. Es springt in strenger Reihenfolge zwischen mehreren Bändern zulässiger Werte hin und her, aber die genaue Position, die es innerhalb des angesprungenen Bandes einnimmt, wirkt ganz und gar zufällig. Wird *a* noch weiter erhöht, so fallen die Bänder paarweise zusammen, und damit wächst der Wertebereich, in dem *N* regellos hin- und herspringt, bis schließlich ein Kontinuum entsteht. Mit steigendem Wert von *a* dehnt sich dieses Kontinuum aus. Für *a* = 4 umfaßt das Kontinuum alle Werte von *x*.

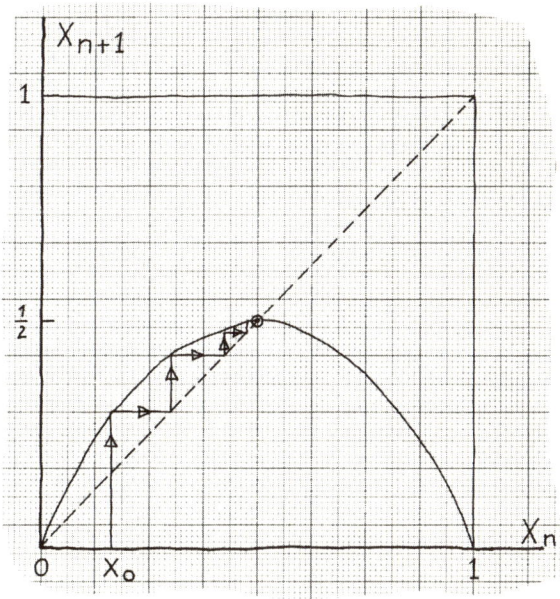

ABBILDUNG 9. Wenn man den Wert des Parameters *a* mit $1/2$ wählt, konvergiert die deterministische Folge gegen den festen Wert $x = 1/2$; das entspricht einer Population, die stetig wächst und sich dann stabilisiert, wie in Abbildung 10 (a) gezeigt.

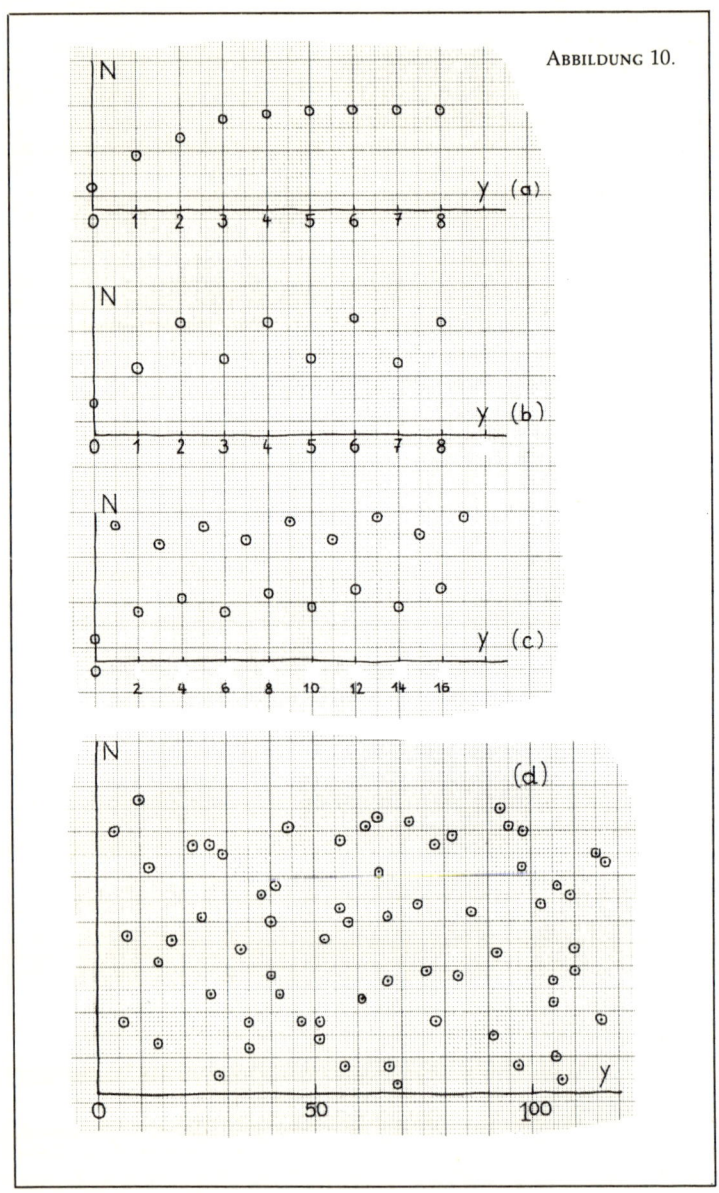

ABBILDUNG 10.

◄ ABBILDUNG 10. Mögliche Veränderungen der Population gemäß der logistischen Gleichung. (a) Stetige Zunahme bis zu einem stabilen Gleichgewichtsniveau. Die Jahr-für-Jahr-Folge kann aus einem Diagramm wie Abb. 9 generiert werden. (b) Bei höherer Wachstumsrate nimmt die Population von ihrem anfangs niedrigen Wert zu, um sich dann bei einer Zweijahres-Schwankung zu stabilisieren – der Joseph-Effekt. (c) Bei noch höherer Wachstumsrate kommt es zu einem Vierjahres-Zyklus. (d) Hat der Kontrollparameter der Wachstumsrate a den Wert 4, ändert sich die Population chaotisch und ist praktisch nicht von einem Jahr aufs andere vorhersagbar.

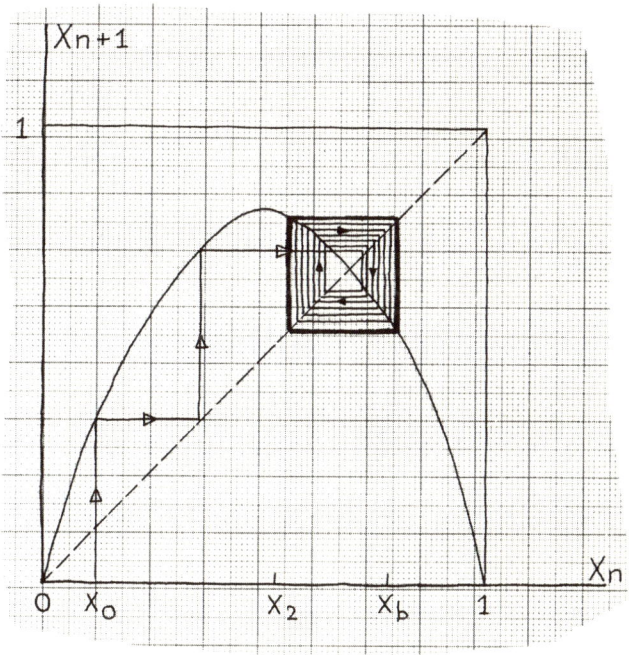

ABBILDUNG 11. Wählt man a zwischen 3 und $1 + \sqrt{6}$, so nimmt die deterministische Folge zu, um dann gegen einen »Grenzzyklus« zu konvergieren, der durch das halbfett dargestellte Quadrat repräsentiert ist. Der Wert von x spielt sich demnach so ein, daß er zwischen den Werten x_a und x_b alterniert, was der oszillierenden Populationsänderung entspricht, die in Abb. 10 (b) dargestellt ist.

Die Situation bei $a = 4$ ist daher von besonderem Interesse. Die Änderungen von x wirken vollkommen chaotisch, die Populationsstärke scheint also in einer vollkommen zufälligen Weise zu schwanken *(Abbildung 10 [d])*. Es ist bemerkenswert, daß solch ein zufälliges Verhalten sich aus einem einfachen deterministischen Algorithmus ergeben kann. Und nicht minder faszinierend ist, daß die Populationen bestimmter Vogel- und Insektenarten tatsächlich von Jahr zu Jahr in einer scheinbar zufälligen Weise schwanken.

Eine interessante Frage ist, ob das komplexe Verhalten bei $a = 4$ wirklich zufällig oder nur sehr kompliziert ist. Tatsächlich erweist es sich als wirklich zufällig, wie man leicht bestätigt findet, da die Gleichung in diesem Fall exakt gelöst werden kann. Die Änderung der Variablen $x_y = (1 - \cos 2\pi\vartheta_y)/2$ ergibt die einfache Lösung, daß ϑ sich jedes Jahr verdoppelt. (Das heißt: $\vartheta_y = 2y\vartheta_0$, wobei ϑ_0 der Anfangswert von ϑ ist.) Man wird sich aus der Erörterung der »Uhrenverdopplung« in Kapitel 3 erinnern, daß die wiederholte Verdopplung eines Winkels gleichbedeutend damit ist, die Folge der binären Ziffern hinter dem Komma fortgesetzt zu verlängern, und daß dies wirklich zufälliges Verhalten mit unendlicher Empfindlichkeit gegen die Anfangsbedingungen bedeutet.

Damit ist die in der logistischen Gleichung enthaltene außerordentliche Vielfalt des Verhaltens nicht erschöpft. Wie sich herausstellt, wird der Bereich zwischen $a = 3,6$ und 4 von kurzen »Fenstern« eines periodischen oder beinahe periodischen Verhaltens unterbrochen. So gibt es zum Beispiel einen schmalen Bereich (zwischen 3,8284 und 3,8415), in dem die Population ein eindeutig zyklisches Drei-Jahres-Muster erkennen läßt. Der Leser wird ermutigt, dieser Struktur auf seinem Homecomputer auf den Grund zu gehen.

Magische Zahlen

Das in hohem Maße regellose und unvorhersagbare Verhalten, das hier erörtert wird, bezeichnet man als *deterministisches Chaos*, und es ist zum Gegenstand intensiver Forschungsbemühungen geworden. Man hat entdeckt, daß Chaos in ganz unterschiedlichen dynamischen Systemen entsteht, vom Herzschlag über tropfende Wasserhähne bis hin zu pulsierenden Sternen. Was aber dem Chaos ein großes theoretisches Interesse gesichert hat, war eine bemerkenswerte Entdeckung des amerikanischen Physikers Mitchell Feigenbaum. Viele Systeme nähern sich durch Periodenverdopplung einem chaotischen Verhalten. Der Übergang zum Chaos weist in diesen Fällen bestimmte gemeinsame Merkmale auf, unabhängig von den genauen Einzelheiten des jeweiligen Systems.

Die betreffenden Merkmale beziehen sich auf die Geschwindigkeit, mit der sich das System durch die oben erörterte eskalierende Kaskade von Periodenverdopplungen dem chaotischen Verhalten nähert. Es ist hilfreich, sich das in einer graphischen Darstellung zu vergegenwärtigen, in der, wie in *Abbildung 12*, x (oder N) im Verhältnis zu a gezeigt wird. Bei kleinem a hat die Gleichung nur einen Lösungswert von x, doch beim kritischen Punkt, wo $a = 3$ ist, zerfällt die Lösungskurve plötzlich in zwei. Man nennt das eine *Verzweigung* (gelegentlich auch Heugabel-Verzweigung, wegen der Form). Sie signalisiert den Beginn der ersten Periodenverdopplung: x (oder N) kann nun zwei Werte annehmen, und es schwankt zwischen ihnen. Wenn man weitergeht, kommt es zu weiteren Verzweigungen, die schließlich einen »Verzweigungs-Baum« bilden, an dem man ablesen kann, daß x zwischen einer wachsenden Zahl von Werten hin- und herwandern kann. Es kommt immer häufiger zu Verzweigungen, bis bei einem anderen kritischen Wert von a eine unendliche Menge von Zweigen erreicht wird. Hier beginnt das Chaos.

Der kritische Wert, bei dem chaotisches Verhalten einsetzt, ist 3,5699... Je näher man diesem Punkt kommt, um so enger rücken die Zweige aufeinander. Die Lücke zwischen den Zweigen verringert sich, und zwar ist sie bei der jeweiligen Verzweigung etwas kleiner als 1/4 der vorherigen. Genauer gesagt, strebt das Verhältnis dem festen Wert 1/4,669201... zu, wenn man sich dem kritischen Punkt nähert. Man beachte, daß es sich hier um eine »selbständige« Form handelt, mit einem größenunabhängigen Maß an Übereinstimmung – eine Tatsache, der, wie man noch sehen wird, eine gewisse Bedeutung zukommt.

Auch für das Schrumpfen der senkrechten Lücken zwischen den »Zinken der Heugabel« am Verzweigungs-Baum gilt eine einfache numerische Beziehung. Wie Feigenbaum herausfand, beträgt die

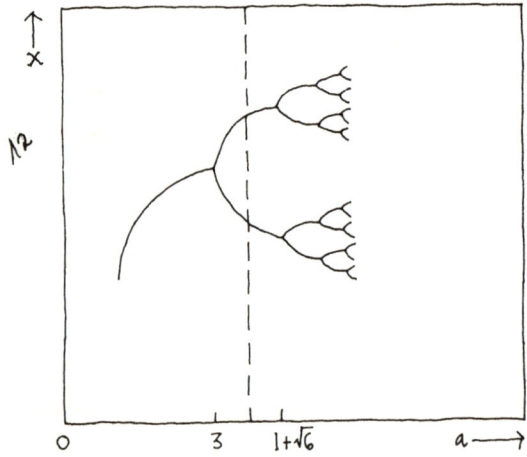

ABBILDUNG 12. Der Weg ins Chaos. Man wähle einen Wert für a und ziehe eine Senkrechte. Die Schnittpunkte mit dem »Verzweigungsbaum« ergeben die Werte von x (d. h. der Population), bei denen sich die Populations-»Kurve« stabilisiert. Der dargestellte Fall ergibt zwei Werte, was einem stabilen Zweier-Zyklus entspricht, wie er in Abb. 10 (b) gezeigt wird. Wird a erhöht, verzweigt sich der Baum wieder und wieder, was eine sich steigernde Kaskade der Periodenverdopplung anzeigt. Die konvergente Vermehrung der Zweiglein vollzieht sich auf eine mathematisch exakte Weise, die durch die Feigenbaumschen Zahlen diktiert wird. Jenseits des Flechtwerks der Verzweigungen liegt das Chaos: Die Population ändert sich sprunghaft und unvorhersagbar.

jeweilige Lücke bei Annäherung an die kritische chaotische Region etwa $^2/_5$ der vorherigen. (Das Verhältnis ist, um genauer zu sein, $^1/_{2,5029\ldots}$)

Feigenbaum stieß zufällig auf die merkwürdigen »magischen« Zahlen 4,669201... und 2,5029..., während er mit einem kleinen programmierbaren Rechner spielte. Es ist nicht ihr Wert, der diese Zahlen bedeutsam sein läßt, sondern die Tatsache, daß sie in ganz unterschiedlichen Zusammenhängen immer wieder auftauchen. Offenbar repräsentieren sie eine fundamentale Eigenschaft bestimmter chaotischer Systeme.

Wie man ein Pendel wahnsinnig macht

Zufällige und unvorhersagbare Verhaltensweisen sind keineswegs nur auf die Ökologie beschränkt. Viele physikalische Systeme zeigen ein scheinbar chaotisches Verhalten. Ein gutes Beispiel liefert das sogenannte konische Pendel, das ein normales Pendel ist, nur ist es so aufgehängt, daß es statt nur in einer Ebene in jede Richtung schwingen kann. Das Pendel ist der Inbegriff dynamischer Regelmäßigkeit – so regelmäßig wie ein Uhrwerk, heißt eine Redensart. Doch nun zeigt sich, daß sogar ein Pendel sich chaotisch verhalten kann. Wenn man es durch periodische Anregung am Aufhängungspunkt in Schwingung versetzt, zeigt das Gewicht (die Kugel) eine bemerkenswerte Vielfalt interessanter Verhaltensweisen.

Doch bevor wir darauf eingehen, ein Wort darüber, warum das System nichtlinear ist. Normalerweise wird bei der Behandlung des Pendels angenommen, daß die Amplitude der Schwingungen klein ist; das System ist dann annähernd linear, und seine Behandlung ist sehr einfach. Läßt man die Amplitude jedoch groß werden, treten nichtlineare Effekte auf. (Mathematisch liegt das daran, daß die Näherung $\sin \pi = \pi$ versagt.) Außerdem kann, wenn es um das langfristige Verhalten geht, die Dämpfung durch Reibung nicht vernachlässigt werden, und ihre Wirkung ist hier in der Tat erheblich.

Das Pendel wird zwar in einer Ebene angestoßen, doch kann es wegen der Nichtlinearität dazu kommen, daß es sich auch in der dazu senkrechten Richtung bewegt – es ist also ein System mit zwei Freiheitsgraden. Das Gewicht beschreibt folglich eine Bahn auf einer zweidimensionalen Kugeloberfläche. Das bestimmende Merkmal dieses Systems besteht darin, daß es in Abhängigkeit von der Frequenz der Antriebskraft entweder ein geordnetes oder ein hochgradig unregelmäßiges Verhalten zeigt. Ein praktisches Anschauungsmodell hat mein Kollege David Tritton geliefert, der seine Beobachtungen folgendermaßen beschreibt:

Das Pendel wird aus dem Ruhezustand in Bewegung versetzt, mit einer Anregungsfrequenz, die das 1,015fache der Eigenfrequenz beträgt. Dies erzeugt zunächst eine Bewegung der Kugel parallel zum Aufhängungspunkt. Die Amplitude dieser Bewegung wächst..., bis die Bewegung nach durchschnittlich dreißig Sekunden zweidimensional wird.[2]

Die Bahn, welche die Kugel schließlich beschreibt, geht in eine stabile Ellipsenform über, bei manchen Versuchen im Uhrzeigersinn, bei anderen entgegen dem Uhrzeigersinn. Jetzt wird die Anregungsfrequenz auf das 0,985fache der Eigenfrequenz zurückgenommen:

Die dadurch eintretende Änderung in der Bewegung der Kugel wird rasch deutlich: ihre Regelmäßigkeit geht verloren. Einige weitere Schwingungen sind einander hinreichend ähnlich, so daß man sagen kann, daß die Kugel sich auf einer Geraden, einer Ellipse oder einer Kreisbahn bewegt, aber länger als über fünf Schwingungen bleibt ein solches Muster nicht erhalten, und die dann eintretenden Veränderungen zeigen keine erkennbare Regelmäßigkeit. Die Kugel kann sich in einem beliebig gewählten Augenblick mit einer Amplitude, die in einem weiten Wertebereich variiert, in einer gradlinigen, elliptischen oder kreisförmigen Bewegung befinden; die Gerade oder die Hauptachse der Ellipse kann gegenüber der Anregungsrichtung jede beliebige Richtung aufweisen. Ein Versuch, vorherzusagen, was man bei einem Blick auf die Vorrichtung zu sehen bekommt..., wird kaum Erfolgschancen haben.[2]

Das obige Beispiel zeigt, daß ein einfaches System ganz unterschiedliche Verhaltensweisen an den Tag legen kann, je nachdem, welche Werte ein Kontrollparameter – in diesem Fall die Anregungsfrequenz – annimmt. Eine ganz geringfügige Änderung in der Frequenz kann bewirken, daß das System von einem einfachen, geordneten und im wesentlichen vorhersagbaren Bewegungsmuster zu einem scheinbar chaotischen und nicht vorhersagbaren übergeht. Im Falle der Insektenpopulation fanden wir ebenfalls, daß es von der Fortpflanzungsrate a abhing, ob die Population stetig wuchs, schwankte oder ziellos driftete.

Wir werden, um näher auf die Sache eingehen zu können, eine geeignete bildliche Darstellung benötigen, wie sie das sogenannte Phasendiagramm bietet. Mit seiner Hilfe können wir die allgemeinen qualitativen Merkmale einer komplexen Bewegung in einer einfachen graphischen Form deutlich machen. Wir wollen am Beispiel des einfachen Pendels zeigen, wie man ein Phasendiagramm benutzt. (Das einfache Pendel schwingt in nur einer Ebene und darf nicht mit dem soeben beschriebenen konischen Pendel verwechselt werden.)

Ein Phasendiagramm erhält man, wenn man die Ortsveränderung der Kugel – nennen wir sie x – und ihre Geschwindigkeit v in eine graphische Darstellung einträgt. Der Zustand der Kugel in jedem beliebigen Augenblick kann durch einen Punkt im Phasendiagramm dargestellt werden, der Position und Geschwindigkeit der Kugel in diesem Moment abgibt. Im Zeitablauf ergibt der repräsentative Punkt eine Kurve. Wenn man die Dämpfung durch Reibung vernachlässigt, besteht die Kurve in einer einfachen geschlossenen Schleife *(siehe Abbildung 13)*. Die einmalige Umrundung der Schleife entspricht einem Schwingungszyklus des Pendels.

Während das Pendel weiterschwingt, wiederholt es exakt seine Bewegung, und daher umfährt der repräsentative Punkt wieder und wieder die Schleife, wie es der Pfeil andeutet. Wenn nun eine Reibung eingeführt wird, verliert das Pendel stetig Energie. Dadurch nimmt die Amplitude seiner Schwingungen ab, und schließlich kommt es in der Gleichgewichtslage – wenn die Kugel sich senkrecht unter dem Aufhängungspunkt befindet – zur Ruhe. Der repräsentative Punkt beschreibt in diesem Fall eine Spiralbewegung

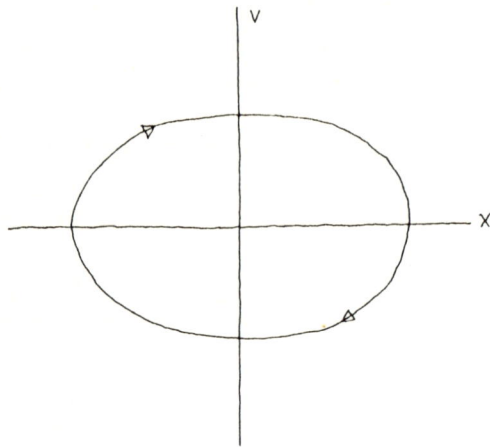

ABBILDUNG 13. Trägt man die Lage *x* des Gewichts eines freischwingenden Pendels gegen seine Geschwindigkeit *v* ab, so entsteht eine Kurve, die als »Phasenporträt« bezeichnet wird. Ist keine Reibung vorhanden, so hat die Kurve die Form einer geschlossenen Schleife (hier einer Ellipse).

nach innen und strebt einem bestimmten Punkt im Phasendiagramm zu, dem sogenannten »Attraktor« *(Abbildung 14)*.

Nehmen wir nun an, das Pendel werde periodisch von einer äußeren Kraft angeregt (aber es bleibt auf eine Ebene beschränkt – es ist immer noch eine Problemstellung mit einem Freiheitsgrad). Wenn die Frequenz der anregenden Kraft von der Eigenfrequenz des Pendels verschieden ist, wird das System zunächst ein recht kompliziertes Verhalten zeigen, da die anregende Kraft ihre Bewegungen gegen die Tendenz des Pendels, mit seiner Eigenfrequenz zu schwingen, durchzusetzen versucht. Die Bahn des repräsentativen Punktes wird nun eine komplizierte Kurve sein, deren Form von den Besonderheiten der anregenden Kraft abhängt.

Wegen der reibungsbedingten Dissipation wird das Ringen zwischen den beiden Bewegungsformen jedoch nicht von langer Dauer sein. Die Bemühungen des Pendels, seine eigene Bewegung zu behaupten, werden immer stärker gedämpft, und schließlich läßt sich das System willenlos von der Frequenz der anregenden Kraft be-

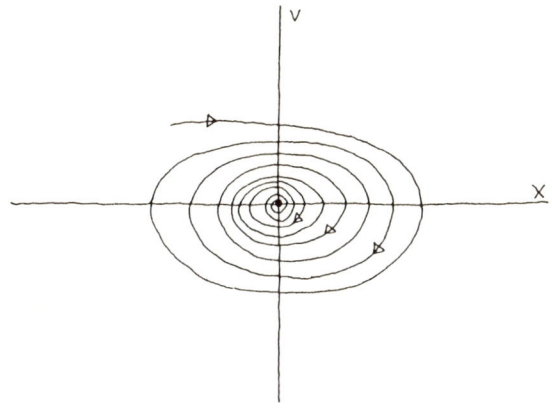

ABBILDUNG 14. Wird Reibung berücksichtigt, so nimmt das Phasenporträt des schwingenden Pendels die Form einer Spirale an, die gegen einen »Attraktor« konvergiert. Die Spirale zeigt, wie die Schwingungen des Pendels, das durch Reibung Energie dissipiert, abnehmen und so gedämpft werden, daß es zum Stillstand kommt.

stimmen. Das Phasendiagramm sieht dann aus wie in *Abbildung 15*. Der repräsentative Punkt führt kurz ein paar komplexe Wackelbewegungen aus, nähert sich dann aber immer mehr der geschlossenen Schleife, die den fremdbestimmten Schwingungen entspricht. Auf dieser Schleife fährt er weiter, solange die anregende Kraft weiterbesteht. Man bezeichnet diese geschlossene Schleife als *Grenzzyklus*.

Als letztes Merkmal brauchen wir noch ein gewisses Maß an Nichtlinearität. Statt das Pendel aus der Ebene herausschwingen zu lassen, greifen wir zu dem einfachen Hilfsmittel, die beharrende Kraft des Pendels nichtlinear (tatsächlich proportional zu x^3) werden zu lassen. Wovon diese nichtlineare Kraft ausgeht, braucht uns nicht zu interessieren, aber ihre Wirkung bezeichnet, wie wir noch sehen werden, einen entscheidenden Unterschied.

Wenn eine gewisse Reibung da ist, ähnelt das Verhalten des Pendels dem vorigen Fall. Der repräsentative Punkt beginnt irgendwo im Phasendiagramm, führt vorübergehend einige komplizierte Bewegungen aus und nähert sich dann einem Grenzzyklus. Der wesentliche Unterschied besteht darin, daß die geschlossene Grenzzyklus-Kurve jetzt einige Schleifen enthält *(Abbildung 16)*. Physikalisch beruht das darauf, daß die anregende Kraft zeitweise gegenüber der beharrenden Kraft das Übergewicht bekommt und das Pendel jedesmal, wenn es sich der senkrechten Achse nähert, veranlaßt, einen kleinen Ruck rückwärts zu machen.

Nehmen wir nun an, die Reibung werde fortschreitend verringert. Bei einem kritischen Wert des Dämpfungsparameters ändert sich das Phasendiagramm schlagartig und nimmt die in *Abbildung 17* gezeigte Form an. Der Grenzzyklus ist immer noch eine geschlossene Schleife, aber er ist jetzt eine »doppelte« Schleife, was bedeutet, daß das Pendel nicht nach einer, sondern erst nach zwei Schwingungen seine Bewegung exakt wiederholt. Das Pendel führt

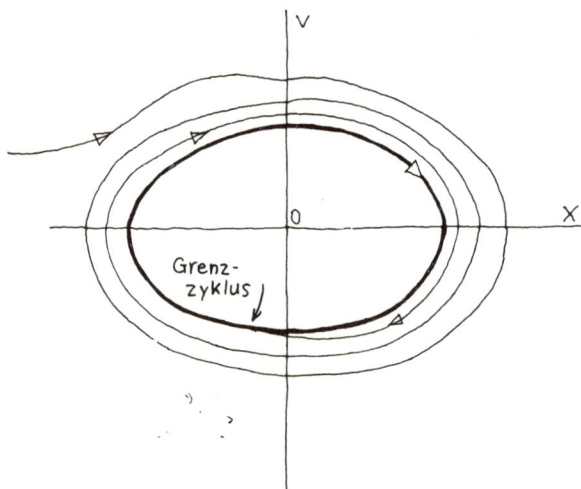

ABBILDUNG 15. Wird ein gedämpftes Pendel von einer äußeren Kraft angeregt, so wird sein Phasenweg, gleichgültig, wie die Anfangsbedingungen waren, nach mehreren Umläufen schließlich gegen einen »Grenzzyklus« (starker Strich) konvergieren. Ist der Grenzzyklus erreicht, so sind alle Erinnerungen an die Anfangsbedingungen verlorengegangen, und die Autonomie des Pendels ist restlos von der äußeren Kraft bezwungen worden.

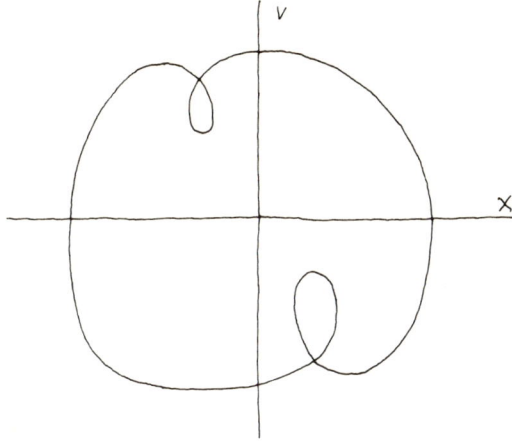

ABBILDUNG 16. Wird in die anregende Kraft eine Nichtlinearität aufgenommen, so wird die Bewegung des Pendels komplizierter. Im dargestellten Fall ist dem Grenzzyklus eine kleine kubische Kraft hinzugefügt worden, die bewirkt, daß das Pendel kurze, ruckartige Rückwärtsbewegungen ausführt, dargestellt durch die kleinen Schleifen.

ABBILDUNG 17. Wird die Dämpfung des Pendels unter einen kritischen Wert gesenkt, tritt plötzlich Periodenverdopplung auf. Der Grenzzyklus hat jetzt die Form einer geschlossenen Doppelschleife.

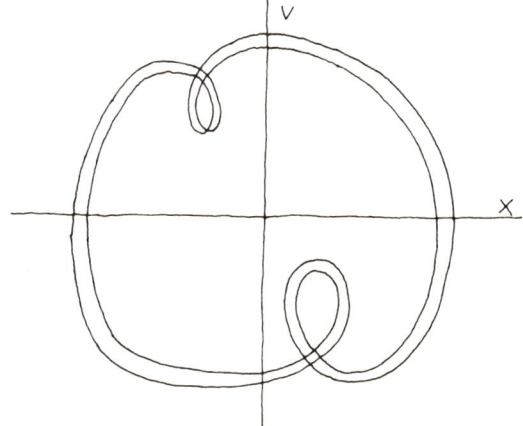

jetzt, anders gesagt, eine doppelte Schwingung aus, wobei die einzelnen Schwingungen sich geringfügig voneinander unterscheiden und die Schwingungsperiode insgesamt das Doppelte des vorigen Werts beträgt. Dieses Phänomen bezeichnet man als »Periodenverdopplung«, und es kommt uns irgendwie bekannt vor. Bei der Untersuchung von Insektenpopulationen stießen wir auf genau die gleiche Erscheinung.

Wird die Reibung weiter verringert, so kommt es zu einer zweiten abrupten Periodenverdopplung, und das Pendel beginnt nach *vier* Schwingungen seine Bewegungen exakt zu wiederholen. Wenn die Reibung immer weiter verringert wird, kommt es zu immer weiteren Periodenverdopplungen *(siehe Abbildung 18)*. Auch dies ist exakt, was wir beim Problem der Insektenpopulation fanden.

Das gemeinsame Verhalten der Periodenverdopplungen können wir genauer untersuchen, indem wir eine »Großaufnahme« von

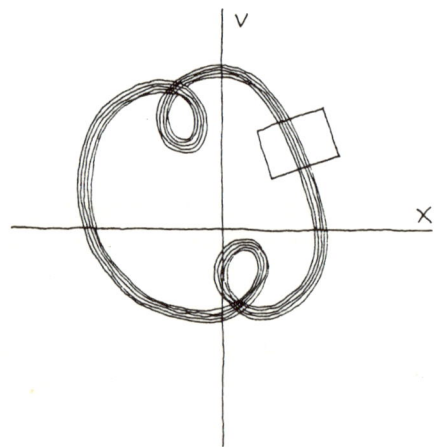

ABBILDUNG 18. Wird die Dämpfung des Pendels weiter reduziert, so spaltet sich der Grenzzyklus immer stärker in eine Vielfach-Schleife oder ein Band auf, ein Anzeichen dafür, daß die Bewegung des Pendels jetzt nicht mehr erkennbar periodisch ist und die Vorhersagbarkeit endet. Seine Bewegungsweise nähert sich dem Chaos.

74

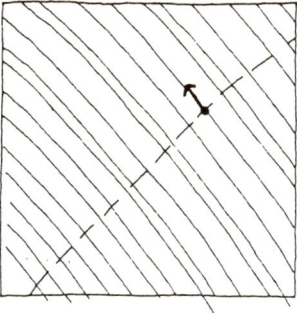

ABBILDUNG 19. Ein vergrößerter Ausschnitt aus dem in Abb. 18 dargestellten Band zeigt die vielfältigen Spuren, die der repräsentative Punkt beschreibt, wenn er bei einer vollständigen Umfahrung des Grenzzyklus immer wieder vorbeizieht. Die Reihenfolge, in der er die Folge der Spuren durchläuft, ist beliebig. Die quer zu den Spuren eingezeichnete »Startlinie« entspricht der gestrichelten Linie in Abb. 12.

dem Zyklus in *Abbildung 18* betrachten. Wir können uns vorstellen, daß wir durch ein kleines Fenster in das Phasendiagramm hineinschauen und dabei sehen, wie der repräsentative Punkt vorbeiflitzt und eine Spur hinterläßt *(Abbildung 19)*. Nach mehreren Durchgängen wäre der aus vielen Schleifen bestehende Grenzzyklus vollständig, und das Linienmuster würde sich wiederholen. Zieht man quer durch das »Fenster« eine »Startlinie«, so kann man feststellen, wo die Phasentrajektorie sie auf ihren wiederholten Umläufen schneidet. *Abbildung 19* (in der Fachsprache eine »Poincaré-Abbildung«, nach dem französischen Mathematiker und Physiker) zeigt eine Reihe von Schnittpunkten. Im einfachsten Fall – bei großer Reibung – gäbe es nur einen Schnittpunkt, doch mit jeder Periodenverdopplung wird ihre Zahl steigen.

Wenn man die Lage der Schnittpunkte zu dem abnehmenden Wert der Reibung in Beziehung setzt, erkennt man, wie bei zunehmenden Periodenverdopplungen die Dämpfung immer mehr abnimmt. Was man erhält, ist ein »Verzweigungsbaum«-Diagramm wie in Abbildung 12. (Man beachte, daß die Stärke der Reibung nach rechts hin abnehmend eingezeichnet ist.) Im linken Teil der Abbildung gibt es nur einen Schnittpunkt; dies entspricht dem in

Abbildung 14 dargestellten Fall. Bei einem kritischen Wert der Reibung kommt es auf einmal zu einer *Verzweigung* der einen Linie in Abbildung 12. Dies ist die erste, der Abbildung 17 entsprechende Periodenverdopplung; jetzt gibt es zwei Schnittpunkte. Geht man weiter, so verzweigt sich jeder einzelne Zweig erneut, wieder und wieder, mit zunehmender Häufigkeit. Schließlich wird ein Wert der Reibung erreicht, bei dem der Baum eine *unendliche* Zahl von Zweigen hervorgetrieben hat. Die Bewegung des Pendels ist jetzt überhaupt nicht mehr periodisch; es muß nun eine unendliche Zahl von verschiedenen Schwingungen ausführen, ehe der Phasenpunkt seine Trajektorie wiederholt. Das Pendel bewegt sich jetzt in einer hochgradig ungeordneten und scheinbar zufälligen Weise – wir haben erneut ein Chaos.

Hier sei nun daran erinnert, daß der Beginn des Chaos in der logistischen Gleichung durch die merkwürdigen Zahlen 4,669 201... und 2,5029... bezeichnet wird. Im vorliegenden Fall haben wir es mit einem ganz anderen System zu tun, und doch tauchen die gleichen Zahlen wieder auf. Das ist kein Zufall. Offenbar besitzt das Chaos universale Merkmale, und Feigenbaums Zahlen sind fundamentale Naturkonstanten. Obwohl es definitionsgemäß ungeheuer schwierig ist, chaotisches Verhalten im Modell abzubilden, liegt also seinem Auftreten gleichwohl eine gewisse Ordnung zugrunde, und wir können die Gesetzmäßigkeiten, denen diese spezielle Form von Komplexität unterliegt, erkennen.

Schmetterlingswetter

Die Meteorologen sind mit ihren Wettervorhersagen oft Zielscheibe von Witzen. Für die meisten von uns spielt das Wetter im Alltagsleben keine Rolle, aber dennoch haben wir ein lebhaftes Interesse an ihm, und wenn die Meteorologen sich mit ihrer Vorhersage geirrt haben, sind wir sofort mit spöttischen Bemerkungen zur Hand. Nach landläufiger Ansicht (zumindest in Großbritannien, wo die Beschäftigung mit dem Wetter – das jedenfalls selten rauh wird – angeblich eine nationale Leidenschaft ist) haben die Meteorologen trotz der enormen Rechenkapazitäten, die ihnen zur Verfügung stehen, in den meisten Fällen unrecht, zumindest sind sie heute nicht besser, als sie auch schon vor Jahrzehnten waren (was in Wirklichkeit nicht stimmt). Viele haben größeres Zutrauen zu unorthodoxen Methoden – sei es, daß sie sich nach dem Zustand des Seetangs richten, sei es, daß sie das Verhalten der Dachse oder der Sperlinge als Wetterprognose betrachten.

Nun ist es offensichtlich sehr schwierig, das Wetter vorherzusagen, aber dennoch sind viele der Ansicht, daß es – da die Atmosphäre ja den physikalischen Gesetzen unterliegt – möglich sein müßte, ein zutreffendes mathematisches Modell aufzustellen, wenn nur die entsprechenden Daten verfügbar wären. Diese Ansicht wird nun in Frage gestellt. Es könnte sein, daß das Wetter sich seiner Natur nach jeder längerfristigen Vorhersage entzieht.

Die Atmosphäre verhält sich wie eine Flüssigkeit, die von unten erhitzt wird, denn die Sonnenstrahlen durchdringen sie und erwärmen die Erdoberfläche, die dann durch Wärmeleitung und Konvektion die darüberliegende Luft erwärmt. Deshalb beobachten wir allgemein Aufwärtsbewegungen der Luft. Versuche, die Luftzirkulation mathematisch abzubilden, gibt es seit langem, doch einen Meilenstein setzte in dieser Hinsicht Edward Lorenz mit seiner Arbeit im Jahre 1963. Lorenz entwarf ein System von Gleichungen, die die atmosphärischen Bewegungen vereinfacht darstellen, und begann, sie zu lösen.

Was Lorenz fand, war für die Meteorologen sehr beunruhigend. Seine Gleichungen, die sich wesentlich durch ihre Nichtlinearität auszeichnen, finden Lösungen, die anscheinend chaotisch sind. Chaotische Systeme haben, wie man sich aus Kapitel 3 erinnern wird, die charakteristische Eigenschaft, sich der Vorhersage zu entziehen, weil Lösungen, die zunächst sehr dicht beieinander liegen, rasch divergieren und einen weiten Unsicherheitsbereich erzeugen. Solange wir nicht den Anfangszustand mit unendlicher Genauigkeit kennen, kann von Vorhersagbarkeit keine Rede sein. Diese extreme Empfindlichkeit der Ausgangsdaten bedeutet, daß für die Zirkulationsbewegungen der Atmosphäre letztlich eine ganz geringfügige Störung den Ausschlag geben kann. Man hat dieses Phänomen als Schmetterlingseffekt bezeichnet, weil es möglich ist, daß allein das Geflatter eines Schmetterlings das künftige Wetter bestimmt.

Wenn die Gleichungen von Lorenz eine generelle Eigenschaft der Luftbewegung richtig erfassen, dann drängt sich unausweichlich die Folgerung auf, daß eine langfristige Wettervorhersage – sei es mit Computerhilfe, sei es durch Weissagung aus dem Seetang – niemals möglich sein wird, mag man auch noch so große Rechenkapazitäten einsetzen.

Die unerkennbare Zukunft

Es fiel schon immer schwer, das deterministische und mechanische Uhrwerksuniversum Newtons mit der scheinbar zufälligen Natur vieler physikalischer Prozesse in Einklang zu bringen. Maxwell und Boltzmann führten, wie wir gesehen haben, ein statistisches Element in die Physik ein, aber es fiel schon immer schwer, einzusehen, wie eine Theorie, die auf der Newtonschen Mechanik beruht, Chaos produzieren kann, nur weil große Teilchenzahlen berücksichtigt werden und die subjektive Feststellung getroffen wird, daß ihr Verhalten von Menschen nicht beobachtet werden kann. Die aktuellen Forschungen über das Chaos schaffen eine Brücke zwischen Zufall und Notwendigkeit, zwischen der probabilistischen Welt des Münzenwerfens und des Roulettes auf der einen und dem Uhrwerksuniversum eines Newton und Laplace auf der anderen Seite.

Zum einen fanden wir heraus, daß es nicht unbedingt komplizierter Gesetzmäßigkeiten bedarf, um komplexe und verwickelte Strukturen oder Verhaltensweisen zu erzeugen. Wir haben gesehen, daß sich mit ganz einfachen Gleichungen, die auf Taschenrechnern bewältigt werden können, Lösungen von außerordentlicher Komplexität erzeugen lassen. Außerdem haben wir festgestellt, daß ganz gewöhnliche Systeme der realen Welt (Insektenpopulationen, Pendel, die Atmosphäre) diesen Gleichungen sehr genau entsprechen und die mit ihnen einhergehende Komplexität aufweisen. Zum anderen zeigt sich immer deutlicher, daß dynamische Systeme generell Bereiche aufweisen, in denen ihr Verhalten chaotisch ist. Es hat sogar den Anschein, als sei »gewöhnliches«, d. h. nichtchaotisches Verhalten eher die Ausnahme: *Fast alle* dynamischen Systeme lassen Chaos zu. Die Entwicklung solcher Systeme ist überaus empfindlich gegenüber den Anfangsbedingungen, und daher verhalten sie sich auf eine im wesentlichen unvorhersagbare, praktisch zufällige Weise.

Zwar spricht man erst seit relativ kurzer Zeit im Zusammenhang mit der Erforschung des Chaos von einer »wissenschaftlichen Revolution«, doch die entscheidende Entdeckung reicht bis zum Anfang unseres Jahrhunderts zurück. Henri Poincaré schrieb 1908:

Eine sehr kleine Ursache, die für uns unbemerkbar bleibt, bewirkt einen beträchtlichen Effekt, den wir unbedingt bemerken müssen, und dann sagen wir, daß dieser Effekt vom Zufall abhänge. Würden wir die Gesetze der Natur und den Zustand des Universums für einen gewissen Zeitpunkt genau kennen, so könnten wir den Zustand dieses Universums für irgendeinen späteren Zeitpunkt genau voraussagen. Aber selbst wenn die Naturgesetze für uns kein Geheimnis mehr enthielten, könnten wir doch den Anfangszustand immer nur näherungsweise kennen. Wenn wir dadurch in den Stand gesetzt werden, den späteren Zustand mit demselben Näherungsgrade vorauszusagen, so ist das alles, was man verlangen kann; wir sagen dann: die Erscheinung wurde vorausgesagt, sie wird durch Gesetze bestimmt. Aber so ist es nicht immer; es kann der Fall eintreten, daß kleine Unterschiede in den Anfangsbedingungen große Unterschiede in den späteren Erscheinungen bedingen; ein kleiner Irrtum in den ersten kann einen außerordentlich großen Irrtum für die letzteren nach sich ziehen. Die Vorhersage wird unmöglich, und wir haben eine »zufällige Erscheinung«.[3]

Es muß betont werden, daß das Verhalten chaotischer Systeme nicht *an sich* indeterministisch ist. Es läßt sich sogar mathematisch beweisen, daß die Anfangsbedingungen hinreichend sind, um das ganze künftige Verhalten des Systems exakt und eindeutig festzulegen. Die Schwierigkeit entsteht, wenn wir versuchen, diese Anfangsbedingungen zu benennen. In der Praxis können wir den anfänglichen Zustand eines Systems natürlich nie *genau* kennen. Mögen wir unsere Beobachtungen auch noch so sehr verfeinern, ein *gewisser* Fehler wird immer bleiben. Die Frage ist nur, wie sich dieser Fehler auf unsere Vorhersage auswirkt. An dieser Stelle tritt der entscheidende Unterschied zwischen chaotischer und normaler dynamischer Entwicklung auf.

Das klassische Beispiel für die mechanistische Wissenschaft Newtons ist die Bestimmung der Planetenbahnen. Die Astronomen können die Orte und Geschwindigkeiten der Planeten nur mit begrenzter Genauigkeit feststellen. Wenn die Bewegungsgleichungen (durch Integration) gelöst werden, wächst der Fehler, so daß auf die ursprünglichen Vorhersagen mit der Zeit immer weniger Verlaß ist. Das macht natürlich kaum etwas aus, weil die Astronomen ihre Daten laufend auf den neuesten Stand bringen und ihre Berechnungen überarbeiten können. Die Berechnungen eilen daher den Ereignissen weit voraus. Sonnenfinsternisse zum Beispiel werden auf viele Jahrhunderte hinaus zuverlässig vorhergesagt.

Die Fehler wachsen bei diesen gewöhnlichen dynamischen Systemen zumeist in Proportion zur Zeit (d. h. linear). Bei einem chaotischen System wachsen die Fehler dagegen immer schneller – praktisch wachsen sie exponentiell mit der Zeit. Die Zufälligkeit der chaotischen Bewegung ist daher fundamental, nicht nur ein Ergebnis unserer Unwissenheit. Sie ist nicht dadurch zu beheben, daß wir weitere Informationen über das System sammeln. Während die Berechnungen bei einem gewöhnlichen System wie dem Sonnensystem dem Geschehen weit vorauseilen, müssen bei einem chaotischen System immer größere Informationsmengen verarbeitet werden, wenn der Grad der Genauigkeit gehalten werden soll, und die Berechnung kann kaum mit den laufenden Ereignissen Schritt halten. Die Vorhersagefähigkeit ist verlorengegangen. Man muß sagen, daß das System selbst sein eigener schnellster Computer ist.

Joseph Ford macht den Unterschied zwischen gewöhnlichen und chaotischen Systemen gern am Beispiel der Datenverarbeitung

deutlich. Wenn wir die Anfangsbedingungen als »Eingangsdaten«
für die Computersimulation des künftigen Verhaltens auffassen, so
werden wir, wie er sagt, bei einem gewöhnlichen System für unsere
Bemühungen in der Weise belohnt, daß unsere Eingangsdaten in
eine große Menge von Ausgangsdaten umgesetzt werden, die mit
einiger Genauigkeit das Verhalten für eine ganze Weile vorhersagen. Doch bei einem chaotischen System ist Simulation sinnlos,
weil wir nicht mehr Daten herausbekommen, als wir eingegeben
haben. Während wir immer mehr Rechenkapazität benötigen, erfahren wir immer weniger. Wir machen also keine Vorhersage,
sondern wir beschreiben lediglich – mit begrenzter Genauigkeit –
das System, während es sich in Echtzeit entwickelt. Bei der Berechnung von chaotischen Bewegungen werden unsere Computer, um
bei Fords Vergleich zu bleiben, zu Kopierern degradiert: Eine chaotische Bahn läßt sich erst bestimmen, wenn sie tatsächlich gegeben
ist.

Zur Erläuterung: Nehmen wir an, ein Computer von bestimmter
Größe benötige eine Stunde, um die chaotische Bahn eines Teilchens mit einer gewissen Genauigkeit auf eine Minute im voraus zu
berechnen. Um mit der gleichen Genauigkeit zwei Minuten im voraus zu berechnen, könnte zum Beispiel die zehnfache Datenmenge
und eine Rechenzeit von zehn Stunden erforderlich sein. Für drei
Minuten im voraus wären dann 100mal (10^2) so viele Daten und
Stunden erforderlich; für vier Minuten würde man 1000 Stunden
brauchen usw.

Das Wort »Chaos« enthält etwas Negatives und Zerstörerisches,
aber es hat auch einen schöpferischen Aspekt. Das Zufallselement
gibt einem chaotischen System eine gewisse Freiheit, vielfältige
Verhaltensweisen zu erproben. Tatsächlich kann man das Chaos in
einer wirksamen Strategie zur Lösung von mathematischen und
physikalischen Problemen einsetzen. Auch die Natur selbst scheint
es zu benutzen, beispielsweise für die Lösung des Problems, wie das
Immunsystem des Körpers Krankheitserreger erkennen kann.

Das Auftreten eines Chaos geht im übrigen oft Hand in Hand mit
der spontanen Herausbildung räumlicher Folgen und Strukturen.

Ein schönes Beispiel liefert der bekannte rote Fleck an der Oberfläche des Planeten Jupiter, eine Erscheinung, die durch wirbelnde Gase in der Atmosphäre des Jupiter hervorgerufen wird. Nach Computersimulation muß sich in der Nähe des Flecks etwas Flüssiges befinden, das sich chaotisch und damit unvorhersagbar verhält, doch die Gase insgesamt fügen sich in eine stabile, kohärente Struktur ein, die eine ausgeprägte Identität und eine gewisse Beständigkeit besitzt. Ein anderes Beispiel, das wir in Kapitel 6 erörtern wollen, sind die Strudel und ähnliche Erscheinungen, die man in turbulenten Flüssigkeitsströmen beobachtet.

Unsere Überlegungen ergeben, daß die Natur *sowohl* im Prinzip deterministisch *als auch* zufällig sein kann. Doch in Wirklichkeit ist der Determinismus ein Mythos. Das ist eine umwerfende Folgerung. Lassen wir Prigogine zu Wort kommen:

Den Vorstellungen der klassischen Physik lag die Überzeugung zugrunde, daß die Zukunft durch die Gegenwart determiniert sei und man daher durch ein sorgfältiges Studium der Gegenwart die Zukunft enthüllen könne. Das war natürlich nie mehr als eine theoretische Möglichkeit. Dennoch war diese unbegrenzte Vorhersagbarkeit in einem gewissen Sinne ein wesentliches Element des wissenschaftlichen Bildes von der physikalischen Welt. Man könnte sie vielleicht als den grundlegenden Mythos der klassischen Wissenschaft bezeichnen. Heute wirkt die Situation zutiefst verändert...[4]

Joseph Ford drückt dasselbe bildhafter aus:

Leider sind nichtchaotische Systeme äußerst selten, ungeachtet der Tatsache, daß unser physikalisches Weltbild weitgehend auf ihrer Erforschung aufbaut... Die Zufälligkeit galt jahrhundertelang als ein nützlicher, aber untergeordneter Bürger in einem deterministischen Universum. Die algorithmische Komplexitätstheorie und die nichtlineare Dynamik liefern zusammengenommen den Beweis, daß der Determinismus tatsächlich nur in einem ganz begrenzten Bereich Gültigkeit hat; außerhalb dieses kleinen sicheren Hafens der Ordnung erstreckt sich eine weitgehend unerforschte, riesige Ödnis des Chaos, in der der Determinismus zu einer flüchtigen Reminiszenz an Existenztheoreme verblaßt ist und nur die Zufälligkeit überlebt.[5]

Die Schlußfolgerung ist unausweichlich: Auch wenn sich das Universum wie eine Maschine im streng mathematischen Sinne verhält, ist es dennoch möglich, daß neue und grundsätzlich unvorhersagbare Erscheinungen auftreten. Wäre das Universum ein lineares Newtonsches mechanisches System, so wäre die Zukunft in einem ganz realen Sinne in der Gegenwart enthalten, und es könnte nichts wirklich Neues geschehen. Doch in Wirklichkeit ist das Universum kein lineares Newtonsches mechanisches System, es ist ein chaotisches System. Wenn die Gesetze der Mechanik die einzigen Organisationsprinzipien sind, die der Materie und der Energie ihre Gestalt geben, dann ist die Zukunft unbekannt und grundsätzlich unerkennbar. Keine endliche Intelligenz, so mächtig sie auch sei, vermag zu antizipieren, welche neuen Formen oder Systeme künftig entstehen könnten. Das Universum ist in einem gewissen Maße offen; man kann nicht wissen, welche unerreichten Stufen der Vielfalt und Komplexität es noch bereithält.

5 Erfassung des Unregelmäßigen

Fraktale

»Wolken sind keine Kugeln, Berge sind keine Kegel.« So beginnt das Buch *The Fractal Geometry of Nature*, einer der bedeutendsten jüngeren Beiträge zum Verständnis von Form und Komplexität im physikalischen Universum. Sein Verfasser ist Benoit Mandelbrot, ein IBM-Computerwissenschaftler, den die Herausforderung faszinierte, das Unregelmäßige, Fragmentierte und Komplexe auf eine systematische mathematische Weise zu beschreiben.

Die herkömmliche Geometrie behandelt regelmäßige Formen: gerade Linien, glatte Kurven, Formen von vollendeter Symmetrie. In der Schule lernen wir etwas über Vierecke, Dreiecke, Kreise, Ellipsen. In der Natur kommen solche einfachen Strukturen jedoch nur selten vor. In der Regel haben wir es zu tun mit angeknacksten Eiern, zerbrochenen Flächen oder verwickelten Netzwerken. Mandelbrot machte sich daran, eine Geometrie der *Unregelmäßigkeit* zu entwerfen, welche die Geometrie der Regelmäßigkeit, die wir in der Schule erlernen, ergänzen sollte. Er nannte sie fraktale Geometrie.

Ein brauchbarer Ausgangspunkt für die Untersuchung von Fraktalen ist das ganz praktische Problem, die Länge einer Küstenlinie oder der Grenze zwischen zwei Ländern zu messen, die teilweise an Flüssen entlang verläuft. Es ist klar, daß die Küstenlinie etwa zwischen Plymouth und Portsmouth länger sein muß als die gradlinige Entfernung zwischen diesen beiden Häfen, da die Küste Ein- und Ausbuchtungen aufweist. Man kann einen Atlas heranziehen, um eine ungefähre Schätzung von der Länge dieser unregelmäßigen Kurve zu bekommen. Betrachtet man jedoch das detailliertere Meßtischblatt, so entdeckt man eine Unmenge von Ein- und Ausbuchtungen, die zu klein sind, um im Atlas dargestellt zu werden. Die Küstenlinie scheint länger zu sein, als wir zunächst dachten. Ein »Ortstermin« würde noch mehr Ausbuchtungen in einem noch kleineren Maßstab ergeben, und die Längenschätzung würde noch einmal zunehmen. Im Grunde wird rasch deutlich, daß die Länge einer Küstenlinie ein unklarer Begriff ist und in einem gewissen Sinne als unendlich gelten kann.

Diese schlichte Tatsache stiftet endlose Verwirrung bei Geographen und Regierungen, die für die Länge von Küstenlinien oder gemeinsamen Landesgrenzen oft völlig verschiedene Zahlen anführen, je nachdem, welcher Maßstab bei der Messung der Längen verwendet wurde. Der Haken ist: Wenn alle Küstenlinien tatsächlich unendlich lang sind, wie kann man dann zwei verschiedene Küstenlinien in ihrer Länge vergleichen? Müßte beispielsweise die Küste von Amerika nicht in einem gewissen Sinne länger sein als die von Großbritannien?

Ein Zugang zu dieser Frage besteht darin, sehr unregelmäßige Kurven zu untersuchen, die geometrisch exakt definiert werden können. Einen wichtigen Anhaltspunkt liefert der Umstand, daß man bei einer kartographischen Darstellung einer Küstenlinie, die man nicht kennt, gewöhnlich nicht sagen kann, in welchem Maßstab sie abgebildet ist. Das Ausmaß ihrer Zerklüftung scheint in der Tat ganz unabhängig vom Maßstab zu sein. Ein kleiner Teil der britischen Küstenlinie sieht, wenn man ihn maßstabsgerecht vergrößert, ungefähr genauso aus wie ein größerer Abschnitt bei größerem Maßstab. Wenn kleine Ausschnitte einer Kurve dem Ganzen ähnlich sind, spricht man von Selbstähnlichkeit, einer fundamentalen, mit dem *Maßstab* zusammenhängenden Eigenschaft der Kurve. (Wir sind der Selbstähnlichkeit schon einmal begegnet, als es darum ging, wie die Periodenverdopplung kaskadenartig ins Chaos führt.)

Ein klares Beispiel einer unregelmäßigen selbstähnlichen geometrischen Form ersann der Mathematiker von Koch im Jahre 1904. Es wird, ausgehend von einem gleichseitigen Dreieck, durch eine unendliche Folge identischer Schritte konstruiert *(Abbildung 20)*. Beim ersten Schritt werden auf den Seiten des ursprünglichen Dreiecks symmetrisch neue gleichseitige Dreiecke errichtet, so daß sich ein Davidsstern ergibt. Diese Operation wird dann wiederholt, bis etwas entsteht, das an eine Schneeflocke erinnert. Dieses Vorgehen wird *ad infinitum* fortgesetzt. Das Ergebnis ist eine stetige »Kurve«, die eine unendliche Anzahl von unendlich kleinen Knikken oder Ausstülpungen enthält, eine sogenannte Koch-Kurve. Es ist fast unmöglich, sich ein Bild von ihr zu machen – sie ist ein Monstrum. Sie besitzt zum Beispiel keine Tangente, weil die »Kurve« in jedem Punkt abrupt ihre Richtung ändert! Sie ist daher gewissermaßen unendlich unregelmäßig. Die Koch-Kurve ist von den Kurven der herkömmlichen Geometrie tatsächlich so verschieden, daß die Mathematiker anfangs vor ihr zurückschreckten.

Die Koch-Kurve hat im üblichen Sinne eine unendliche Länge; wenn der Maßstab gegen Null geht, wächst die Summe all der klei-

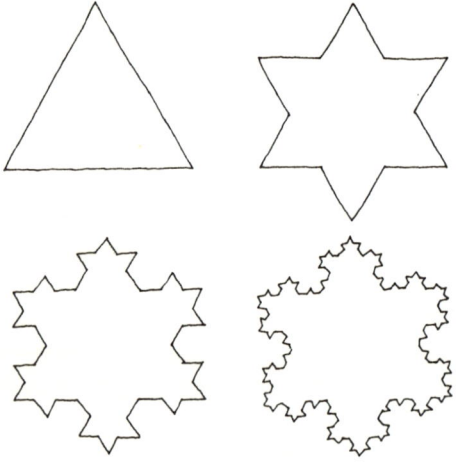

ABBILDUNG 20. Die Koch-»Schneeflocke« entsteht, wenn man auf den Seiten größerer Dreiecke Schritt um Schritt immer wieder Dreiecke errichtet. Im Grenzfall einer unendlichen Zahl von Schritten wird der Umfang zu einem Fraktal, der die verrückte Eigenschaft besitzt, daß an jedem Punkt ein Knick ist.

nen dreieckigen Ausstülpungen grenzenlos. Sie besitzt jedoch die wichtige Eigenschaft exakter Selbstähnlichkeit. Man kann einen beliebigen Teil der Koch-Kurve nehmen und ihn vergrößern – er ist mit dem Ganzen vollkommen identisch; dies gilt unabhängig vom Maßstab, mögen wir ihn auch noch so klein wählen. Diese Eigenschaft ermöglicht es uns, die Länge einer hochgradig unregelmäßigen Kurve zu berechnen.

Da die Koch-Kurve schrittweise aufgebaut wird, können wir genau verfolgen, wie ihre Länge mit jedem Schritt wächst. Wenn wir die Länge jeder Seite mit l annehmen, erhalten wir die Gesamtlänge der Kurve bei jedem Schritt, wenn wir l mit der Anzahl der Seiten multiplizieren. Das Ergebnis ist herrlich einfach: l^{1-D}. Das Symbol D ist hier ein Kürzel für die Zahl $\log(4)/\log(3)$, was etwa 1,2618 ist. Die Länge der Kochkurve beträgt demnach ungefähr $l^{-0,2618}$, was (wegen des Minuszeichens in der Potenz) bedeutet, daß die Länge gegen Unendlich geht, wenn l gegen Null geht.

Die Koch-Kurve hat unendliche Länge, weil ihre Ausstülpungen und Zacken so dicht konzentriert sind. Man könnte sagen, sie »besucht« unendlich viel mehr Punkte als eine glatte Kurve. Nun hat eine *Fläche* unendlich viel mehr Punkte als eine Gerade, weil eine Fläche zweidimensional ist, während eine Gerade nur eindimensional ist. Würden wir versuchen, eine Fläche mit einer ununterbrochenen, im Zickzack hin- und hergehenden Geraden zu bedecken, dann müßten wir sie, weil sie eine Dicke von Null hat, unendlich lang werden lassen. (In Wirklichkeit ist die Aufgabe unausführbar.) Die Koch-Kurve macht mit all ihren Ausbuchtungen und Zacken gewissermaßen den Versuch, wie eine Fläche zu sein, was sie allerdings nicht ganz schafft, weil die Umgrenzungslinie eine Ausdehnung von Null hat. Unter der Koch-Kurve stellt man sich demnach am besten ein Objekt vor, das eine Dimension hat, die *zwischen* 1 und 2 liegt.

Die Idee einer gebrochenen Dimensionalität ist nicht so verrückt, wie es zunächst scheint. Sie wurde 1919 von F. Hausdorff auf eine solide mathematische Grundlage gestellt. Ihre strenge mathematische Begründung braucht uns nicht zu interessieren. Die Sache ist die, daß gewisse mathematische Objekte (wie die Koch-Kurve) eine gebrochene Dimension haben können, wenn wir Hausdorffs Definition der Dimensionalität anerkennen, während »normale« Kurven, Flächen und Volumina nach wie vor die zu erwartende Dimension 1, 2 bzw. 3 haben.

Unter Zugrundelegung der Hausdorffschen Dimensionalität erhalten wir ein brauchbares Maß für die Länge der Koch-Kurve. Das Verfahren ist einfach: Die Länge der Kurve ist definiert als l^D mal die Anzahl der Segmente von der Länge l, wobei D die Hausdorffsche Dimension ist. Für die Koch-Kurve ist $D = {}^{\log(4)}/_{\log(3)} = 1{,}2618\ldots$, so daß man jetzt sagen kann, die Kurve habe die endliche Länge $l^{1-D} \times l^D = 1$, was sehr viel vernünftiger ist. Unter Zugrundelegung der Hausdorffschen Definition der Dimensionalität hat die Koch-Kurve also die Dimension $1{,}2618\ldots$

Mandelbrot hat für Formen wie die Koch-Kurve, die eine (zumeist gebrochene) größere Dimension haben, als man naiverweise erwarten würde, die Bezeichnung *Fraktal* geprägt. Mathematiker haben eine lange Liste von Fraktalen aufgestellt, und Mandelbrot hat viele weitere Fraktale erzeugt. Die Frage ist nun, ob sie nur für Mathematiker von Interesse sind oder ob es in der realen Welt fraktale Strukturen gibt. Die Koch-Kurve ist nur als ein grobes Modell einer Küstenlinie zu verstehen, und erst nach weiteren Verfahrensschritten und Verfeinerungen kann man realistische Küstenformen generieren. Gleichwohl kann man sagen, daß ein Fraktal für eine Küstenlinie eine bessere Näherung darstellt als eine glatte Kurve, so daß Fraktale ein geeigneteres Modell für solche Formen abgeben.

Der erste, der die Formel l^{1-D} für die Länge von Küstenlinien aufstellte, war übrigens nicht Mandelbrot. Entdeckt wurde sie von Lewis Fry Richardson, dem exzentrischen Onkel des Schauspielers Sir Ralph Richardson. Er ist der Reihe nach Meteorologe, Physiker und Psychologe gewesen, und er interessierte sich für kuriose Dinge abseits der ausgetretenen Pfade. Er stieß bei der Untersuchung von Küstenlinien auf die oben erwähnte Abhängigkeit der Länge vom gewählten Maßstab, und er fand bei verschiedenen Küstengebieten, darunter die von Großbritannien, Australien und Südafrika, unterschiedliche Werte für die Konstante D.

Mandelbrot hat mit Computerhilfe fraktale Kurven und Flächen (letztere mit einer Dimension zwischen 2 und 3) erzeugt, deren Abbildungen an vertraute Formen und Strukturen erinnern. In seinen Büchern und Artikeln findet man Inseln, Seen, Flüsse, Landschaften, Bäume, Blumen, Wälder, Schneeflocken, Sternenhaufen, Schaum, mythische Drachen, Schleier und vielerlei mehr. Besonders eindrucksvoll sind seine Ergebnisse in farbiger Darstellung, und einige abstrakte Gebilde sind von erheblichem künstlerischen Reiz.

Fraktale finden in der Naturwissenschaft mannigfache und vielfältige Anwendung. Von besonderer Bedeutung sind sie in Systemen, in denen statistische oder zufällige Effekte auftreten, so zum Beispiel bei der bekannten Brownschen Bewegung, bei der ein in einer Flüssigkeit schwebendes kleines Teilchen, angestoßen von den umgebenden Molekülen, hin- und herschwirrt. Man hat Fraktale aber auch auf andere Gebiete wie die Biologie, ja sogar auf die Wirtschaftswissenschaft angewandt.

Das nach Menschenkenntnis dem Nichts am nächsten kommende Ding

Ein besonders faszinierendes Fraktal ist die sogenannte Cantorsche Menge, benannt nach dem Mathematiker Georg Cantor, der auch die Mengenlehre erfand. Cantor geriet, nebenbei bemerkt, bei seinen mathematischen Forschungen in derart sonderbare Gefilde, daß Ärzte ernstlich an seiner geistigen Gesundheit zweifelten, und sein Werk ist von seinen Zeitgenossen verunglimpft worden.

Die Cantorsche Menge ist wie die Koch-Kurve selbstähnlich, und sie wird schrittweise aufgebaut. Das Verfahren ist in *Abbildung 21* dargestellt. Aus einer Linie von Einheitslänge wird das mittlere Drittel herausgeschnitten. Aus den verbleibenden Teilen wird dann ebenfalls das mittlere Drittel entfernt und so weiter *ad infinitum*. (Dabei kommt es darauf an, daß die Endpunkte der ausgeschnittenen Intervalle, z. B. $^1/_3$ und $^2/_3$ stehenbleiben.)

Man könnte nun annehmen, daß die Linie durch dieses unablässige Herausklauben von Teilstrecken gänzlich ihrer Bestandteile beraubt wird, von vereinzelten Punkten vielleicht abgesehen. Das Endergebnis hat sicherlich die Länge Null, woraus zu folgen scheint, daß die Cantorsche Menge die Dimension Null hat, eben die Dimension vereinzelter Punkte. Überraschenderweise ist das nicht der Fall. Es kann gezeigt werden, daß die Cantorsche Menge ein Fraktal mit der Dimension $^{\log(2)}/_{\log(3)} = 0{,}6309\ldots$ ist. Sie ist, anders gesagt, mehr als bloß eine unendliche Ansammlung von ausdehnungslosen Punkten, aber sie ist nicht genug, um die Ausdehnung einer durchgehenden Linie zu erreichen – was große Verwirrung stiftete, als man ihre Eigenschaften zu untersuchen begann.

Je nachdem, wie man den Bruchteil festlegt, der bei jedem Schritt herausgenommen wird, entstehen Mengen, deren Dimension irgendwo zwischen 0 und 1 liegt. Liegt die Dimension nahe bei 1, so sind sie ziemlich dicht mit Punkten gefüllt, liegt sie nahe bei 0, so sind die Punkte relativ dünn gesät.

Jahrzehntelang wurde die Cantorsche Menge als eine bloße mathematische Kuriosität abgetan – oder sollte man sagen: als Mon-

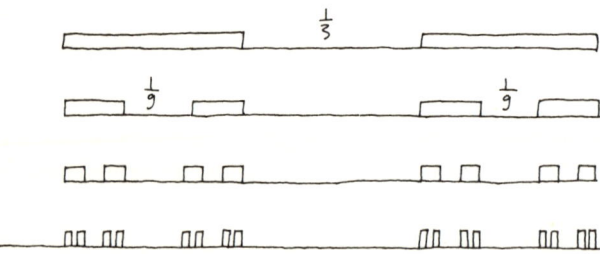

ABBILDUNG 21. Konstruktion des Cantorschen »Staub«-Fraktals. Dargestellt sind die ersten einer unendlichen Folge von Schritten, bei denen jeweils etwas aus einem durchgehenden Geradenintervall herausgeschnitten wird, so daß eine Menge entsteht, die auf jeder Stufe Lücken enthält.

strosität? Mandelbrot behauptet jedoch, sie stelle eine gute Näherung an reale Gegebenheiten dar. Er wurde erstmals auf sie aufmerksam, als er sich mit dem intermittierenden Rauschen in digitalen Kommunikationssystemen befaßte, wo jeder Fall von Rauschen als eine Ansammlung von Unterfällen intermittierenden Rauschens aufgefaßt werden kann, die ihrerseits intermittierende Unterunterfälle enthalten usw., auf eine selbstähnliche, maßstäbliche Weise.

Ein konkreteres Beispiel liefert das Ringsystem des Saturn. Auf Fotos sieht es zwar von weitem so aus, als bestünden die Ringe aus einer festen Masse, doch in Wirklichkeit bestehen sie aus recht spärlich verteilten kleinen Teilchen. Den Astronomen bereitet es keine Schwierigkeit, *durch* die Ringe *hindurch* Sterne zu betrachten. Der Astronom Giovanni Cassini entdeckte schon 1675 eine Lücke in den Ringen des Saturn, und bei eingehender Erforschung wurden im Laufe der Zeit weitere Lücken ausgemacht. Nachdem vor kurzem amerikanische Raumsonden am Saturn vorbeigeflogen sind, hat man auf Fotos Tausende von feineren und immer feineren Unterteilungen erkannt. Der Saturn ist nicht von einer durchgängigen Ringfläche umgeben, sondern von einem komplexen System von Ringen innerhalb von Ringen – oder von Lücken innerhalb von Lücken –, die an die Cantorsche Menge erinnern.

Das nach Menschenkenntnis komplexeste Ding

Das letzte Fraktal, das wir erörtern wollen, ist nach Mandelbrot benannt: die Mandelbrot-Menge. Sie existiert als eine Kurve, welche die Grenze eines Gebiets innerhalb einer zweidimensionalen Fläche bildet, das als komplexe Ebene bezeichnet wird; man hat von ihr gesagt, sie sei das komplexeste Objekt, das man in der Mathematik kennt. Dabei ist das Verfahren zur Erzeugung der Mandelbrot-Menge – wie so oft in diesem Fach – von entwaffnender Einfachheit. Man braucht nur einen elementaren Abbildungsvorgang laufend zu wiederholen. Punkte der Fläche, die außerhalb des Gebiets liegen, werden ins Unendliche projiziert, während Punkte, die innerhalb liegen, auf eine unglaublich vertrackte Weise umherhüpfen.

Punkte auf einer Fläche kann man durch zwei Zahlen oder Koordinaten (z. B. Länge und Breite) festlegen. Nennen wir sie x und y. Das erforderliche Abbildungsverfahren besteht dann einfach darin, einen Punkt auf der Fläche festzulegen, sagen wir: x_0, y_0, und x durch $x^2 - y^2 + x_0$ sowie y durch $2yx + y_0$ zu ersetzen. Das bedeutet, daß der Punkt mit den Koordinaten x und y in den Punkt mit diesen neuen Koordinaten »abgebildet« wird. (Für Leser, die mit komplexen Zahlen vertraut sind, ist das Verfahren noch einfacher: Die Abbildung erfolgt von z nach $z^2 + c$, wobei z eine allgemeine komplexe Zahl und c die Zahl $x_0 + iy_0$ ist.) Die Mandelbrot-Menge läßt sich nun dadurch erzeugen, daß man mit den Koordinaten $x = 0$, $y = 0$ beginnt und die Abbildung wiederholt anwendet, wobei jeweils die neugewonnenen Koordinaten beim nächsten Schritt eingesetzt werden. Der betreffende Punkt wird – je nachdem, wie x_0 und y_0 gewählt werden – in den meisten Fällen durch wiederholte Abbildung ins Unendliche (und aus dem Bild hinaus) geschickt, doch gibt es auch Fälle, wo das nicht geschieht, und diese Punkte bilden die Mandelbrot-Menge.

Um die Struktur der Mandelbrot-Menge zu erforschen, sollte man einen Computer mit Farbgraphik verwenden. Die Mannigfaltigkeit, Komplexität und Schönheit der entstehenden Formen ist atemberaubend. Man beobachtet ein erstaunlich kunstvolles Geflecht von Flammen, Ranken und Filigranwerk. Wenn man die einzelnen Gebilde vergrößert und wieder vergrößert, werden innerhalb der Strukturen weitere Strukturen sichtbar, und auf jeder Stufe brechen neue Formen auf. Die überaus einfache mathematische Vorschrift zur Erzeugung der Mandelbrot-Menge ist offensichtlich eine Quelle von unendlichem Formenreichtum.

Beispiele wie die Mandelbrot-Menge und die in Kapitel 3 erörterte wiederholte Abbildung von Punkten auf eine Linie belegen, daß aus einfachen Verfahren eine nahezu grenzenlose Vielfalt und Komplexität hervorgehen können. Es liegt nahe, anzunehmen, daß viele der komplexen Formen und Prozesse, die wir in der Natur antreffen, auf diese Weise entstehen. Die Tatsache, daß das Universum voll von Komplexität ist, muß nicht unbedingt bedeuten, daß die zugrundeliegenden Gesetze ebenfalls komplex sind.

Seltsame Attraktoren

Zu den erregendsten wissenschaftlichen Fortschritten der letzten Jahre gehört die Entdeckung eines Zusammenhangs zwischen Chaos und Fraktalen. Wahrscheinlich werden die Fraktale den größten wissenschaftlichen Erfolg im Bereich der chaotischen Systeme bringen.

Wir müssen, um den Zusammenhang zu verstehen, auf die Diskussion des Pendels in Kapitel 4 und auf die Verwendung von Phasendiagrammen als Abbildungen der dynamischen Entwicklung zurückgreifen. Ein wichtiger Begriff war der des *Attraktors*, eines Gebiets des Diagramms, von dem der Punkt, der die Bewegung des Systems repräsentiert, angezogen wird. Als Beispiele wurden Attraktoren genannt, die Punkte oder geschlossene Schleifen waren. Man könnte meinen, Punkte und Linien seien die einzig möglichen Arten von Attraktoren, aber dem ist nicht so: Es sind auch *fraktale Attraktoren* möglich.

Fraktale Attraktoren ziehen Mengen von Punkten im Phasendiagramm an, die eine Dimension zwischen 0 und 1 haben. Wenn der repräsentative Punkt an einen fraktalen Attraktor gerät, beginnt er sich auf eine sehr komplizierte, völlig zufällige Weise zu bewegen, so daß man sagen kann, daß das System sich chaotisch und unvorhersagbar verhält. Die Existenz von fraktalen Attraktoren ist also ein Indiz für Chaos. Der erste fraktale Attraktor, den man entdeckte, war der am Schluß von Kapitel 4 erwähnte Attraktor für das Lorenzsche System von Gleichungen.

Zwei französische Physiker, David Ruelle und F. Takens, griffen diese Ideen 1971 auf und übertrugen sie auf das uralte Problem der

Turbulenz in Flüssigkeiten. In einem bahnbrechenden Aufsatz behaupteten sie, das Einsetzen von Turbulenz könne als Übergang zu chaotischem Verhalten erklärt werden, allerdings auf einem etwas anderen Wege als durch die in Kapitel 4 erörterte Periodenverdopplung. Diese kühne Behauptung steht völlig im Widerspruch zur herkömmlichen Deutung der Turbulenz. Man wird sich gewiß in wachsendem Maße mit dem Verhältnis zwischen Chaos und Turbulenz befassen.

Ein anderes Beispiel ist das in Kapitel 4 erörterte nichtlinear angeregte Pendel. Bezeichnend für dieses System ist die Art, wie es sich über eine unendliche Kaskade von Periodenverdopplungen dem Chaos nähert. Die Bahn im Phasendiagramm beschreibt immer häufiger eine Runde, bevor sie sich schließt. Wenn das Chaos erreicht ist, gibt es eine unendliche Zahl von Schleifen, die ein endliches Band bilden *(siehe Abbildung 18)*. Dies erinnert an das zuvor erörterte Problem, wie man eine zweidimensionale Fläche mit einer unendlichen Menge von Linien der Breite Null ausfüllen kann. Tatsächlich ist das Band ein Fraktal (wie die Ringe des Saturn), und ein Querschnitt durch dieses Band würde von einer unendlichen Menge von Punkten durchsetzt, die eine Cantorsche Menge bilden.

Als man begann, sich mit Systemen zu befassen, die fraktale Attraktoren aufweisen, erschienen ihre spezifischen Eigenschaften unverständlich, und so nannte man die Attraktoren »seltsam«. Jetzt versteht man ihre Eigenschaften mit Hilfe der Theorie der Fraktale, und sie wirken vielleicht nicht mehr so seltsam.

Automaten

Ein amüsanter Zeitvertreib für Kinder besteht darin, ein Stück Papier mehrmals zu falten und an der gefalteten Kante einige Keile und Bögen herauszuschneiden. Wird das Papier dann entfaltet, so wird ein herrlich symmetrisches Muster sichtbar. Ich weiß noch, daß ich auf diese Weise selbstgemachte Zierdeckchen für Teegesellschaften angefertigt habe.

Daß aus einigen wenigen Einschnitten im großen Maßstab Ordnung entsteht, ist voll und ganz der einfachen Regel zuzuschreiben, nach der das Papier gefaltet wird. Das selbstgemachte Zierdeckchen ist ein elementares Beispiel dafür, daß einfache Regeln und Verfahren komplexe Muster erzeugen können. Kann man daraus Schlüsse im Hinblick auf die natürliche Komplexität ziehen?

P. S. Stevens weist in seinem Buch *Patterns in Nature*[1] darauf hin, daß es oft den Anschein hat, als sei das Wachstum lebender Organismen von einfachen Regeln bestimmt. D'Arcy Thompson demonstrierte in seiner klassischen Abhandlung *Über Wachstum und Form*[2], daß viele Organismen einfachen geometrischen Prinzipien entsprechen. Die Skelettformen vieler Fischarten lassen sich zum Beispiel durch unkomplizierte geometrische Transformationen auseinander ableiten. Es ist daher keine unbegründete Annahme, daß komplexe *globale* Strukturen in der Natur durch die wiederholte Anwendung einfacher *lokaler* Verfahren erzeugt werden.

Die systematische Erforschung einfacher Regeln und Verfahren ist Gegenstand eines Zweiges der Mathematik, der Spieltheorie. Ein damit verwandter Zweig ist die Theorie der zellulären Automaten. Ursprünglich von den Mathematikern John von Neumann und Stanislaw Ulam als Modell der Selbstreproduktion in biologischen Systemen eingeführt, wurden zelluläre Automaten von Mathematikern, Physikern, Biologen und Computerwissenschaftlern im Hinblick auf vielfältige Anwendungsmöglichkeiten untersucht.

Ein zellulärer Automat besteht aus einer regelmäßigen Anordnung von Zellen, zum Beispiel in der Art eines Schachbretts, ist aber gewöhnlich von unendlicher Ausdehnung. Die Anordnung kann ein- oder zweidimensional sein. Jeder Zelle kann ein Wert einer Variablen zugeordnet werden. Im einfachsten Fall nimmt die Variable nur zwei Werte an, was man sich am besten so vorstellt, daß die Zelle entweder leer oder besetzt sein kann (z. B. durch eine Spielmarke). Der Zustand des Systems zu einem beliebigen Zeitpunkt wird dann durch die Angabe beschrieben, welche Zellen besetzt und welche leer sind.

Die Hauptaufgabe des zellulären Automaten besteht in der Festsetzung einer Regel, nach der sich das System deterministisch und zeitlich synchron entwickelt. Weist man einer leeren Zelle den Wert 0 und einer besetzten den Wert 1 zu, so lassen die Regeln sich in binärer Form ausdrücken. Betrachten wir das folgende Beispiel einer eindimensionalen Anordnung (einer Reihe von Zellen): Einer Zelle wird der neue Wert 0 zugeordnet (d. h., sie wird als leer bezeichnet), wenn ihre zwei engsten Nachbarn beide leer oder beide besetzt sind, und ihr wird der Wert 1 zugeordnet (d. h., sie ist besetzt), wenn nur ein Nachbar besetzt ist *(siehe Abbildung 22)*. Die entsprechende Rechenregel würde besagen: Der neue Wert einer Zelle ist die Summe der Werte ihrer engsten Nachbarn modulo 2. Das System kann in diskreten zeitlichen Schritten auf eine vollkommen automatische und mechanistische Weise weiterentwickelt werden – daher die Bezeichnung Automat. Am einfachsten läßt sich die Entwicklung auf dem Computer darstellen, doch der Leser kann das Verfahren auch als ein Spiel ausprobieren und Spielmarken oder Knöpfe nehmen.

Das gerade beschriebene Verfahren ist ein Beispiel einer *lokalen* Regel, weil die Entwicklung einer Zelle nur von den Zellen in ihrer unmittelbaren Nachbarschaft abhängt. Insgesamt gibt es 256 lokale Regeln, bei denen die engsten Nachbarn einbezogen sind. Das Überraschende und Faszinierende an zellulären Automaten ist, daß, obwohl die Regeln lokal definiert sind und es daher außer der Zel-

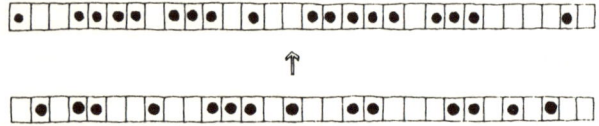

ABBILDUNG 22. Die Spielmarken sind zufällig auf eine Reihe von Zellen verteilt. Dann wird das System mit Hilfe der im Text beschriebenen Regel um einen Schritt weiterentwickelt.

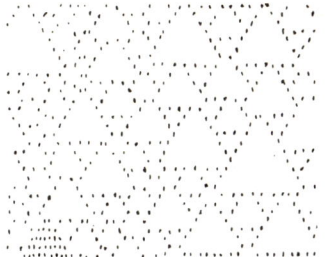

ABBILDUNG 23. Ordnung aus dem Chaos. In diesen Beispielen von zellulären Automaten sind Spielmarken anfangs zufällig verteilt, um sich dann zu geordneten Mustern mit Fernkorrelationen zu arrangieren.

lengröße keinen wirklichen Längenmaßstab gibt, bestimmte Automaten dennoch spontan komplexe Muster im großen Maßstab erzeugen können, die weitreichende Ordnung und Korrelationen aufweisen.

Eine detaillierte Studie über eindimensionale zelluläre Automaten hat Stephen Wolfram vom Institute for Advanced Study in Princeton, New Jersey (USA), vorgelegt. Sein Ergebnis: Es treten vier verschiedene Wachstumsmuster auf. Es kommt vor, daß das anfängliche Muster langsam verschwindet; es kommt vor, daß es mit einer bestimmten Geschwindigkeit einfach unbegrenzt wächst, wobei oft selbstähnliche Gebilde oder Fraktale entstehen, die auf allen Längenmaßstäben eine Struktur erkennen lassen. Es kommt aber auch vor, daß ein Muster auf eine unregelmäßige Weise wächst oder sich zusammenzieht oder daß es sich entwickelt und sich bei einer endlichen Größe stabilisiert.

Abbildung 23 zeigt Beispiele von Strukturen, die aus ungeordneten oder zufälligen Anfangszuständen hervorgehen können. Das System weist in diesen Fällen die bemerkenswerte Eigenschaft der Selbstorganisation auf – ein Thema, auf das im nächsten Kapitel gründlich eingegangen werden soll. Dann und wann erwachsen aus gestaltlosen Anfängen Zustände von hoher Komplexität. Wolfram fand Zustände mit periodischen Strukturen, chaotisches nichtperio-

disches Verhalten und komplizierte lokale Strukturen, die sich in
manchen Fällen als geschlossene Objekte über die Anordnung ausbreiten. Auch Fälle der Selbstreproduktion wurden beobachtet. Unterschiede in den Anfangszuständen ziehen auch Unterschiede im
Detail bei den anschließenden Mustern nach sich, aber dennoch folgen aus bestimmten Regeln bei sehr unterschiedlichen Anfangszuständen tendenziell gleichartige Erscheinungen. Andererseits zeigt
der Automat ein ganz unterschiedliches Verhalten, je nachdem,
welche Regeln angewandt werden.

Größere Realitätsnähe gewinnen die zellulären Automaten dadurch, daß die Auswirkungen des Rauschens einbezogen werden,
denn natürliche Systeme sind Zufallsschwankungen ausgesetzt, die
das einfache lokale Geschehen stören. Dies kann man in den Automaten einbauen, indem man seine starr deterministischen Regeln
durch ein probabilistisches Verfahren ersetzt. Das Zufallselement
kann dann statistisch gedeutet werden. Im Unterschied zu den Systemen, die man in der statistischen Mechanik oder der Thermodynamik normalerweise untersucht und die sich in Gleichgewichtsnähe befinden (sog. Markow-Systeme), ist der Automat mit Rückkoppelung versehen. Aus ungeordneten oder zufälligen Anfangszuständen können sich klare Strukturen entwickeln, die lange Se-
quenzen von korrelierten Stellen enthalten.

Wolfram beschreibt, was er entdeckt hat, so:

Man kann sogar von einem Ensemble ausgehen, in dem jede mögliche Konfiguration mit gleicher Wahrscheinlichkeit auftritt – dennoch verstärkt die Entwicklung des zellulären Automaten die Wahrscheinlichkeiten bestimmter Konfigurationen und verringert dadurch die Entropie. Dieses Phänomen berücksichtigt
die Möglichkeit der Selbstorganisation durch Steigerung der Wahrscheinlichkeit der organisierten Konfigurationen und Ausschaltung der ungeordneten
Konfigurationen.[3]

Eine wichtige Eigenschaft der meisten zellulären Automaten besteht darin, daß ihre Regeln irreversibel, also zeitlich nicht symmetrisch sind. Daher unterliegen sie nicht den Einschränkungen des
Zweiten Hauptsatzes der Thermodynamik, der Reversibilität in der

zugrundeliegenden mikroskopischen Dynamik voraussetzt. Das ist der Grund, warum die Entropie des Automaten, wie oben erwähnt, abnehmen und aus der Unordnung spontan Ordnung entstehen kann. In dieser Hinsicht ähneln die zellulären Automaten den dissipativen Strukturen Prigogines, die in Kapitel 6 erörtert werden sollen, die ebenfalls auf einer streng irreversiblen Physik beruhen und Ordnung aus dem Chaos entwickeln. Bei einigen Automatenregeln findet man tatsächlich enge Entsprechungen zwischen Grenzzyklen und seltsamen Attraktoren.

Durch die Erforschung einfacher Automaten hofft man, allgemeine Ordnungsprinzipien zu entdecken, die sich möglicherweise auch in weit komplexeren natürlichen Systemen manifestieren. Wolfram und Mitarbeiter behaupten:

Aus der Untersuchung der allgemeinen Merkmale ihres Verhaltens könnten sich allgemeine Erkenntnisse über das Verhalten vieler komplexer Systeme ergeben, und schließlich könnten daraus vielleicht Verallgemeinerungen der Gesetze der Thermodynamik hervorgehen, die für Systeme mit irreversibler Dynamik Geltung besitzen.[4]

Besonders vielversprechend ist eine bestimmte Gruppe, die der sogenannten additiven zellulären Automaten:

Die globalen Merkmale der additiven zellulären Automaten zeigen ein hohes Maß an Universalität und Unabhängigkeit von speziellen Aspekten ihrer Konstruktion... Es ist möglicherweise mit allgemeingültigen Ergebnissen zu rechnen, die sowohl in den einfachen, leicht zugänglichen Fällen als auch in den vermeintlich komplizierten, in realen physikalischen Systemen vorkommenden Fällen zutreffen.[5]

Bei zweidimensionalen Anordnungen (unendliche Schachbretter) entsteht eine weit größere Fülle und Mannigfaltigkeit von Komplexität. Ein berühmt gewordenes Beispiel liefert das von dem Mathematiker John Conway erfundene »Spiel« Leben (»Life«). Bei gründlicher Untersuchung erkennt man Strukturen, die sich als geschlossene Gebilde umherbewegen, sich reproduzieren, Lebenszyklen durchlaufen, andere Strukturen angreifen und zerstören und überhaupt auf eine faszinierende und unterhaltsame Weise umherspringen.

Nebenbei sei darauf hingewiesen, daß man zelluläre Automaten auch als formale logische Systeme betrachten und ihre zeitliche Entwicklung im Sinne der Datenverarbeitung interpretieren kann. Man kann sie daher wie Computer behandeln. Eine bestimmte Klasse von zellulären Automaten kann nachweislich eine sogenannte Turing-Maschine, einen Universalcomputer simulieren und damit jede berechenbare Funktion bestimmen, mag sie auch noch so komplex sein. Das könnte von großem praktischen Nutzen sein, wenn es darum geht, parallel arbeitende Computersysteme zu entwerfen.

Von Neumann meinte, Turings Beweis für die Existenz einer universalen Rechenmaschine könne dazu benutzt werden, die Möglichkeit eines universalen *Konstrukteurs*, eines sich selbst reproduzierenden Automaten zu beweisen. Von Menschen konstruierte Maschinen, die andere Maschinen bauen, sind uns vertraut, aber in diesem Fall sind die Konstrukteure stets komplizierter als ihre Produkte. Lebende Organismen vermögen jedoch andere Organismen hervorzubringen, die mindestens ebenso kompliziert sind wie sie selbst. Berücksichtigt man die Evolution, dann müssen die Produkte gelegentlich sogar komplizierter sein als das Original.

Von Neumann untersuchte das Problem, ob eine mit einem Programm ausgestattete Maschine sich selbst reproduzieren kann. Hier geht es nicht bloß um den Beweis der Möglichkeit, daß eine Maschine so programmiert werden kann, eine Kopie von sich selbst herzustellen; die Kopie muß ihrerseits imstande sein, sich selbst zu reproduzieren. Die ursprüngliche Maschine muß also nicht nur eine andere Maschine herstellen – sie muß außerdem neue Instruktionen entwerfen, die die andere Maschine zur Selbstreproduktion befähigen. Das Programm muß also sowohl Anweisungen dafür enthalten, wie die neue Hardware erstellt wird, als auch dafür, wie die Anweisungen selbst reproduziert werden. Hier droht ein unendlicher Regreß.

Von Neumann benötigte 200 Seiten seines Buches *Theory of*

Self-Reproducing Automata, um den strengen Beweis zu führen, daß ein universaler Konstrukteur tatsächlich möglich ist.[6] Zur Selbstproduktion kann es allerdings nur kommen, wenn die Maschine eine gewisse Schwelle der Kompliziertheit überschreitet. Dies ist ein sehr bedeutsames Ergebnis, beweist es doch, daß ein physikalisches System qualitativ neue Eigenschaften (z. B. die Fähigkeit zur Selbstreproduktion) annehmen kann, wenn es ein gewisses Maß an Komplexität aufweist.

Video-Rückkoppelung

Videokameras sind heute etwas Alltägliches. Sie bringen, vereinfacht gesagt, ein Bild des Geschehens, auf das sie gerichtet sind, auf einen Fernseh-Bildschirm. Aber was geschieht, wenn eine Videokamera auf ihren eigenen Bildschirm gerichtet wird?

Der Situation haftet etwas Paradoxes an, sie erinnert an Epimenides (»Diese Aussage ist eine Lüge«) und andere Paradoxien der Selbstbezüglichkeit. Wenn eine Videokamera in ihre eigene Seele späht, gerät das System, wie zu erwarten ist, völlig durcheinander – wer ein solches Gerät besitzt, kann sich leicht davon überzeugen. Doch nicht immer entsteht ein chaotisches Durcheinander amorpher Erscheinungen. Die Bilder zeigen eine überraschende Tendenz, spontan Ordnungen und Strukturen zu entwickeln, sie verwandeln sich in Windrädchen, Spiralen, Labyrinthe, Wellen und Streifen. Manche dieser Formen stabilisieren sich und bleiben eine Zeitlang erhalten, manchmal weisen sie rhythmische Schwingungen auf, und ein Farbenreigen huscht über den Bildschirm, ehe er wieder seine anfängliche Form annimmt. Ein sich selbst beobachtendes Videosystem ist somit ein sehr eindrucksvolles Beispiel der Selbstorganisation.

Bei allen Mechanismen der Selbstorganisation spielt, wie wir im nächsten Kapitel sehen werden, die Rückkoppelung eine wesentliche Rolle. Üblicherweise nimmt eine Videokamera visuelle Informationen auf, verarbeitet sie und schickt sie auf einen fernen Bildschirm. Ist die Kamera auf ihren eigenen Monitor gerichtet, so durchläuft die Information immer wieder eine Schleife. Das sich daraus ergebende Verhalten ist nicht bloß eine Demonstration der Selbstorganisation zu visuellen Mustern, sondern es wird ernsthaft als Prüfstand benutzt, mit dessen Hilfe man die räumliche und dynamische Komplexität generell besser zu verstehen hofft.

Die Video-Rückkoppelung könnte nach Ansicht einiger Forscher Hinweise auf das Wachstum biologischer Formen (Morphogenese) liefern, und sie könnte außerdem (im buchstäblichen Sinne) Licht auf die Theorien der zellulären Automaten, der chaotischen Systeme und der chemischen Selbstorganisation werfen. James Crutchfield vom Center of Nonlinear Dynamics in Los Alamos schreibt:

Die uns umgebende Welt ist überreich an einer Komplexität, die daraus resultiert, das alles miteinander zusammenhängt... Dieser allseitige Zusammenhang bringt Struktur in das Chaos der mikroskopischen physikalischen Realität, die sich einer Beschreibung im Sinne unseres herkömmlichen Verständnisses von dynamischem Verhalten völlig entzieht... Nach meiner Ansicht ist die Video-Rückkoppelung ein Zwischenschritt, eine notwendige Voraussetzung dafür, daß wir die komplexe Dynamik des Lebens begreifen.[7]

Praktisch kann man ganz leicht und rasch eine Video-Rückkoppelung herstellen. In einem abgedunkelten Raum stellt man die Kamera etwa einen Meter vor dem Bildschirm auf. Es steht im Belieben des Experimentators, wie er die Brennweite, den Zoom, die Helligkeit, die Entfernung und die Ausrichtung der Kamera wählt – das alles wirkt sich auf das entstehende Bild aus. Er kann nun zum Beispiel das Licht einschalten und eine Hand vor der Kamera schwenken. Über den Bildschirm beginnen Bilder zu tanzen, und nach einigem Probieren wird man kohärente Muster erhalten.

Crutchfield hat die Video-Rückkoppelung eingehend erforscht, und er glaubt, daß man das Verhalten des Systems auf eine Weise deuten kann, die uns aus anderen komplexen dynamischen Systemen wohlvertraut ist. Das Videosystem läßt sich nach seiner Meinung mit Hilfe von Gleichungen beschreiben, die den Reaktions-Diffusions-Gleichungen ähneln, mit deren Hilfe die chemische Selbstorganisation und die biologische Morphogenese dargestellt werden. Die Video-Rückkoppelung ist zum Beispiel ein dissipatives dynamisches System (siehe Kapitel 6), und der (durch das jeweilige Bild auf dem Bildschirm repräsentierte) Zustand des Systems kann sich – in direkter Analogie etwa zum angeregten Pendel – unter dem Einfluß von *Attraktoren* entwickeln.

Man findet direkte Entsprechungen zu nichtlinearem mechanischem Verhalten. So kommt es vor, daß das System auf ein gleichbleibendes Bild zusteuert – was einem punktförmigen Attraktor entspräche – oder daß es die mit einem Grenzzyklus verbundenen periodischen Veränderungen durchläuft. Der Zustand kann sich aber auch einem chaotischen (fraktalen) Attraktor nähern, so daß ein unvorhersagbares, regelloses Verhalten entsteht. Wie andere Systeme, die immer mehr vom Gleichgewicht abgedrängt werden, kann das Videosystem bei kritischen Werten irgendeines Parameters, zum Beispiel des Zooms, instabil werden. Dann kommt es zu Verzweigungen, und das System springt plötzlich und spontan in ein neues Aktivitätsmuster, möglicherweise in einen Zustand von höherer Organisation und Komplexität.

All das sind interessante Merkmale, und sie machen die Video-Rückkoppelung zu einem faszinierenden Werkzeug der Simulation von Komplexität und Organisation in vielfältigen physikalischen, chemischen und biologischen Systemen. Es ist durchaus möglich, daß das Videosystem mit der spontanen Erzeugung von Struktur und Form ein Licht auf einige der allgemeinen Gesetzmäßigkeiten wirft, die in der Natur komplexe Strukturen entstehen lassen.

Ist die Beschäftigung mit Fraktalen, zellulären Automaten, Video-Rückkoppelung und dergleichen bloß ein amüsanter Zeitvertreib, ein Nachahmen der natürlichen Komplexität, oder ist sie auf fundamentale Gesetzmäßigkeiten ausgerichtet, wie sie die Natur in der Realität verwendet? Eine äußerliche Ähnlichkeit kann natürlich täuschen. Zeichnungen können ja auch sehr lebensnah wirken, ohne daß sie mit den Gesetzmäßigkeiten, auf denen das reale Leben beruht, irgend etwas zu tun haben. Auch Computer können so reagieren, als seien sie intelligent, obwohl ihr Programm von elementarer Einfachheit ist und mit der Funktionsweise des Gehirns keinerlei Zusammenhang aufweist.

Verfechter von zellulären Automaten weisen darauf hin, daß viele natürliche Systeme von hoher Komplexität aus mehr oder weniger identischen Einheiten oder Komponenten aufgebaut sind. Organismen bestehen aus Zellen, Schneeflocken aus Eiskristallen, Galaxien aus Sternen usw. Bestimmte Automatenmuster hat man zum Beispiel mit der Pigmentverteilung in Weichtierschalen und mit Spiralgalaxien verglichen. Es heißt, zelluläre Automaten seien ein leicht zu handhabendes und vielversprechendes Mittel zur Nachbildung der Selbstorganisation in vielfältigen physikalischen, chemischen und biologischen Systemen. Was aber vielleicht wichtiger ist: Bei der Erforschung von zellulären Automaten könnten allgemeine Gesetzmäßigkeiten entdeckt werden, die für das Wesen und die Entstehung von Komplexität verantwortlich sind, wenn Ansammlungen von einfachen Dingen auf eine kooperative Weise zusammenwirken. Wolfram schreibt: »Letztlich will man bei der Erforschung der zellulären Automaten allgemeine Merkmale eines ›selbstorganisierenden‹ Verhaltens gewinnen und möglicherweise universale Gesetze formulieren, ähnlich den Gesetzen der Thermodynamik.«[8]

Die anregenden Untersuchungen, von denen in diesem Kapitel berichtet wurde, deuten darauf hin, daß das Auftreten von komplexen organisierten Systemen in der Natur durchaus auf allgemeinen mathematischen Gesetzen beruhen könnte. Damit kommen wir zu der Frage, wie Organisation und Komplexität in der Natur entstehen, und folglich zu den realen sich selbst organisierenden Systemen.

6 Selbstorganisation

Schöpferische Materie

Wer schon einmal vor einem schnell dahinfließenden Wasserlauf gestanden hat, der ist sicherlich von dem unablässig sich wandelnden Muster der Wirbel und Strudel beeindruckt worden. Das unruhige Getümmel des Wildbachs stellt sich, wenn man es näher untersucht, als ein Durcheinander von organisierter Aktivität dar, in dem neue fließende Strukturen eintauchen, sich wandeln, sich ausbreiten und weiter bachabwärts vielleicht wieder im allgemeinen Strom untergehen. Es ist, als könne das Wasser eine scheinbar endlose Formenvielfalt in ein flüchtiges Dasein rufen.

Worauf beruht diese Kreativität des Baches?

Nach herkömmlicher Ansicht lassen sich alle physikalischen Erscheinungen auf einige fundamentale Wechselwirkungen zurückführen, die von deterministischen Gesetzen beschrieben werden. Jedes physikalische System folgt demnach einem eindeutigen Entwicklungsgang. Man nimmt gewöhnlich an, daß kleine Veränderungen der Anfangsbedingungen kleine Veränderungen des anschließenden Verhaltens nach sich ziehen.

Jetzt zeichnet sich jedoch ein völlig neues Naturverständnis ab, dem zufolge viele Erscheinungen aus diesem herkömmlichen Rahmen herausfallen. Wir haben gesehen, daß Determinismus nicht unbedingt Vorhersagbarkeit einschließt: Es gibt ganz einfache Systeme, die unendlich empfindlich gegenüber ihren Anfangsbedingungen sind. Ihre zeitliche Entwicklung ist dermaßen sprunghaft und komplex, daß sie grundsätzlich unerkennbar ist. Von einem eindeutigen Entwicklungsgang kann danach keine Rede sein. Es ist, als hätte ein solches System »einen eigenen Willen«.

Viele physikalische Systeme zeigen unter einer ganzen Reihe von Bedingungen ein herkömmliches Verhalten, aber wenn sie eine bestimmte Schwelle erreichen, geht auf einmal die Vorhersagbarkeit verloren. Es gibt keinen eindeutigen Verlauf mehr, und das System kann zwischen mehreren Alternativen »wählen«. Das deutet gewöhnlich auf einen abrupten Übergang in einen neuen Zustand, der ganz andere Eigenschaften haben kann. In vielen Fällen macht das System einen plötzlichen Sprung in einen sehr viel verwickelteren und komplexeren Zustand. Besonders interessant sind jene Fälle, in denen spontan räumliche Muster oder zeitliche Rhythmen auftreten. Solche Zustände weisen offenbar ein gewisses Maß an *globaler Kooperation* auf. Systeme, die Übergänge in solche Zustände durchlaufen, werden als *selbstorganisierend* bezeichnet.

Beispiele der Selbstorganisation hat man in der Astronomie, der Physik, der Chemie und der Biologie gefunden. Das schon erwähnte vertraute Phänomen des turbulenten Flusses hat Wissenschaftler und Philosophen seit Jahrtausenden Kopfzerbrechen bereitet. Das Einsetzen der Turbulenz hängt von der Geschwindigkeit der Flüssigkeit ab. Bei niedriger Geschwindigkeit ist der Fluß gleitend und unauffällig, aber bei wachsender Geschwindigkeit tritt eine kritische Schwelle auf, bei der die Flüssigkeit in komplexere Formen zerfällt. Eine weitere Erhöhung der Geschwindigkeit kann zusätzliche Übergänge hervorrufen.

Der Übergang zu turbulentem Fluß erfolgt in bestimmten Etappen, wenn eine Flüssigkeit an einem Hindernis, etwa einem Zylinder, vorbeifließt. Bei niedriger Geschwindigkeit gleiten die Flüssigkeitsströme um den Zylinder herum, doch bei wachsender Geschwindigkeit bilden sich Strudel hinter dem Hindernis. Bei noch höherer Geschwindigkeit werden die Strudel instabil, reißen ab und lösen sich in dem Fluß auf. Wird die Geschwindigkeit schließlich nochmals gesteigert, kommt es zu einem äußerst unregelmäßigen Fluß. Dies ist vollkommene Turbulenz. Wie in Kapitel 5 kurz erwähnt wurde, nimmt man an, daß die Turbulenz von Flüssigkeiten ein Beispiel von »deterministischem Chaos« ist. Wenn das stimmt, ist der Flüssigkeit eine unbegrenzte Vielfalt und Komplexität zugänglich, und ihr zukünftiges Verhalten ist unerkennbar. Hierauf beruht offenbar die Kreativität des Baches.

Was ist Organisation?

Bislang habe ich die Wörter »Ordnung«, »Organisation«, »Komplexität« usw. in einem eher lockeren Sinne benutzt. Jetzt müssen wir ein wenig genauer auf ihre Bedeutung eingehen.

Solchen Wendungen wie »eine wohlgeordnete Gesellschaft« oder »eine geordnete Namensliste« kommt eine klare Bedeutung zu. Man denkt dabei an etwas, dessen einzelne Elemente kooperativ und systematisch zusammenwirken oder angeordnet sind. In der Natur treffen wir Ordnung in vielerlei Gestalt an. Die Existenz von Naturgesetzen stellt eine Ordnung dar, die sich in den Regelmäßigkeiten der Natur äußert: im Ticken einer Uhr, in der geometrischen Präzision der Planeten, in der Anordnung der Spektrallinien.

Oft wird Ordnung auch in räumlichen Mustern deutlich. Auffällige Beispiele sind die regelmäßigen Gitter der Kristalle und die Formen von lebenden Organismen. Bei einem Kristall bedeutet Ordnung aber natürlich etwas ganz anderes als bei einem Organismus. Ein Kristall ist gerade aufgrund seiner Einfachheit geordnet, ein Organismus aus dem entgegengesetzten Grund – wegen seiner Komplexität. In beiden Fällen ist die Ordnungsvorstellung umfassend: Die Geordnetheit bezieht sich auf das System als ganzes. Die Ordnung des Kristalls beruht darauf, daß sich die Anordnung der Atome in einem regelmäßigen Muster durch das ganze Material hindurch wiederholt. Die biologische Ordnung erkennt man daran, daß die einzelnen Elemente des Organismus zusammenwirken und eine geschlossene, einheitliche Funktionsweise ermöglichen.

Die Zuschreibung von Ordnung scheint unvermeidlich ein subjektives Element zu enthalten. Eine verschlüsselte Nachricht vermag dem einen wie eine ungeordnete Anhäufung von sinnlosen Symbolen erscheinen, während ein anderer sie als ein sorgfältig aufgesetztes Schriftstück versteht. Ein Ameisenhaufen, der bei flüchtigem Hinsehen den Eindruck eines chaotischen Durcheinanders erweckt, läßt bei genauerer Prüfung ein hochgradig organisiertes Verhaltensmuster erkennen.

Um zu größerer Objektivität zu gelangen, kann man beispielsweise die Formähnlichkeit durch eine mathematische Definition quantifizieren. Dazu bedient man sich des Begriffs der *Korrelationen*. Verschiedene Gebiete eines Kristallgitters sind zum Beispiel hochgradig korreliert, die Gesichtszüge eines Menschen sind mäßig korreliert, und die Formen der Wolken sind zumeist nur sehr schwach korreliert. Solche Vergleiche lassen sich mit mathematischer Präzision durchführen, und man kann die Aufgabe, nach Korrelationen zu suchen, sogar Computern übertragen. Die automatisierte Suche enthüllt gelegentlich Korrelationen, wo man vorher keine wahrgenommen hat, etwa in der Astronomie, wo gezeigt worden ist, daß es in scheinbar wahllosen Verteilungen von Galaxien Anzeichen für Haufenbildung gibt.

Mit mathematischen Mitteln kann man auch zu einer Definition des Zufalls gelangen, der oft als das Gegenteil von Ordnung aufgefaßt wird. So ist zum Beispiel eine Zufallsfolge von Ziffern eine Folge, in der es keinerlei systematische Strukturen gibt. Das heißt aber *nicht*, daß keine Strukturen vorhanden sind. Wenn man eine Zufallsfolge lange genug durchforscht, wird man irgendwann mit Sicherheit auf die Reihe 1, 2, 3, 4, 5 stoßen. Worauf es aber ankommt, ist, daß das Auftreten dieser Reihe aufgrund der Ziffern, die ihr vorausgingen, nicht vorherzusehen war. Zufällig variierende physikalische Größen werden daher als chaotisch, regellos oder ungeordnet bezeichnet.

Hier stoßen wir auf eine gewisse Schwierigkeit. Die meisten Computer besitzen einen »Zufalls-Generator«, der, ohne zu würfeln, Zahlen produziert, die allem Anschein nach zufällig sind. Tatsächlich werden diese Zahlen nach einem ganz handfesten deterministischen Verfahren ermittelt (so ließe sich z. B. die Dezimalentwicklung von π im Prinzip berechnen, doch würde das viel Zeit verschlingen). Wenn man das Verfahren kennt, wird die Folge exakt vorhersagbar und damit in einem gewissen Sinne geordnet. Computer pflegen denn auch bei jeder Anforderung die gleiche Zahlenfolge auszuwerfen. Man könnte dies als »simulierten Zufall« bezeichnen. (Die Fachleute sprechen von scheinbarem Zufall.) Das wirft die interessante Frage auf, wie es möglich ist, eine scheinbare Zufallsfolge von einer echten zu unterscheiden, wenn wir nur mit diesen Zahlen arbeiten können. Woher kann man wissen, ob das Werfen einer Münze oder das Würfeln wirklich zufällig ist? Darüber besteht keine Einigkeit. Die einzigen Prozesse in der Natur, die nach Ansicht vieler Wissenschaftler wirklich zufällig sind, sind solche quantenmechanischer Art.

Es fällt in der Tat überraschend schwer, den Begriff des Zufalls mathematisch zu fassen. Dem Gefühl nach müßte eine Zufallszahl eine Zahl sein, die keine auffälligen oder besonderen Eigenschaften besitzt. Wenn man aber eine solche Zahl definieren kann, spricht schon die Tatsache, daß man sie identifiziert hat, dafür, daß sie etwas Besonderes ist. Diese Schwierigkeit kann man dadurch umgehen, daß man die Zahlen algorithmisch beschreibt, also als Resultat eines Computerprogramms. Wir sind diesem Gedanken bereits am Ende des Kapitels 3 im Zusammenhang mit dem springenden Teilchen begegnet. Besondere (d. h. nichtzufällige) Zahlen sind danach solche, die durch ein Programm erzeugt werden können, das weniger Datenbits enthält als die Zahl selbst. Eine Zufallszahl ist dann eine Zahl, die nicht auf diese Weise erzeugt werden kann. Wenn man von dieser Definition des Zufalls ausgeht, zeigt sich, daß fast alle Zahlen Zufallszahlen sind, nur kann man es in den meisten Fällen nicht *beweisen!*

Physiker und Chemiker quantifizieren die Ordnung über den Zusammenhang mit der Entropie, wie schon in Kapitel 2 erwähnt. Wirkliche Unordnung entspricht dann dem thermodynamischen Gleichgewicht. Diese Definition bezieht sich allerdings, was man nicht übersehen darf, auf die molekulare Ebene. An einem Behälter, der gleichmäßig mit einer Flüssigkeit von konstanter Temperatur

gefüllt ist, wird man mit bloßem Auge nichts Besonderes entdek-
ken, und dabei kann er maximale Entropie erreicht haben! Es sieht
nicht so aus, als ob dort etwas Unordentliches *passiert*. Ganz anders
würden sich die Dinge darstellen, wenn wir sehen könnten, wie die
Moleküle chaotisch umhersausen. Der kochende Inhalt eines Kes-
sels mag demgegenüber unordentlich erscheinen, und in einem *makroskopischen* Sinne ist er es auch, aber aus thermodynamischer
Sicht ist dieses System nicht im Gleichgewicht, und daher weist es
nicht maximale Unordnung auf. Was auf der einen Ebene Ordnung
ist, kann auf der anderen Unordnung sein.

Sehr oft wird »Ordnung« im gleichen Sinne wie »Organisation«
verwendet, aber das kann irreführend sein. Einen lebenden Organismus wird man ohne weiteres als »organisiert« bezeichnen, aber
für einen Kristall trifft das nicht zu, obwohl beide geordnet sind.
Organisation ist eine charakteristische Qualität eines Prozesses,
nicht einer Struktur. Eine Amöbe ist organisiert, denn ihre verschiedenen Elemente arbeiten im Sinne einer gemeinsamen Strategie zusammen, und jedes Element erfüllt eine spezielle Aufgabe, die
mit den Aufgaben der anderen Elemente verknüpft ist. Ein Fossil
kann noch etwas von der Form eines Organismus haben, und es ist
unbestreitbar geordnet, aber von der Organisation des ursprünglichen Tieres ist nichts mehr da, weil es »erstarrt« ist.

Die Unterscheidung zwischen Ordnung und Organisation kann
sehr wichtig werden. Werden Bakterien in einer Kultur gezüchtet,
so wird das System insgesamt stärker organisiert. Doch nach dem
Zweiten Hauptsatz der Thermodynamik muß die Entropie zunehmen, und in diesem Sinne wird das System als ganzes weniger geordnet. Man könnte sagen, daß Ordnung sich auf die *Quantität* der
Information (d. h. die negative Entropie) in einem System bezieht,
während Organisation sich auf die *Qualität* der Information bezieht. Wenn lebende Organismen sich entwickeln, verbessern sie
die Qualität ihrer Umwelt, aber sie erzeugen dabei Entropie.

Vielleicht könnte man das Entstehen von Ordnung als ein Beispiel von Organisation bezeichnen. Wissenschaftler sprechen oft
davon, daß der solare Nebelhaufen sich zu einem Planetensystem

organisiert, oder davon, daß Wolken sich zu Strukturen organisieren. Das ist allerdings ein etwas metaphorischer Sprachgebrauch, denn bei der »Organisation« schwingt oft Zweck oder eine Absicht mit. Doch es wird einem nicht verübelt, wenn man davon spricht, daß Wasser »sein Niveau zu finden versucht« oder daß Computer »die Antwort ausrechnen«.

Ist es möglich, Organisation und Komplexität zu quantifizieren? Eine offenkundige Schwierigkeit liegt darin, daß wohl weder Organisation noch Komplexität eine additive Größe ist. Ich meine damit, daß wir zwei Bakterien nicht als doppelt so komplex (oder doppelt so organisiert) betrachten werden wie ein Bakterium, denn wenn man eines hat, ist es relativ leicht, zwei zu erzeugen – man braucht ihm nur etwas Nahrung zu geben und abzuwarten. Außerdem ist nicht ganz klar, wie man die relative Komplexität eines Bakteriums mit der einer multinationalen Firma vergleichen kann.

John von Neumann versuchte, in den Gleichungen, die ein System beschreiben, ein Maß seiner Komplexität zu finden. Das intuitive Gefühl sagt einem, daß die Komplexität in irgendeiner Weise die Anzahl der Komponenten und die Fülle ihrer Wechselbeziehungen berücksichtigen muß. Andererseits muß sie – und vielleicht ist das genauso wichtig – irgendwie mit dem Informationsgehalt des Systems zusammenhängen oder mit der Länge des Algorithmus, der angibt, wie es zu konstruieren ist. Mathematiker und Computerwissenschaftler haben, wie eine ansehnliche Literatur beweist, vielfach versucht, in diesem Sinne eine Theorie der Komplexität zu entwickeln.

Der für IBM tätige Computerwissenschaftler Charles Bennett hat eine Definition der Organisation oder der Komplexität vorgeschlagen, die auf einem Konzept aufbaut, das er »logische Tiefe« nennt. Um es durch einen Vergleich auszudrücken, wollen wir annehmen, daß A dem B eine Nachricht übermitteln möchte. Seine Absicht könnte etwa sein, ihm die Bahn eines Satelliten mitzuteilen. A könnte nun die Position auflisten, die der Satellit zu verschiedenen Zeitpunkten einnimmt. Er könnte sich aber auch damit begnügen, Position und Geschwindigkeit des Satelliten zu einem bestimmten

Zeitpunkt anzugeben, und es B überlassen, selbst die Bahn zu berechnen. In dieser letzteren Form enthält die Nachricht den gesamten Informationsgehalt der ersteren, aber sie ist bei weitem nicht so *brauchbar*. Eine Nachricht ist, anders gesagt, mehr als ihr nackter Informationsgehalt – der *Wert* oder die *Qualität* der Information muß ebenfalls berücksichtigt werden. Die logische Tiefe ist in diesem Beispiel ungefähr gleichbedeutend mit der Länge der Berechnung, die erforderlich ist, um die Nachricht zu entschlüsseln und die Bahn des Satelliten zu rekonstruieren. Im Falle eines pyhsikalischen Systems könnte die Länge der Computerzeit, die erforderlich ist, um das Verhalten des Systems bis zu einem gewissen Auflösungsvermögen zu simulieren, als Maß der logischen Tiefe betrachtet werden. Bennett hat gezeigt, daß diese Idee maschinenunabhängig formuliert werden kann.

Auf eine ganz andere Weise hat der theoretische Biologe Robert Rosen von der Dalhousie University, Nova Scotia (Kanada), das Problem der Komplexität angepackt. Ein entscheidendes Merkmal von komplexen Systemen ist nach seiner Ansicht darin zu sehen, daß wir mit ihnen auf eine sehr vielfältige Weise interagieren können. Er erkennt also ausdrücklich die subjektive Qualität an, die unausweichlich eine Rolle spielt. Nicht so sehr das, was ein System ist, sondern das, was es tut, macht seine Komplexität aus. Wir stoßen hier auf ein teleologisches Element, die Komplexität dient einem Zweck. In der Biologie ist das natürlich klar. Die organisierte Komplexität des Auges dient dem Zweck, den Organismus zum Sehen zu befähigen. Nicht ganz so klar ist, wie man den Zweck auf anorganische Systeme übertragen kann.

Zu den wichtigen Entdeckungen, die bei der Erforschung komplexer Systeme gemacht wurden, zählt die Erkenntnis, daß Selbstorganisation und Chaos in dem Sinne, wie es in Kapitel 4 erörtert wurde, eng zusammenhängen. In einem gewissen Sinne ist Chaos das Gegenteil von Organisation, doch in einem anderen Sinne sind es ganz ähnliche Konzepte. Beide erfordern für die Beschreibung ihrer Zustände eine große Informationsmenge, und beide enthalten, wie wir noch sehen werden, ein Element der Nichtvorhersagbarkeit. Kompliziertes oder regelloses Verhalten sollte, wie der Physiker David Bohm betont, nicht als unordentlich betrachtet werden. Um ein solches Verhalten zu beschreiben, sind nämlich sehr viele Informationen erforderlich, während man für die Unordnung im Sinne der Thermodynamik keinerlei Information benötigt. Bohm unterstreicht, daß sogar der Zufall eine Art von Ordnung darstellt.

Aus dieser Diskussion dürfte deutlich werden, daß Organisation und Komplexität ungeachtet ihrer starken intuitiven Bedeutung keine strenge mathematische Definition besitzen, über die man sich allgemein einig wäre. Es ist zu hoffen, daß diesem Mangel abgeholfen wird, wenn man komplexe Systeme erst besser verstanden hat.

Eine neue Art von Ordnung

1984 entdeckten Mitarbeiter des US National Bureau of Standards ein seltsames Material, das eine neue Art von Ordnung zu besitzen schien. Dieser Stoff, von den Wissenschaftlern bis dahin als etwas Unmögliches abgetan, ist ein Festkörper, der die gleiche Art von Ordnung aufweist, wie sie ein Kristall besitzt, mit einem wichtigen Unterschied. Er scheint Symmetrien zu besitzen, die ein grundlegendes Theorem der Kristallographie verletzen: Seine Atome sind in einer Weise angeordnet, die bei einer kristallinen Substanz physikalisch unmöglich ist. Man hat ihn deshalb als *Quasikristall* bezeichnet.

Ein normaler Kristall ist ein Gitterwerk von Atomen, die nach einem äußerst regelmäßigen, sich wiederholenden Muster angeordnet sind. Die verschiedenen Kristallformen kann man mit Hilfe der mathematischen Theorie der Symmetrie einteilen. Nehmen die Atome zum Beispiel Stellen ein, die den Ecken eines Würfels entsprechen, so hat das Gitter vierfache Rotationssymmetrie, denn es würde nicht anders aussehen, wenn es um eine Vierteldrehung gedreht wäre. Der Würfel kann als Grundbaustein des Gitters gelten, und man kann sich eine raumfüllende Ansammlung von Würfeln vorstellen, die nahtlos zusammenpassen und ein makroskopisches Gitter bilden.

Die Regeln der Geometrie und die Dreidimensionalität des Raumes erlegen den Kristallsymmetrien starke Beschränkungen auf. Ein einfacher Fall, der ausgeschlossen ist, ist *fünffache* Rotationssymmetrie. Eine kristalline Substanz kann nicht fünffach symmetrisch sein.

Das hat einen einfachen Grund. Jeder hat schon eine Wand gesehen, die vollständig mit Quadraten gekachelt war (vierfache Symmetrie). Mit Sechsecken ist es ebenfalls möglich, wie die Bienen entdeckt haben (sechsfache Symmetrie). Aber noch niemand hat eine Wand gesehen, die vollständig mit Fünfecken gekachelt war, weil es nicht möglich ist. Man kann Fünfecke nicht so aneinanderfügen, daß keine Lücken bleiben *(siehe Abbildung 24).*

In drei Dimensionen übernimmt die Rolle des Fünfecks ein fünffach symmetrischer Körper mit dem furchterregenden Namen Ikosaeder, eine Form aus zwanzig dreieckigen Flächen, die so angeordnet sind, daß bei jeder Spitze fünf Flächen aneinanderstoßen. Während man eine Kiste lückenlos mit Würfeln vollpacken kann, dürfte ein entsprechender Versuch mit Ikosaedern scheitern. Man kann sie einfach nicht in raumfüllender Weise nahtlos aneinanderfügen. Das bedeutet, daß man zwar eine einzelne Gruppe von Atomen in der Art eines Ikosaeders anordnen kann, daß aber ein periodisches Gitter nicht aus solchen Einheiten aufgebaut werden kann. Deshalb wurde es wie ein Schock empfunden, als Untersuchungen mit dem Elektronenmikroskop am National Bureau of Standards in einer Le-

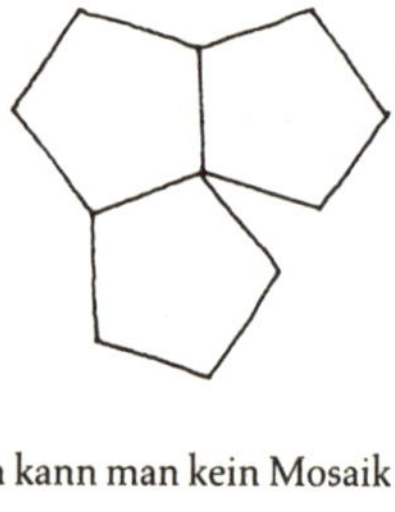

ABBILDUNG 24. Aus Fünfecken kann man kein Mosaik bilden: sie passen nicht fugenlos aneinander.

114

gierung aus Aluminium und Mangan weiträumige fünffache Symmetrie enthüllten.

Jetzt begannen einige Leute von einer merkwürdigen Entdeckung Notiz zu nehmen, die der Oxforder Mathematiker Roger Penrose, besser bekannt durch seine Arbeiten über Schwarze Löcher und Raum-Zeit-Singularitäten, einige Jahre zuvor gemacht hatte. Penrose zeigte, daß es möglich ist, eine Fläche mit fünffacher Symmetrie auszufüllen, indem man zwei Formen benutzt, eine breite und eine schmale Raute. Das so entstehende Muster zeigt die *Abbildung 25*. Die Fünfeck-Symmetrie wird in den zahlreichen Zehnecken deutlich, die man entdecken kann. Es besteht unverkennbar eine gewisse Fernordnung, denn die Seiten der Zehnecke verlaufen parallel zueinander.

Um den Wesensunterschied zwischen dem Penrose-Kachelmuster und einer Kristallstruktur zu verstehen, muß man zwischen zweierlei Fernordnung unterscheiden, der Translations- und der Richtungs-Fernordnung. Gewöhnliche Kristalle mit periodischen Gittern weisen beide Arten von Fernordnung aus. Die translationale Ordnung besteht darin, daß sich an dem Gitter nichts ändern würde, wenn man es um einen Baustein (z. B. einen Würfel) oder irgendein genaues Vielfaches davon seitlich verschöbe. Die Richtungsordnung besteht darin, daß die atomaren Bausteine geometrische Figuren bilden, deren Kanten und Flächen über den ganzen Kristall hinweg parallel zueinander ausgerichtet sind.

Penroses Kachelmuster, das als Beispiel für Quasikristalle dient, besitzt Richtungs-, aber nicht Translationsordnung. Es entzieht sich dem Verbot der fünfeckigen Symmetrie, weil es im Unterschied zu einem Kristallgitter nicht periodisch ist: Es gibt, so weit man die Kachelung auch treiben mag, keine zyklische Wiederholung eines lokalen Musters.

Wie soll man solche Muster beschreiben? Sie besitzen unbestreitbar eine einfache Form von ganzheitlicher Ordnung, aber auch ein hohes Maß an Komplexität, denn überall ist das Muster ein wenig anders. Das wirft die vertrackte Frage auf, wie Quasikristalle überhaupt entstehen. Bei einem gewöhnlichen Kristall breitet sich die in

ABBILDUNG 25. Penroses Kachelmuster. Mit nur zwei Formen kann die ganze Fläche lückenlos ausgelegt werden; es entsteht ein bemerkenswertes Muster mit fünffacher Symmetrie und Fernordnung, aber ohne Periodizität.

einem Baustein gegebene Ordnung durch bloße Wiederholung über das gesamte Gitter aus. Die physikalischen Kräfte, die auf die einander entsprechenden Atome in den einzelnen Bausteinen einwirken, sind überall dieselben. Bei einem Quasikristall ist die Umgebung und damit die Kräfteverteilung für jeden der Bausteine ein wenig anders. Wie machen es die Atome der verschiedenen Bausteine, daß sie sich im richtigen Verhältnis und an den richtigen Stellen einfinden, so daß über solche großen Entfernungen die Richtungs-Ordnung erhalten bleibt, wenn jedes Atom anderen Kräften ausgesetzt ist? Es scheint so etwas wie einen nichtlokalen organisierenden Einfluß zu geben, der bislang vollkommen rätselhaft ist.

Beispiele der Selbstorganisation

Der einfachste Fall der Selbstorganisation, den wir in der Physik kennen, ist ein Phasenübergang. Die bekanntesten Phasenübergänge sind die, bei denen eine Flüssigkeit sich in einen Festkörper oder ein Gas verwandelt. Wenn Wasserdampf kondensiert und Tröpfchen bildet oder wenn flüssiges Wasser zu Eis gefriert, nimmt ein anfangs gestaltloser Zustand abrupt und spontan Struktur und Komplexität an.

Phasenübergänge gibt es darüber hinaus in vielen weiteren Formen. Zum Beispiel zeigt ein Ferromagnet bei hohen Temperaturen keine Dauermagnetisierung, doch wenn die Temperatur sinkt, kommt er an eine kritische Stelle, bei der spontan die Magnetisierung eintritt. Der Ferromagnet besteht aus einer Vielzahl von mikroskopischen Magneten, die in ihrer Ausrichtung eine gewisse Freiheit besitzen. Im heißen Zustand werden diese Magnete chaotisch durcheinandergerüttelt, so daß sich ihre jeweilige Magnetisierung im makroskopischen Maßstab gegenseitig aufhebt. Bei Abkühlung zeigen diese Mikromagnete aufgrund der Wechselwirkungen, die zwischen ihnen auftreten, eine Tendenz, sich aneinander auszurichten. Bei der kritischen Temperatur wird die störende Wirkung der Wärmebewegung schlagartig überwunden, und alle Mikromagnete reihen sich gemeinsam in eine geordnete Anordnung ein *(siehe Abbildung 26)*. Ihre Magnetisierung verstärkt sich jetzt und ergibt ein kohärentes großräumiges Magnetfeld.

Ein anderes Beispiel liefert die elektrische Leitfähigkeit. Bestimmte Stoffe verlieren, wenn sie bis in die Nähe des absoluten Nullpunkts abgekühlt werden, plötzlich jeden elektrischen Widerstand und werden *supraleitend*. In dieser Niedertemperaturphase verhalten sich Milliarden von Elektronen, aus denen der Strom besteht, wie ein einziges Elektron und bewegen sich nach einem hochgradig korrelierten und organisierten Quantenwellenmuster. Anders ist die Situation bei einem gewöhnlichen Leiter, in dem sich die Elektronen weitgehend voneinander auf komplizierten und regellosen Bahnen bewegen. Eine ähnliche großräumige Organisation tritt bei *Supraflüssigkeiten* auf, etwa bei flüssigem Helium, wo die Flüssigkeit reibungsfrei fließen kann.

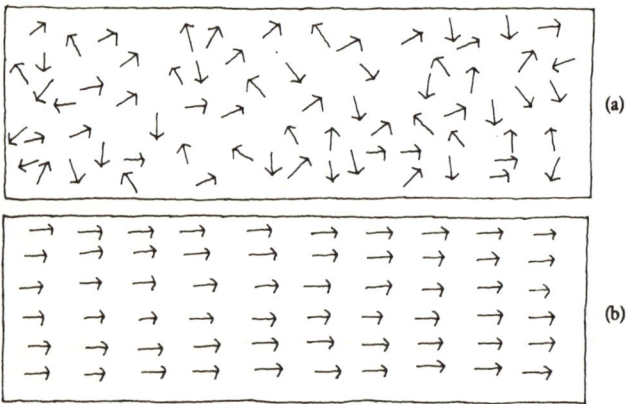

ABBILDUNG 26. (a) Bei hohen Temperaturen bewirkt die Wärmebewegung, daß die Felder der Mikromagnete zufällig ausgerichtet sind. (b) Wird eine kritische Temperatur unterschritten, kommt es zu einem Phasenübergang, und alle Mikromagnete organisieren sich spontan zu einem kohärenten Muster. Die aus diesem kooperativen Verhalten entstehende Fernordnung bewirkt, daß die Teil-Magnetfelder zusammen ein makroskopisches Feld erzeugen.

Die vorgenannten Beispiele der Selbstorganisation treten auf, wenn unter Bedingungen des thermodynamischen Gleichgewichts die Temperatur schrittweise gesenkt wird. Dramatischere Möglichkeiten ergeben sich, wenn ein System weit vom Gleichgewicht fortgedrängt wird. Ein derartiger Fall ist der Laser. Ein heißer Festkörper oder ein heißes Gas verhält sich in der Nähe des thermodynamischen Gleichgewichts wie eine gewöhnliche elektrische Lampe: Jedes Atom sendet unkontrolliert und unabhängig Licht aus. Der so entstehende Strahl ist ein unzusammenhängendes Durcheinander von Wellenzügen, die jeweils einige Meter lang sind. Nun kann man das System durch »Pumpen« vom Gleichgewicht forttreiben; dabei wird den Atomen Energie zugeführt, so daß eine größere Anzahl von ihnen in angeregte Zustände versetzt wird. Erreicht man beim »Pumpen« eine kritische Schwelle, dann organisieren sich die Atome plötzlich in einem umfassenden Maßstab und zeigen ein hochgradig kooperatives Verhalten. Milliarden von Atomen senden jetzt genau phasengleiche kurze Wellen aus und erzeugen einen kohärenten Lichtwellenzug, der Tausende von Kilometern lang ist.

Ein anderes Beispiel spontaner Selbstorganisation in einem System, das weit vom Gleichgewicht fortgetrieben wird, ist die sogenannte Bénard-Instabilität; sie tritt auf, wenn eine Flüssigkeitsschicht von unten erhitzt wird. Wie in Kapitel 4 kurz angedeutet, liegt dieser Sachverhalt in der Meteorologie vor, wenn Sonnenstrahlen den Boden erwärmen, der dann die darüberliegende Luft erwärmt. Er tritt auch in jeder Küche auf, wenn man einen Topf mit Wasser auf den Herd stellt. Die am Boden des Topfes erwärmte Flüssigkeit ist weniger dicht und versucht aufzusteigen. Solange der Temperaturunterschied zwischen Ober- und Unterseite der Flüssigkeit gering ist (nahe beim Gleichgewicht), steht dem Auftrieb die Viskosität entgegen. Steigt aber die Bodentemperatur, so wird eine Schwelle überschritten, und die Flüssigkeit wird instabil: Plötzlich setzt Konvektion ein. Unter ganz bestimmten Bedingungen nimmt die in Konvektion befindliche Flüssigkeit ein hochgradig geordnetes und stabiles Strömungsmuster an, sie organisiert sich zu charakteristischen Zellen von sechseckiger Struktur. Ein anfangs homogener Zustand macht also einem räumlichen Muster mit eindeutiger Fernordnung Platz. Bei weiterer Erwärmung können weitere Übergänge auftreten, zum Beispiel kann Chaos eintreten.

Ein wichtiges Merkmal der genannten Beispiele besteht darin, daß eine anfangs vorhandene *Symmetrie* durch den Übergang zu einer komplexeren Phase gebrochen wird. Nehmen wir den Fall, daß Wasser zu Eis gefriert. Ein homogenes Volumen Wasser weist Rotationssymmetrie auf. Wenn sich Eiskristalle bilden, geht diese Symmetrie verloren, weil die Kristallflächen eine bevorzugte Richtung im Raum definieren.

Symmetriebrechung liegt auch beim Übergang zum Ferromagnetismus vor. Die Hochtemperaturphase weist gleichfalls Rotationssymmetrie auf, weil die Feldrichtung der Mikromagnete sich gleichmäßig auf alle Richtungen verteilt. Wenn die Temperatur sinkt, richten sich die Mikromagnete aus, definieren also wiederum eine bevorzugte räumliche Richtung und brechen die Rotationssymmetrie.

Dies sind Beispiele geometrischer Symmetriebrechung. In der modernen Teilchenphysik benutzt man allgemeinere Symmetriekonzepte, so zum Beispiel die abstrakten *Eich*symmetrien, die ebenfalls spontan gebrochen werden können. Da Symmetrien im allgemeinen mit sinkender Temperatur gebrochen werden, ist die Geschichte des Universums, das sich seit seiner sehr heißen Anfangsphase abkühlt, eine Abfolge von Symmetriebrechungen. Die Symmetriebrechung liefert somit neben der Komplexität ein anderes Maß für die fortschreitende schöpferische Aktivität des Universums.

Dissipative Strukturen: eine Theorie der Form

Wahre wissenschaftliche Revolutionen sind mehr als nur neue Entdeckungen – sie verändern die Konzepte, auf denen die Wissenschaft aufbaut. Historiker werden drei Stadien in der Erforschung der Materie unterscheiden: Das erste war die Newtonsche Mechanik – ein Triumph der Notwendigkeit; das zweite war die Gleichgewichts-Thermodynamik – ein Triumph des Zufalls; das dritte zeichnet sich jetzt mit der Erforschung von gleichgewichtsfernen Systemen ab.

Selbstorganisation tritt, wie wir gesehen haben, sowohl in Gleichgewichts- wie in Nichtgleichgewichts-Systemen auf. In beiden Fällen besitzt die neue Phase eine komplexere räumliche Form. Zwischen der Struktur eines Ferromagneten und der einer Konvektionszelle besteht jedoch ein grundlegender Unterschied. Während der Ferromagnet eine statische Konfiguration der Materie darstellt, ist eine Konvektionszelle eine dynamische Einheit, erzeugt durch einen fortlaufenden Durchsatz von Materie und Energie aus ihrer Umgebung; man hat die Bezeichnung *Prozeßstruktur* vorgeschlagen.

Man hat mittlerweile erkannt, daß Systeme, die vom Gleichgewicht fortgetrieben werden, generell dazu neigen, plötzliche spontane Verhaltensänderungen durchzumachen, sei es, daß sie anfangen, sich regellos zu verhalten, sei es, daß sie sich zu neuen und unerwarteten Formen organisieren. Das Einsetzen dieser abrupten Veränderungen kann man in einigen Fällen theoretisch erklären, doch ist die Form, welche die neue Phase im einzelnen annimmt, im wesentlichen unvorhersagbar. Der Physiker kann mit herkömmlichen Konzepten erklären, warum, wenn Konvektionszellen auftreten, die ursprünglich homogene Flüssigkeit instabil wird. Wie aber die Konvektionszellen genau angeordnet sind, vermag er nicht vorherzusagen. Es entzieht sich zum Beispiel seinem Einfluß, ob ein bestimmter Tropfen der Flüssigkeit zu einer Zelle wird, die im Uhrzeigersinne beziehungsweise gegen den Uhrzeigersinn rotiert.

Eine wichtige Eigenschaft von gleichgewichtsfernen Systemen, die zu Prozeßstrukturen führen, besteht darin, daß sie *offen* für ihre Umgebung sind. Traditionell behandeln Physik und Chemie geschlossene Systeme in Gleichgewichtsnähe, so daß ein völlig neues Herangehen nötig wird. Zu denen, die bei der Entwicklung dieses neuen Ansatzes maßgeblich mitgewirkt haben, gehört der Chemiker Ilya Prigogine. Zur Beschreibung von Formen wie den Konvektionszellen bevorzugt er den Ausdruck *dissipative Strukturen*.

Weshalb, das sei am Beispiel des Pendels erläutert. Im idealisierten Fall eines isolierten reibungslosen Pendels (geschlossenes System) wird das Gewicht endlos hin- und herschwingen und dabei immer wieder das gleiche Bewegungsmuster ausführen. Wird das Pendel angestoßen, so entsteht ein neues Bewegungsmuster, das dauerhaft beibehalten wird. Man könnte sagen, das Pendel erinnert sich für alle Zeiten an die Störung.

Ganz anders ist die Situation, wenn Reibung hinzukommt. Das Pendel wandelt jetzt Bewegungsenergie in Wärme um. Gleichgültig, wie es sich anfangs bewegt hat, es wird unausweichlich zur Ruhe kommen. (In Kapitel 4 wurde dies dadurch beschrieben, daß der repräsentative Punkt im Phasendiagramm einem Grenzpunkt zustrebt.) Damit verliert es jede Erinnerung an seine bisherige Geschichte.

Wird das gedämpfte Pendel nun von einer periodischen äußeren Kraft angeregt, so nimmt es ein neues Bewegungsmuster an, das von dieser Kraft diktiert wird. (Dies ist Grenzzyklus-Verhalten.) Man könnte sagen, daß die geordnete Bewegung des Pendels durch eine neue *organisierende Instanz* erzwungen wird, nämlich durch die äußere Anregungskraft. Unter diesen Umständen ist die geordnete Aktivität des Systems stabil (vorausgesetzt, daß keine nichtlinearen Effekte zum Chaos führen). Wird das Pendel in irgendeiner Weise gestört, so kehrt es rasch wieder zu seiner vorherigen Bewegungsweise zurück, weil die Störung durch die Dissipation »fortgedämpft« wird. Auch hier geht die Erinnerung an die Störung verloren.

Das angeregte gedämpfte Pendel ist ein einfaches Beispiel einer dissipativen Struktur, aber die Gesetzmäßigkeiten besitzen ganz allgemeine Geltung. In allen Fällen wird das System durch eine äußere zwingende Instanz vom Gleichgewicht fortgetrieben, und es nimmt eine stabile Form an, indem es etwaige Störungen seiner Struktur »wegdissipiert«. Da fortgesetzt Energie dissipiert wird, kann eine dissipative Struktur nur so lange bestehen, wie sie von der

Umgebung mit Energie (und möglicherweise auch Materie) versorgt wird.

Dies ist der Schlüssel zu den bemerkenswerten selbstorganisierenden Fähigkeiten von gleichgewichtsfernen Systemen. In einem geschlossenen System wird jede organisierte Aktivität nach dem Zweiten Hauptsatz der Thermodynamik irgendwann zum Erliegen kommen. Eine dissipative Struktur kann sich den zerstörerischen Wirkungen des Zweiten Hauptsatzes jedoch dadurch entziehen, daß sie Entropie in ihre Umgebung exportiert. Obwohl die Entropie des Universums insgesamt ständig wächst, bewahrt die dissipative Struktur ihre Kohärenz und ihre Ordnung, ja, es kann sogar geschehen, daß sie sie steigert.

Die Untersuchung von dissipativen Strukturen liefert somit einen entscheidenden Hinweis für das Verständnis der schöpferischen Fähigkeiten der Natur. Nachdem man lange kaum glauben konnte, daß ein Universum, das unter dem Einfluß des Zweiten Hauptsatzes scheinbar dahinstarb, dennoch den Grad seiner Komplexität und Organisation ständig erhöhte, erkennen wir jetzt, wie es möglich ist, daß das Universum gleichzeitig Organisation und Entropie steigert. Der optimistische und der pessimistische Pfeil der Zeit können nebeneinander existieren: Auch angesichts des Zweiten Hauptsatzes vermag das Universum schöpferischen Fortschritt in einer Richtung zu entfalten.

Die chemische Uhr

Prigogine und Mitarbeiter haben viele physikalische, chemische und biochemische dissipative Prozesse untersucht, die Selbstorganisation aufweisen. Ein sehr eindrucksvolles ist die sogenannte Belusow-Zhabotinsky-Reaktion. Ein Gemisch aus Cersulfat, Malonsäure und Kaliumbromat wird in Zitronensäure gelöst. Das Resultat ist dramatisch.

Bei einem Experiment wird mit Hilfe von Pumpen (die wesentliche Offenheit ist auch hier zu beachten) für eine stetige Zufuhr von Reagenzien gesorgt, und das System wird immer kräftig umgerührt. Um den chemischen Zustand des Gemisches zu verfolgen, benutzt man Indikatoren, die sich bei einem Überschuß von Ce^{3+}-Ionen rot, bei einem Überschuß von Ce^{4+}-Ionen blau färben. Bei geringer Pumpenleistung (also in Gleichgewichtsnähe) verharrt das Gemisch in einem Dauerzustand ohne besondere Merkmale. Wenn jedoch die Zufuhr gesteigert und das System weit vom Gleichgewicht fortgetrieben wird, geschieht etwas Erstaunliches. Plötzlich färbt sich die Flüssigkeit durch und durch blau. So bleibt sie für etwa eine Minute. Dann wird sie rot, dann blau, dann wieder rot, und so geht es weiter, mit perfekter Regelmäßigkeit pulsierend. Prigogine bezeichnet dieses bemerkenswert rhythmische Verhalten als eine *chemische Uhr*.

Es ist wichtig, den fundamentalen Unterschied zwischen dieser chemischen Uhr und dem rhythmischen Schwingen eines einfachen Pendels zu erkennen. Das Pendel ist ein System mit nur einem Freiheitsgrad, und es führt Schwingungen in Abwesenheit von Dissipation aus. Wenn Dissipation vorliegt, muß, wie oben erörtert, die regelmäßige periodische Bewegung durch eine äußere anregende Kraft erzwungen werden. Die chemische Uhr hat dagegen eine ungeheure Zahl (10^{23}) von Freiheitsgraden, und sie ist ein dissipatives System. Gleichwohl wird das Pulsieren nicht durch eine äußere zwingende Instanz (die forcierte Zufuhr von Reagenzien) erzwungen, sondern durch einen gewissen *internen* Rhythmus erzeugt, der von der dynamischen Aktivität der chemischen Reaktion abhängt.

Die chemische Uhr läßt sich mit gewissen chemischen Veränderungen erklären, die sich zyklisch in dem Gemisch vollziehen, mit einer Eigenfrequenz, die von den Konzentrationen der beteiligten Substanzen abhängt. Ein wichtiges Element dieses zyklischen Verhaltens ist die sogenannte »Autokatalyse«. Ein Katalysator ist eine Substanz, die eine chemische Reaktion beschleunigt. Autokatalyse findet statt, wenn das Vorhandensein einer Substanz die weitere Erzeugung dieser nämlichen Substanz fördert. Techniker nennen so etwas Rückkoppelung. Mathematisch gesehen, bringt die Autokatalyse *Nichtlinearität* in das System hinein. Das Ergebnis ist wie immer eine Art von Symmetriebrechung. In diesem Fall ist der Anfangszustand symmetrisch in bezug auf zeitliche Verschiebungen (er verändert sich nicht von einem Moment zum anderen), aber diese Symmetrie wird durch die Schwingungen gebrochen.

Das wirklich Erstaunliche an der Belusow-Zhabotinsky-Reaktion ist die hochgradige Kohärenz der chemischen Schwingungen. Schließlich vollziehen sich chemische Reaktionen ja auf molekularem Niveau. Die Reichweite der zwischen einzelnen Molekülen wirkenden Kräfte beträgt nur etwa ein Zehnmillionstel eines Zentimeters. Dennoch zeigt die chemische Uhr ein geordnetes Verhalten über eine Reichweite von *Zentimetern.* Unzählige Trillionen von Atomen wirken vollkommen synchron zusammen, so als gehorchten sie einem umfassenden Plan.

Alvin Toffler beschreibt dieses seltsame Phänomen in einem Vorwort zu einem von Prigogines Büchern wie folgt:

Man stelle sich vor, daß eine Million weißer Tischtennisbälle aufs Geratewohl mit einer Million schwarzer Bälle gemischt wird und daß die Bälle chaotisch in einem Behälter umherspringen, in den man durch ein Glasfenster hineinsehen kann. Was man durch das Fenster sieht, wird meistens eine graue Masse sein, aber dann und wann könnte es vorkommen, daß der Ausschnitt, den man sieht, weiß oder schwarz erscheint, je nachdem, wie in diesem Augenblick die Bälle in der Umgebung des Fensters verteilt sind.
Nun stelle man sich vor, daß das Fenster plötzlich ganz weiß, dann ganz schwarz, dann wieder ganz weiß wird usw., daß es also in festen Abständen – wie das Ticken einer Uhr – vollständig seine Farbe wechselt.
Wie kommt es, daß alle weißen Bälle und alle schwarzen Bälle sich auf einmal organisieren und gleichzeitig miteinander die Farbe wechseln? Nach allen hergebrachten Regeln dürfte das überhaupt nicht passieren.[1]

Traditionell befaßt sich die Chemie selbstverständlich mit Systemen in Gleichgewichtsnähe. Dabei sind Gleichgewichtsbedingungen eine weitgehende Idealisierung und kommen in der Natur kaum vor. Nahezu alle natürlich vorkommenden chemischen Systeme sind weit vom Gleichgewicht entfernt, und dieser Bereich ist bislang zum großen Teil unerforscht. Es ist aber wie bei einfachen

physikalischen Systemen wahrscheinlich, daß die gleichgewichtsfernen chemischen Systeme ein überraschendes und nicht vorher-
sagbares Verhalten zeigen werden.

Die Belusow-Zhabotinsky-Reaktion erinnert in mancher Hinsicht an die Bewegung eines einfachen dynamischen Systems, wobei die chemischen Konzentrationen die Rolle der dynamischen Variablen übernehmen. Man kann die Reaktion diskutieren, indem
man wie zuvor auf die graphischen Hilfsmittel von Phasendiagramm, Trajektorien, Grenzzyklen usw. zurückgreift. In diesem
Sinne kann die hier erörterte Reaktion als ein Grenzzyklus aufgefaßt werden, ähnlich wie das angeregte Pendel. Wie in jenem Fall
weicht das einfache rhythmische Verhalten des chemischen Ge-
mischs bei einer Verstärkung des chemischen Zwangs immer komplexer werdenden Schwingungsmustern, bis schließlich Chaos eintritt – ein weiträumiges chemisches Chaos, nicht das mit dem thermodynamischen Gleichgewicht zusammenhängende molekulare
Chaos.

Die Belusow-Zhabotinsky-Reaktion kann neben der zeitlichen
auch eine räumliche Fernordnung aufweisen. Zu der letzteren
kommt es, wenn die Reagenzien in einer dünnen Schicht angeordnet und nicht umgerührt werden. Dann treten spontan geometrische Wellenformen auf und breiten sich in dem Gemisch aus. Diese
können die Form von Kreiswellen annehmen, die von bestimmten
Zentren ausgehen und sich mit gleichbleibender Geschwindigkeit
ausbreiten, es können aber auch Spiralen sein, die sich im Uhrzeigersinn oder gegen den Uhrzeigersinn nach außen drehen. Diese
Formen sind ein klassisches Beispiel für das spontane Auftreten
komplexer Formen aus einem anfangs gestaltlosen Zustand, d. h.
für räumliche Symmetriebrechung. Sie sind das räumliche Pendant
zu der zeitlichen Symmetriebrechung, die mit der chemischen Uhr
vorliegt.

Materie mit einem »eigenen Willen«

Der Unterschied zwischen Materie und Energie im Gleichgewicht oder in Gleichgewichtsnähe, dem traditionellen Gegenstand wissenschaftlicher Forschung, und Materie und Energie in gleichgewichtsfernen dissipativen Strukturen kann gar nicht genug betont werden. Prigogine spricht im letzteren Falle von *aktiver Materie*, wegen ihrer Möglichkeiten, spontan und unvorhersagbar neue Strukturen zu entwickeln. Sie scheint »einen eigenen Willen« zu besitzen. Ungleichgewicht, behauptet Prigogine, »ist die Quelle von Ordnung« im Universum; es bringt »Ordnung aus dem Chaos« hervor.

Es ist, als würden, während sich das Universum nach seinem gestaltlosen Anfang Schritt für Schritt entfaltet, Materie und Energie ständig vor alternative Entwicklungspfade gestellt: den passiven Pfad, der zur einfachen, statischen, trägen Substanz führt, die von den Newtonschen und den thermodynamischen Paradigmen treffend beschrieben wird, und den aktiven Pfad, der über diese Paradigmen hinausgeht und zu einer nicht vorhersagbaren, sich entwickelnden Komplexität und Vielfalt führt. »In der modernen Weltsicht«, schreibt Charles Bennett, »hat die Dissipation eine der Funktionen übernommen, die einst von Gott ausgeübt wurden: Sie sorgt dafür, daß die Materie über den klumpigen Charakter, den sie im Gleichgewicht zeigen würde, hinauswächst und sich auf eine dramatische und unvorhergesehene Weise verhält, indem sie zum Beispiel die Form von Gewittern, Menschen und Regenschirmen annimmt.«[2]

Das Auftreten von divergierenden Entwicklungspfaden ist in der Tat ein ganz allgemeines Merkmal von dynamischen Systemen. Mathematisch läßt sich die Situation mit Hilfe von sogenannten partiellen Differentialgleichungen beschreiben. Diese Gleichungen können nur gelöst werden, wenn man Grenzbedingungen für das System angibt. Bei offenen Systemen übt die Außenwelt in Gestalt von unvorhersehbaren *Fluktuationen* einen beständigen Einfluß über die Grenzen hinweg aus. Prüft man die Lösungen dieser Gleichungen, so zeigt sich als allgemeines Merkmal, daß bei Systemen in Gleichgewichtsnähe Fluktuationen unterdrückt werden. Wird das System jedoch immer weiter vom Gleichgewicht fortgedrängt, so erreicht es einen kritischen Punkt, in der Fachsprache als Verzweigungspunkt bezeichnet. Hier wird die ursprüngliche Lösung der Gleichungen instabil, ein Anzeichen dafür, daß das System kurz vor einer abrupten Änderung steht.

Diese Situation ist schematisch in *Abbildung 27* dargestellt. Die einzelne Linie stellt die ursprüngliche Gleichgewichtslösung dar, die sich dann bei einem kritischen Wert eines physikalischen Parameters (z. B. des Temperaturunterschieds zwischen Ober- und Unterseite einer Flüssigkeitsschicht) verzweigt. An diesem Punkt muß das System zwischen den beiden Pfaden wählen. Dies kann – je nach den Umständen – der Moment sein, da das System in einen neuen Zustand gesteigerter Organisation springt und eine neuartige,

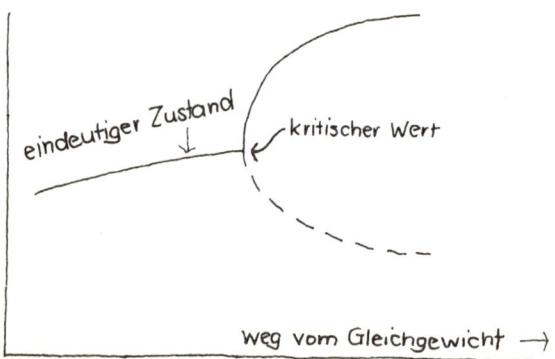

ABBILDUNG 27. Die Natur hat einen »freien Willen«. Das Diagramm zeigt, wie ein eindeutiger Zustand plötzlich instabil wird und sich zwei alternative Entwicklungswege auftun, wenn man ein physikalisches System immer weiter vom Gleichgewicht forttreibt. Es läßt sich nicht vorhersagen, welcher »Zweig« gewählt wird. Die Einzellinie entspricht mathematisch einer Lösung der Evolutionsgleichungen, die sich verzweigt, wenn in den Gleichungen eine Singularität entsteht, weil ein maßgebender Parameter einen kritischen Wert erreicht.

kompliziertere Struktur entwickelt. Es kann aber auch instabil werden und im Chaos versinken. Werden die unvermeidlichen Fluktuationen, in der normalen Gleichgewichts-Thermodynamik automatisch unterdrückt, so werden sie am Verzweigungspunkt zu makroskopischen Ausmaßen verstärkt und treiben das System in seine neue Phase, die dann stabilisiert wird.

Da das System offen ist, ist die Form dieser endlosen mikroskopischen Fluktuationen ganz und gar unerkennbar. Was bei dem Übergang herauskommt, ist somit naturgemäß unbestimmt. Deshalb kann man grundsätzlich nicht vorhersagen, wie die neuen organisierten Strukturen im einzelnen aussehen werden. Prigogine nennt dieses Phänomen »*Ordnung durch Schwankungen*«, und er ist der Auffassung, daß es ein grundlegendes Organisationsprinzip der Natur sei: »Anscheinend können Schwankungen der Umwelt sowohl *Verzweigungen beeinflussen* als auch – was noch spektakulärer ist – *neue Nichtgleichgewichtsübergänge bewirken,* die von den phänomenologischen Entwicklungsgesetzen nicht vorhergesagt wurden.«[3]

Ein ganz einfaches Beispiel der Verzweigung liefert der Fall einer Kugel, die sich am Boden eines eindimensionalen Tals im Ruhezustand befindet *(siehe Abbildung 28).* Nehmen wir an, dieses System werde durch eine symmetrische Aufstülpung des Tales gestört, die die Kugel in die Höhe hebt. Anfangs verhindert die Reibung, daß die Kugel abrollt, doch mit wachsendem Abstand vom Gleichgewicht wird die Stabilität der Kugel immer prekärer, bis die Kugel an einem kritischen Punkt von dem Buckel herunter in das Tal rollt. In diesem Augenblick verzweigt sich die Lösung der mechanischen Gleichungen in zwei Zweige, welche zwei neue Zustände minimaler Energie darstellen.

Wieder haben wir es mit einer Symmetriebrechung zu tun. Die ursprüngliche symmetrische Konfiguration wird von einer unsymmetrischen Anordnung abgelöst: Symmetrie wird gegen Stabilität ausgetauscht. Die Kugel kann entweder das linke oder das rechte Tal wählen. Welches sie wählt, das hängt natürlich von den mikroskopischen Fluktuationen ab, die sie um ein winziges Stück in die eine oder andere Richtung schubsen können. Diese mikroskopische Zuckung wird dann verstärkt, und die Kugel wird mit wachsender Geschwindigkeit in eines der Täler hinabrollen. Obwohl die mikroskopischen Schwankungen ihrer Natur nach nicht vorhersagbar sind, und doch sind sie es letztlich, die das System in einen ganz anderen makroskopischen Zustand treiben.

Das oben angeführte einfache Beispiel bezieht sich auf ein *statisches* Gleichgewicht, doch für dynamische Prozesse wie Grenzzyklen und dissipative Strukturen gilt Ähnliches. Ein Beispiel einer

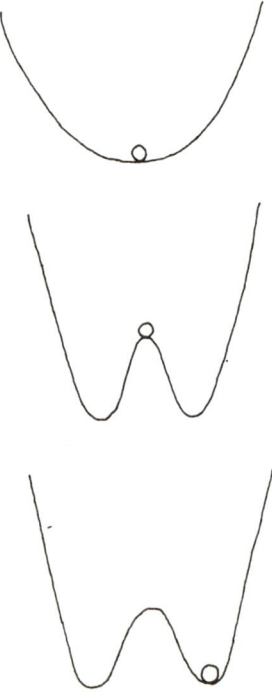

ABBILDUNG 28. Wenn sich unter der Kugel ein Buckel bildet, wird der symmetrische Zustand instabil. Die Kugel bricht spontan die Symmetrie und rollt in eines der Täler. Dies entspricht einer Verzweigung, bei der die Kugel zwischen zwei konkurrierenden Konfigurationen »wählen« kann.

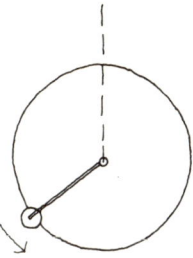

ABBILDUNG 29. Bei geringer Energie schwingt das Pendel hin und her. Wenn die Energie wächst (das System also weiter vom Gleichgewicht fortgedrängt wird), werden die Schwingungen immer größer, und schließlich überschreitet der Arm die Senkrechte: aus der Schwingung wird eine Rotation. Das System ist schlagartig zu einer ganz neuen Verhaltensweise übergegangen.

Verzweigung in einem dynamischen Prozeß wird in *Abbildung 29* gezeigt. Ein starrer Stab, an dessen Ende eine Masse befestigt ist, bildet ein Pendel, das frei in einer Ebene rotieren kann. Bei niedrigen Energiewerten schwingt das Pendel wie üblich hin und her. Mit steigender Energie werden die Schwingungen immer höher, bis ein kritischer Wert erreicht wird, bei dem die Bewegung die Pendelmasse bis zum höchsten Punkt der Kreisbahn trägt. Bei diesem Wert ändert sich die Art der Bewegung abrupt und drastisch. Statt zu schwingen, wandert der Stab über die Senkrechte hinaus und fällt auf der anderen Seite herunter. An die Stelle der Schwingung ist eine Rotation getreten. Das Pendel hat seine Aktivität schlagartig geändert und ein völlig neues Verhalten angenommen.

Wie sind diese abrupten Verhaltensänderungen mathematisch zu fassen? Manche Fälle von chemischer Selbstorganisation lassen sich durch die sogenannte Reaktions-Diffusions-Gleichung abbilden. Diese Gleichung drückt die Änderungsrate der Konzentration einer chemischen Substanz als Summe zweier Faktoren aus. Der erste steht für die Zu- oder Abnahme der Menge der Substanz infolge von chemischen Reaktionen zwischen den übrigen beteiligten Substanzen. Der zweite geht darauf zurück, daß chemische Substanzen in einem realen System in ihre Umgebung diffundieren, wodurch sich die Konzentration in den einzelnen Gebieten ändert. Wie sich herausstellt, läßt sich mit dieser Gleichung eine ganz außerordentliche Vielfalt von Verhaltensweisen beschreiben, einschließlich der entscheidenden Merkmale von Instabilitäten und Verzweigungen. Sie kann zu zeitlichen Änderungen wie der chemischen Uhr und zu räumlichen Formen wie den Spiralwellen der Belusow-Zhabotinsky-Reaktion führen.

Eine der ersten Untersuchungen in dieser Richtung führte der Mathematiker Alan Turing in einer Arbeit aus dem Jahre 1952 durch. Bekannt ist Turing wohl vor allem durch sein epochales Werk über die Grundlagen der Mathematik, speziell in bezug auf das Konzept einer Universalrechenmaschine, das in Kapitel 5 bereits kurz erwähnt wurde. Im Kriege war Turing in der britischen Abwehrzentrale in Bletchley Park tätig, wo es ihm gelang, den deutschen »Enigma«-Code zu knacken, ein Erfolg, der auf alliierter Seite viele Menschenleben rettete, zum Bau des ersten richtigen Computers führte und Turing zu einer legendären Gestalt machte. Sein Selbstmord im Jahre 1953 beraubte die Wissenschaft eines ihrer hervorragenden Köpfe.

Bei Turing verband sich die Faszination durch die Grundlagen der Mathematik mit einem lebhaften Interesse an der Biologie, namentlich an dem Auftreten bestimmter Formen bei Pflanzen und Tieren, die an geometrische Muster denken ließen. Auf welchem Weg, so fragte sich Turing, kommen diese Formen zustande?

Als ein einfaches Beispiel für die Art von Prozessen, die dafür verantwortlich sein könnten, betrachtete Turing das, was beispielsweise mit zwei chemischen Substanzen geschehen könnte, die sich in ihrer Produktion gegenseitig fördern oder behindern und außerdem in ihre Umgebung diffundieren können. Turing konnte mathematisch beweisen, daß sich bei bestimmten Werten der Diffusions- und der Reaktionsrate eine Welle der chemischen Konzentration entwickeln könnte. Wenn man annimmt, daß die Konzentration von chemischen Substanzen auf irgendeine Weise das Wachstum auslöst, dann ist es denkbar, daß so etwas wie ein chemischer Rahmen entsteht, der die Lageinformation liefert, die dem Organismus sagt, wo und wie er zu wachsen hat. In diesem Sinne können chemische Strukturen von der Art der Belusow-Zhabotinsky-Reaktion eine Rolle in der biologischen Morphogenese spielen.

Es gehört zu den faszinierenden Aspekten der Arbeit von Prigogine und anderen über dissipative Strukturen, daß eine gemeinsame Sprache entwickelt wird, in der sowohl lebende als auch unbelebte, wirklich ganz gewöhnliche Systeme beschrieben werden können. Begriffe wie Kohärenz, Synchronisation, makroskopische Ordnung, Komplexität, spontane Organisation, Anpassung, Strukturwachstum und so weiter werden traditionell biologischen Systemen vorbehalten, die unbestreitbar »einen eigenen Willen« haben. Dennoch haben wir diese Ausdrücke auf Laser, Flüssigkeiten, chemische Gemische und mechanische Systeme übertragen. Das dritte Stadium der Erforschung der Materie führt uns zu einem neuen Verständnis jenes Phänomens der Natur, in dem sich Selbstorganisation am sichtbarsten manifestiert – des Lebens.

7 Das Leben: seine Natur

Die Erfolge der Molekularbiologie sind so berückend, daß wir den Organismus und seine Physiologie vergessen. Die Jünger Schrödingers, die die Kirche der Molekularbiologie begründeten, haben aus dieser Weisheit das Dogma gemacht, daß das Leben sich selbst reproduziert und seine Irrtümer durch natürliche Auslese korrigiert. Doch Leben ist weit mehr als diese naive Wahrheit, so wie das Universum mehr ist als nur Atome – Großmütter leben und genießen den Schatten italienischer Schwarzpappeln, nicht ahnend, daß sie und die Bäume von diesem Dogma für tot gehalten werden.

James Lovelock[1]

Was ist Leben?

Als der Quantenphysiker Erwin Schrödinger 1944 sein Büchlein *Was ist Leben?* veröffentlichte, kam in dem Titel zum Ausdruck, daß ihm sowohl der Ursprung als auch die Natur des Lebens als ein unergründliches Geheimnis erschienen. Die Tendenz von Schrödingers Denken erwies sich während des bald darauf einsetzenden Aufstiegs der Wissenschaft der Molekularbiologie als ungeheuer einflußreich. Dennoch ist trotz jahrzehntelanger außerordentlicher Fortschritte in der Enthüllung der molekularen Grundlage des Lebens die Frage Schrödingers noch immer unbeantwortet. Biologische Organismen scheinen die Wissenschaftler noch immer in größte Verwirrung zu stürzen.

Wie schwierig es ist, das Leben zu begreifen, wird schon daran deutlich, wie schwer es zu definieren ist. Wenn wir einen biologischen Organismus vor uns haben, erkennen wir ihn in der Regel als einen solchen, und doch bereitet es uns notorische Schwierigkeiten, genau anzugeben, was uns die Gewißheit gibt, daß etwas ein Lebewesen ist. Alle speziellen Eigenschaften lebender Systeme findet man auch bei unbelebten Systemen: Kristalle können sich reproduzieren, Wolken können wachsen usw. Kennzeichen des Lebens ist offenbar eine Konstellation von ungewöhnlichen Eigenschaften.

Zu den wichtigeren Merkmalen von Lebewesen gehören die folgenden:

Komplexität

Lebende Organismen übertreffen, was den Grad der Komplexität betrifft, bei weitem alle sonstigen physikalischen Systeme. Es ist eine hierarchische Komplexität, die von der verwickelten Struktur und Aktivität solcher Makromoleküle wie der Proteine und der Nukleinsäure bis zu der aufs genaueste abgestimmten Komplexität des tierischen Verhaltens reicht. Auf jeder Ebene und in der Verbindung zwischen den Ebenen findet man eine verwirrende Vielfalt von Rückkoppelungsmechanismen und Kontrollen.

Organisation

Biologische Komplexität ist mehr als nur Kompliziertheit. Die Komplexität ist so organisiert und harmonisiert, daß der Organismus als ein integriertes *Ganzes* funktioniert.

Einzigartigkeit

Jeder lebende Organismus ist einzigartig, in seiner Form wie in seiner Entwicklung. Anders als in der Physik, wo gewöhnlich *Klassen* von identischen Objekten erforscht werden (z. B. Elektronen), sind Organismen als Individuen zu betrachten. Mehr noch: Auch Kollektive von Organismen sind einzigartig, Arten sind einzigartig, die Evolutionsgeschichte der Erde ist einzigartig, ja, die gesamte Biosphäre ist einzigartig. Andererseits erkennen wir eine Katze als Katze, eine Zelle als Zelle usw. Es gibt bestimmte Regelmäßigkeiten und Unterscheidungsmerkmale, die es uns gestatten, Organismen zu Klassen zusammenzufassen. Lebewesen scheinen in einem ganz genauen Sinn sowohl etwas Besonderes als auch etwas Allgemeines zu sein.

Emergenz

Biologische Organismen belegen generell den Spruch, daß »das Ganze mehr ist als die Summe seiner Teile«. In der Biologie treten auf jeder neuen Stufe der Komplexität neue und unerwartete Eigenschaften auf, Eigenschaften, die sich offensichtlich nicht auf die Merkmale der Bestandteile zurückführen lassen.

Holismus

Ein lebender Organismus setzt sich aus einer Vielzahl von Bestandteilen zusammen, die in Struktur und Funktion zum Teil stark voneinander abweichen (z. B. die Augen, das Haar, die Leber). Dennoch sind die Bestandteile so angeordnet, verhalten sie sich so kohärent und kooperativ, als folgten sie einem zwischen ihnen abgesprochenen Plan. Dies verleiht dem Organismus eine eigene Identität, macht einen Wurm zu einem Wurm, einen Hund zu einem Hund usw.

Unvorhersagbarkeit

Obwohl viele biologische Prozesse weitgehend automatisch und mechanisch ablaufen, können wir den künftigen Zustand eines biologischen Systems nicht im einzelnen vorhersagen. Organismen, speziell höhere Organismen, scheinen diesen sonderbaren »eigenen Willen« zu besitzen. Mehr noch: Die Biosphäre insgesamt ist nicht vorhersagbar, da die Evolution neue und unerwartete Organismen hervorbringt. Kühe, Ameisen und Geranien waren keineswegs unausweichliche Produkte der Evolution.

Offenheit, wechselseitige Abhängigkeit und Ungleichgewicht

Kein Lebewesen existiert für sich allein. Alle Organismen sind eng an ihre unbeseelte Umwelt gebunden; sie brauchen eine ständige Zufuhr von Materie und Energie und die Möglichkeit, Entropie exportieren zu können. Aus physikalischer und chemischer Sicht sind daher alle Organismen weit von einem Gleichgewicht mit ihrer Umwelt entfernt. Das Leben auf der Erde ist darüber hinaus ein verwickeltes Netz von Organismen, die gegenseitig voneinander abhängen, ein Netz, das in einem Zustand des dynamischen Gleichgewichts gehalten wird. Der Begriff »Leben« bekommt erst im Hinblick auf die gesamte Biosphäre seinen vollen Sinn.

Evolution

Das Leben, wie wir es kennen, würde überhaupt nicht existieren, wenn es nicht die Fähigkeit besessen hätte, sich aus einfachen Anfängen bis zu seiner heutigen Komplexität zu entwickeln. Auch hier beobachten wir wieder einen eindeutigen Fortschritt, einen *Pfeil der Zeit.* Die Evolutionsfähigkeit des Lebens, seine Fähigkeit, sich an eine veränderte Umwelt anzupassen und immer kompliziertere Strukturen und Funktionen zu entwickeln, beruht darauf, daß es genetische Informationen an die Nachkommenschaft weitergeben kann (Fortpflanzung) und daß diese Information sprunghafte Änderungen erfahren kann (Mutation).

Teleologie (oder Teleonomie)

Wie Aristoteles bemerkte, entwickeln und verhalten sich Organismen auf eine geordnete und zweckmäßige Weise, so als würden sie nach einem vorherbestimmten Plan auf ein Endziel hingelenkt. Der Physiologe Claude Bernard drückte das im 19. Jahrhundert so aus:

Von jedem Wesen und jedem Organ gibt es, wenn ich so sagen darf, einen prästabilierten Plan dergestalt, daß jedes Phänomen, für sich genommen, von den

137

allgemeinen Naturkräften abhängig ist, aber wenn man es im Zusammenhang mit den anderen sieht, hat es den Anschein, als würde es auf dem Weg, den es einschlägt, von einem unsichtbaren Führer zu der Stelle geführt, die es einnimmt.[2]

In jüngerer Zeit hat sich der Biologe Jacques Monod, Nobelpreisträger und Direktor des Institut Pasteur, trotz seines entschieden reduktionistischen Standpunkts ähnlich geäußert:

(Es ist) eine der grundlegenden Eigenschaften (...), die ausnahmslos alle Lebewesen kennzeichnen: *Objekte* zu sein, die *mit einem Plan ausgestattet* sind, den sie gleichzeitig in ihrer Struktur darstellen und durch ihre Leistungen ausführen... Statt, wie es einige Biologen versucht haben, diese Erkenntnis zu bestreiten, ist es im Gegenteil vielmehr notwendig, sie als für die Definition der Lebewesen wesentlich anzuerkennen. Wir sagen, daß diese sich von allen anderen Strukturen aller im Universum vorhandenen Systeme durch die Eigenschaft unterscheiden, die wir *Teleonomie* nennen.[3]

Lebende Organismen sind das überragende Beispiel aktiver Materie. Sie stellen die höchstentwickelte Form von organisierter Materie und Energie dar, die wir kennen. Bei ihnen finden wir alle Merkmale – Wachstum, Anpassung, wachsende Komplexität, Entfaltung der Form, Vielfalt, Nichtvorhersagbarkeit –, die wir in den vorangegangenen Kapiteln erörtert haben. Diese Eigenschaften sind bei lebenden Organismen so augenfällig, daß man sich kaum darüber wundern kann, daß die schlichte Frage »Was ist Leben?« enorme Kontroversen ausgelöst und Antworten gefunden hat, die die Grundlagen der Wissenschaft in Frage stellen.

Der Vitalismus

Das Verwirrendste an biologischen Organismen ist wohl ihre *teleologische* (oder, wie man heute lieber sagt, teleonomische) Qualität. Wie in Kapitel 1 erwähnt wurde, brachte Aristoteles die Idee auf, daß Endursachen die Aktivität von Organismen auf ein Ziel hin orientieren. Naturwissenschaftlern sind Endursachen zwar ein Greuel, doch haftet den biologischen Systemen unbestreitbar etwas Teleologisches an. Das stellt den Wissenschaftler vor ein beunruhigendes Dilemma. So quält sich Monod beispielsweise:

> Die Objektivität selbst zwingt uns aber, den teleonomischen Charakter der Lebewesen anzuerkennen und zuzugeben, daß sie in ihren Strukturen und Leistungen ein Projekt verwirklichen und verfolgen. Hier ist also, zumindest scheinbar, ein tiefer erkenntnistheoretischer Widerspruch.[4]

Die geheimnisvollen Eigenschaften von lebenden Organismen springen dermaßen in die Augen, daß man aus ihnen vielfach den Schluß abgeleitet hat, lebende Systeme stellten eine Klasse für sich dar, eine *derart* eigentümliche Form von Materie und Energie, daß sie über den Gesetzen steht, denen gewöhnliche Materie und Energie unterworfen sind.

Die Auffassung, daß das Leben mit den normalen physikalischen Gesetzen nicht erklärt werden könne und folglich so etwas wie eine »Extrazutat« erfordere, bezeichnet man als Vitalismus. Vitalisten behaupten, es gebe eine »Lebenskraft« oder einen *»élan vital«*, der die biologischen Systeme erfüllt und ihre außergewöhnlichen Möglichkeiten und Fähigkeiten erklärt.

Zu Beginn dieses Jahrhunderts wurde der Vitalismus sehr ausführlich von dem Embryologen Hans Driesch entwickelt, der einige der alten animistischen Vorstellungen des Aristoteles wiederaufleben ließ. Driesch behauptete, in der lebenden Materie sei ein Kausalfaktor wirksam, die *Entelechie,* nach dem griechischen *telos,* aus dem sich das Wort »Teleologie« herleitet. Die Entelechie-Vorstellung besagt, daß die vollkommene und vollständige Idee des Organismus vor diesem existiert. Das ist so zu verstehen, daß Systeme mit Entelechie zielgerichtet sind, daß sie, anders gesagt, einen Entwurf oder Aktionsplan in sich tragen. Die Entelechie tritt als eine Art organisierende Kraft auf, die dafür sorgt, daß die pyhsikalischen und chemischen Prozesse in einem Organismus im Einklang mit diesem Ziel ablaufen. So wird zum Beispiel die Entwicklung eines Embryos aus einem Ei von der Entelechie gelenkt, die irgendwie den

Bauplan für das fertige Individuum enthält. Driesch hoffte, die Entelechie würde darüber hinaus höhere Formen biologischer Aktivität wie das Verhalten und das zielgerichtete Handeln erklären.

Zu der Zeit, als Drieschs Werk erschien, war die Physik entschieden deterministisch orientiert, und seine Vorstellungen über die Entelechie stießen frontal mit den Gesetzen der Mechanik zusammen. Die Entelechie soll die Moleküle eines lebenden Systems irgendwie veranlassen, sich in den Gesamtplan einzufügen, wozu sie der Hypothese zufolge von sich aus nicht imstande sind. Das heißt letztlich, daß ein Molekül, das von sich aus an die Stelle A gewandert ist, von der Entelechie veranlaßt wird, an die Stelle B zu wandern. Die Frage ist dann, welcher Art die zusätzliche Kraft ist, die auf das Molekül einwirkt, und woher die Energie stammt, die dadurch dem Molekül mitgeteilt wird. Die Frage war – um es ernsthafter auszudrücken –, wie eine Bauplaninformation, die an keinem Ort im Raum gespeichert ist, es dennoch fertigbringt, an einem Punkt im Raum eine Kraft wirken zu lassen.

Driesch versuchte, diese molekulare Wirkung mit der Behauptung zu erklären, die Entelechie könne mikrophysikalische Prozesse zeitweilig unterbrechen und dadurch die *zeitliche Abstimmung* von Vorgängen im allerkleinsten Maßstab beeinflussen. Viele solcher winzigen Unterbrechungen würden dann zusammengenommen die erforderlichen globalen Veränderungen bewirken.

Trotz der unwiderstehlichen Einfachheit der vitalistischen Vorstellungen galt die Lehre immer als verworren und anrüchig. Heute findet sie keinerlei Beachtung mehr.

Der Mechanismus

In völligem Gegensatz zum Vitalismus steht die *mechanistische* Theorie des Lebens. Ihr zufolge sind lebende Organismen komplexe Maschinen, die nach den bekannten Gesetzen der Physik funktionieren, unter der Einwirkung gewöhnlicher physikalischer Kräfte.

Unterschiede zwischen belebter und unbelebter Materie sind allein dem unterschiedlichen Komplexitätsgrad zuzuschreiben. Die Bausteine der »organischen Maschinen« sind biochemische Moleküle (und damit letztlich die Atome, aus denen diese sich zusammensetzen), und das Leben sucht man sich dadurch zu erklären, daß man die Funktionen der lebenden Organismen auf die der die konstituierenden molekularen Bestandteile reduziert.

Die Biologen sind heute fast ausnahmslos Mechanisten, und mit Hilfe des mechanistischen Paradigmas ist man im Verständnis der Natur des Lebens beträchtlich vorangekommen. Das ist vor allem den eindrucksvollen Fortschritten in der Aufklärung der molekularen Grundlage des Lebens zu danken, etwa der Enthüllung der Form vieler biochemischer Moleküle und dem »Knacken des genetischen Codes«. Dadurch wurde die Auffassung bestärkt, daß alle biologischen Vorgänge mit der zugrundeliegenden molekularen Struktur und folglich mit den Gesetzen der Physik erklärt werden können. Es wird gesagt, die Biologie sei nur ein Zweig der Chemie, die ihrerseits nur ein Zweig der Physik sei.

Die mechanistische Theorie des Lebens macht vom Maschinenjargon freizügig Gebrauch. Lebende Zellen werden als »Fabriken« bezeichnet, die letztlich von DNA-Molekülen »gesteuert« werden; diese organisieren die »Montage« von molekularen Grund»einheiten« zu größeren Strukturen nach einem »Programm«, das verschlüsselt in der molekularen Apparatur steckt. Man redet viel von »Schablonen« und »Schalten« und »Fehlerkorrektur«. Die grundlegenden Lebensvorgänge sieht man in einer ausschließlich auf der molekularen Ebene stattfindenden Aktivität, einer Art von mikroskopischem Legospiel.

Das irdische Leben sieht man als ein geschickt eingefädeltes Gemeinschaftsunternehmen von zwei verschiedenen Klassen von sehr großen Molekülen: den Nukleinsäuren und den Proteinen. Die Nukleinsäuren sind gewöhnlich unter ihren Abkürzungen RNA und DNA bekannt. Bei den meisten Organismen enthält die DNA die Erbinformationen. Darin erschöpft sich auch fast die Funktion der DNA-Moleküle, die Millionen von Atomen enthalten können,

welche exakt nach dem Muster einer Doppelhelix umeinander-
geschlungen sind. Sie sind das »Zentralarchiv«, in dem sich die Bau-
pläne für die Replikation befinden. Francis Crick, einer der Entdek-
ker der geometrischen Form der DNA, benutzt einen bildhafteren
Ausdruck: Die DNA-Moleküle sind, wie er sagt, die »dummen
Blondinen« der Molekularbiologie – sehr geeignet zur Fortpflanzung, aber sonst zu nichts nutze.

Den größten Teil der Arbeit auf der molekularen Ebene leisten
die Proteine, aus denen sich weitgehend die Struktur des Organismus zusammensetzt und die auch den wesentlichen Teil der Aufgaben im Haushalt erledigen. Proteine, die Tausende von Atomen
enthalten können, werden aus kleineren Einheiten, den Aminosäuren, zu langen Ketten zusammengefügt, an denen vielfältige Sei-
tenketten hängen. Das ganze Gebilde muß sich dann zu einer verwickelten, ganz spezifischen dreidimensionalen Struktur falten, bevor es richtig funktionieren kann. Ein charakteristisches Merkmal
der Proteine ist, daß sie alle aus genau dem gleichen Satz von Aminosäuren bestehen, zwanzig an der Zahl. Ob in einem Bären, einer
Begonie oder einem Bakterium – überall werden die gleichen zwanzig Aminosäuren benutzt.

Die Struktur der DNA basiert ebenfalls auf langen Ketten von
ähnlichen Einheiten, an denen Seitengruppen hängen. Das Rück-
grat des Moleküls bildet eine Sequenz, in der sich Phosphat- und
Zuckermoleküle abwechseln, und an den Zuckern hängen genau
vier verschiedene Arten von Seitengruppen, sogenannte Basen.
Diese vier Basen sind die Buchstaben des »genetischen Codes«, und
man kennt sie unter ihrer Abkürzung: A, G, T und C. Die Basen
sind nach Größe und Form so beschaffen, daß A genau mit T und G
genau mit C zusammenpaßt. Ein DNA-Molekül besteht normalerweise aus zwei solchen Ketten, die an jeder »Sprosse« durch komplementäre Basenpaare zusammenhängen, und das ganze Gebilde
ist schraubenförmig zusammengerollt zu der berühmten Doppelhelix. Diese Anordnung zeichnet sich dadurch aus, daß die molekularen Bindungen innerhalb der jeweiligen Kette ziemlich stabil sind,
während die Querverbindungen zwischen den Ketten recht schwach

sind. So kann das Kettenpaar wie ein Reißverschluß aufgemacht werden, ohne daß die entscheidende Sequenz der Basen A, G, T und C auf beiden Ketten zerstört wird. Darauf beruht vor allem die Fähigkeit des Systems, sich zu verdoppeln, ohne daß Fehler hineingeraten.

Das Kooperationsverhältnis zwischen der DNA und den Proteinen macht einen Mechanismus erforderlich, der den Vier-Buchstaben-Code der DNA in den Zwanzig-Buchstaben-Code der Proteine übersetzt. Das Wörterbuch für diese Übersetzung wurde in den sechziger Jahren entdeckt. Die Basensequenz wird von der DNA in Einheiten von jeweils drei Basen abgelesen, und jedes Triplett entspricht einer bestimmten Aminosäure. Der Zusammenbau der Proteine anhand der Information, die auf der DNA gespeichert ist, ist ein komplizierter Vorgang. Abschnitte der Basensequenzen der DNA werden auf einzelne Stränge des verwandten RNA-Moleküls kopiert, das als Bote fungiert. Die Instruktionen zum Bau der Proteine werden von dieser Boten-RNA an Proteinfabriken weitergegeben, die sogenannten Ribosomen – sehr komplexe Moleküle, die sich noch einer weiteren Art von Nukleinsäuren bedienen, der tRNA.

Das Umschreiben der Instruktion für die Proteinmontage, ihre Übersetzung aus der Vier-Buchstaben-Sprache der Nukleinsäuren in die Zwanzig-Buchstaben-Sprache der Proteine und schließlich die Synthese der Proteine aus Bausteinen, die in Gestalt von Aminosäuren vorliegen, erinnert stark an eine computergesteuerte Fertigungsstraße für Automobile.

Das komplexe Zusammenspiel der einzelnen Schritte setzt ein hohes Maß an Rückkoppelung voraus. Es würde überhaupt nicht funktionieren, wenn die Proteine nicht die entscheidende Eigenschaft besäßen, daß sie als Enzyme, als chemische Katalysatoren, wirken können, die die erforderlichen chemischen Veränderungen dadurch vorantreiben, daß sie molekulare Bindungen aufbrechen oder auch verstärken. Die Enzyme ähneln eher den Fließbandarbeitern (oder den computergesteuerten Robotern), die in die komplexe Apparatur hineingreifen, um an einer bestimmten Stelle ein Loch zu bohren oder ein Verbindungsstück anzuschweißen.

Kann man das Leben auf die Physik reduzieren?

Es dürfte klargeworden sein, daß die mikroskopischen Bestandteile eines Organismus aus einer Vielzahl von Molekülen bestehen, die offenbar blindlings den gerade auf sie einwirkenden physikalischen Kräften unterworfen sind, aber dennoch irgendwie kooperieren und ihr individuelles Verhalten in eine kohärente Ordnung einfügen. Dank der phantastischen Fortschritte der Molekularbiologie können wir jetzt genau den Zusammenprall der Vorstellungen beobachten, die schon im Altertum den Konflikt zwischen dem Atomismus des Demokrit und der holistischen Teleologie des Aristoteles bestimmten. Wie können einzelne Atome, die sich ganz im Einklang mit den Kausalgesetzen der Physik verhalten und nur auf *lokale* Kräfte reagieren, die zufällig von benachbarten Atomen ausgehen, es dennoch bewerkstelligen, kollektiv zu agieren und sich über Reichweiten, die über die intermolekularen Abstände weit hinausgehen, auf eine zweckmäßige, organisierte und kooperative Weise zu verhalten? Dies ist Monods tiefer erkenntnistheoretischer Widerspruch, von dem oben die Rede war.

Trotz der entschieden mechanistischen Tendenzen der heutigen Biologie muß ein solcher Widerspruch irgendwann auftauchen, wenn man versucht, alle biologischen Erscheinungen auf die Physik der Moleküle zu reduzieren. So schreibt der Genetiker Giuseppe Montalenti:

Die strukturelle und funktionale Komplexität der Organismen und besonders der Finalismus der biologischen Phänomene waren die unüberwindliche Schwierigkeit, die unauflösliche Aporie, die verhindert haben, daß eine mechanistische Interpretation des Lebens Anerkennung fand. Dies ist der Hauptgrund, warum im Wettbewerb zwischen der aristotelischen und der demokritischen Interpretation die erstere von Anfang an und bis in unsere Tage die Gewinnerin war.
Alle Bemühungen, eine mechanistische Interpretation durchzusetzen, scheiterten an den folgenden Tatsachen: (a) dem Unvermögen der physikalischen Gesetze, den biologischen Finalismus zu erklären; (b) der Plumpheit der physikali-

schen Begriffe für so subtile und komplexe Phänomene wie die biologischen; (c) der Unfähigkeit des »Reduktionismus«, einzusehen, daß bei biologischen Systemen auf jeder Integrationsstufe neue Qualitäten entstehen, die nach neuen Erklärungen verlangen, welche in der Physik unbekannt (und unnötig) sind.[5]

In der Auseinandersetzung zwischen den Verfechtern eines biologischen Reduktionismus und ihren Gegnern redet man jedoch oft aneinander vorbei. Die reduktionistischen Biologen vertreten die Ansicht, wenn die in einem biologischen Organismus wirkenden grundlegenden physikalischen Mechanismen aufgeklärt seien, habe man das Leben erklärt – es sei »nichts anderes als« die Prozesse der normalen Physik. Nach ihrer Behauptung ist das Leben im Grunde schon auf die gewöhnliche Physik und Chemie reduziert worden, da man bisher an keinem Bestandteil eines lebenden Organismus irgendeinen Hinweis gefunden habe, daß spezielle Kräfte am Werk sind. Belebte wie unbelebte Materie erfahre genau die gleiche Art von Kräften, viele Lebensvorgänge ließen sich im Reagenzglas nachahmen, und wenn es noch Wissenslücken gebe, so liege das nur an technischen Beschränkungen. Mit der Zeit werde man die Funktionsweise der Organismen im Rahmen des grundlegenden mechanistischen Paradigmas immer genauer verstehen.

Hier ist der Hinweis angebracht, daß es für die Behauptung, die belebte und die unbelebte Materie sei den gleichen physikalischen Kräften unterworfen, nicht den geringsten praktischen Beleg gibt. Was der Biologe sagen will, ist, daß er keinen Grund für die Annahme sieht, das von ihm erforschte molekulare Geschehen könnte mit dem Wirken der normalen physikalischen Kräfte nicht im Einklang stehen; sollte jemand näher auf die Sache eingehen wollen, so würde der Biologe nicht damit rechnen, daß ein Widerspruch zur gewöhnlichen Physik und Chemie auftaucht.

Räumen wir gleichwohl ein, daß der Biologe in diesem Punkt recht haben könnte. Trotzdem steht noch längst nicht fest, daß das Leben durch die Physik »erklärt« worden ist. Man hat es vielmehr einfach »wegdefiniert«. Wenn nämlich belebte und unbelebte Materie in ihrem Verhalten unter den Gesetzen der Physik nicht voneinander zu unterscheiden sind, wo liegt dann der entscheidende Unterschied zwischen lebenden und nichtlebenden Systemen? Der Physiker Howard Pattee, der sich seit langem mit der Natur des Lebens beschäftigt, hat diesen Punkt betont: »Die physikalische Ähnlichkeit zwischen lebender und nichtlebender Materie bereitet uns nicht soviel Kopfzerbrechen wie die beobachtbaren Unterschiede.«[6] Wer die letzteren wegargumentiere, »hat überhaupt nicht verstanden, worum es geht.«

Das Geheimnis des Lebens liegt demnach nicht so sehr in der Natur der Kräfte, die auf die einzelnen Moleküle eines Organismus einwirken, sondern darin, wie das ganze Gebilde kohärent und kooperativ zusammenwirkt. Die Biologie wird erst dann mit der Physik auf einen gemeinsamen Nenner kommen, wenn man eingesehen hat, daß in der hierarchischen Organisation der Materie auf jeder neuen Stufe neue Qualitäten entstehen, die auf der atomaren Ebene einfach keine Rolle spielen.

Wissenschaftler kommen immer mehr zu der Einsicht, daß ein solcher Reduktionismus in der Physik keine Grundlage mehr hat. In Kapitel 4 wurde erläutert, daß nichtlineare Systeme manchmal ein chaotisches, unvorhersagbares Verhalten zeigen, daß sich nicht auf die Aktivität von Subsystemen zurückführen läßt. In einer neueren Ausgabe des *Scientific American* hat eine Gruppe von Physikern über das Chaos geschrieben:

Das Chaos bringt für die reduktionistische Ansicht, ein System könne verstanden werden, wenn man es zerlegt und seine einzelnen Teile studiert, eine neue Herausforderung mit sich. Daß diese Ansicht in der Wissenschaft vorherrscht, liegt auch daran, daß es so viele Systeme gibt, bei denen das Verhalten des Ganzen tatsächlich die Summe seiner Teile ist. Das Chaos beweist jedoch, daß ein System ein kompliziertes Verhalten haben kann, welches aus der einfachen, nichtlinearen Wechselwirkung von einigen wenigen Bestandteilen resultiert. Das Problem wird in einer ganzen Reihe von wissenschaftlichen Disziplinen akut, von der Beschreibung der mikroskopischen Physik bis hin zur Darstellung des makroskopischen Verhaltens biologischer Organismen... Es ist zum Beispiel so, daß man selbst dann, wenn man eine vollständige Karte des Nervensystems eines einfachen Organismus hat, das Verhalten dieses Organismus nicht daraus ableiten kann. Insofern ist die Hoffnung unbegründet, mit einem immer genaueren Verständnis der fundamentalen physikalischen Kräfte und Bausteine könne die Physik vollständig werden. Die Wechselwirkung der Bestandteile auf einer höheren Ebene kann auf einer höheren Ebene ein komplexes Gesamtverhalten nach sich ziehen, das sich im allgemeinen nicht aus der Kenntnis der einzelnen Bestandteile ableiten läßt.[7]

Morphogenese: Das Rätsel der Strukturentstehung

Wohl das schwierigste unter den vielen wissenschaftlichen Rätseln, die von lebenden Organismen aufgeworfen werden, ist die Entstehung der Form. Das Problem lautet, vereinfacht gesagt, so: Wie wird ein ungeordneter Haufen von Molekülen zu einem kohärenten Ganzen, das einen lebenden Organismus darstellt, bei dem alles an seinem richtigen Platz ist? Die Entstehung biologischer Formen, die man als Morphogenese bezeichnet, ist trotz jahrzehntelanger Forschung noch immer von Rätseln umgeben.

Am eindrucksvollsten ist dieses Rätsel, wenn der Embryo sich wie durch ein Wunder aus einer einzelnen befruchteten Eizelle zu einem mehr oder weniger unabhängigen Lebewesen von phantastischer Komplexität entwickelt, bei dem viele Zellen sich spezialisiert haben und zu Bestandteilen von Nerven, Leber, Knochen usw. geworden sind. Dieser Prozeß wird mit einer erstaunlichen Detailgenauigkeit und einem Höchstmaß an räumlicher und zeitlicher Exaktheit kontrolliert.

Wenn man die Entwicklung des Embryos untersucht, kann man sich nur schwer des Eindrucks erwehren, daß es irgendwo einen Bauplan oder eine Montageanleitung mit den notwendigen Instruktionen gibt, dank derer die fertige Form erreicht wird. Das Wachstum des Organismus wird über einen bislang noch nicht verstandenen Mechanismus gezwungen, sich genau an diesen Plan zu halten. Hier ist eindeutig ein Stück Teleologie am Werk. Es hat den Anschein, als würde der wachsende Organismus von einer Art globaler Kontrollinstanz auf seinen Endzustand hingelenkt. Wegen dieses

Eindrucks einer schicksalhaften Bestimmung haben Biologen in bezug auf die scheinbar planvolle Entfaltung des sich entwickelnden Embryos von einer *fate map*, einem Schicksalsplan, gesprochen.

Was die Morphogenese noch bemerkenswerter macht, ist ihre Robustheit. Bei gewissen Arten kann man den sich entwickelnden Embryo im Frühstadium verstümmeln, ohne daß das Endprodukt dadurch beeinträchtigt würde. Die Fähigkeit der Embryonen, ihren Wachstumsplan umzustellen, um diese Verstümmelung auszugleichen, bezeichnet man als *Regenerationsfähigkeit*. Die Regenerationsfähigkeit ermöglicht es, daß Zellen, die entfernt wurden, durch neue ersetzt werden, es können aber auch Zellen, die umgelagert wurden, den Weg zu ihrer »richtigen« Stelle zurückfinden. Experimente dieser Art veranlaßten Driesch, jeden Versuch einer mechanistischen Erklärung als hoffnungslos zu verwerfen und sich statt dessen für die vitalistische Theorie zu entscheiden.

In vielen Fällen ist eine Verstümmelung des sich entwickelnden Organismus nach einem bestimmten Stadium der Zellspezialisierung irreversibel, doch gibt es auch Organismen, die noch im ausgewachsenen Stadium Schädigungen reparieren können. Wenn man zum Beispiel Plattwürmer zerkleinert, entwickeln sich daraus mehrere vollständige Würmer. Salamander können, wenn man ihnen eine Gliedmaße abtrennt, eine neue, vollständige Gliedmaße ausbilden. Am sonderbarsten ist der Fall des Süßwasserpolypen Hydra, eines einfachen Lebewesens, das aus einem Rumpf besteht, der von einem Tentakelkranz gekrönt wird. Wenn man eine vollentwickelte Hydra zerhackt und sich selbst überläßt, fügt sie sich selbst wieder zu einem vollständigen Tier zusammen!

Falls es einen Bauplan gibt, muß er irgendwo gespeichert sein, und es liegt nahe, ihn in der DNA der befruchteten Eizelle zu vermuten, in der, wie man weiß, die Erbinformation enthalten ist. Das würde bedeuten, daß der »Plan« in molekularer Gestalt vorliegt. Die Frage wäre dann, wie von der molekularen Ebene aus die räumliche Ordnung eines mehrere Zentimeter großen Gebildes organisiert werden kann. Nehmen wir zum Beispiel das Phänomen der Zelldifferenzierung. Bestimmte Zellen werden zu Blutzellen, andere zu Bestandteilen des Darms, des Rückgrats usw., aber woher »wissen« die Zellen, was aus ihnen werden soll? Weiter gibt es das Problem der räumlichen Positionierung. Woher weiß eine bestimmte Zelle, wo ihr Platz in bezug auf die anderen Teile des Organismus ist, so daß sie sich in die entsprechende Zellart des ausgewachsenen Organismus »verwandeln« kann?

Eine damit zusammenhängende Schwierigkeit besteht in der Tatsache, daß die einzelnen Teile des Organismus sich zwar unterschiedlich entwickeln, aber alle dieselbe DNA enthalten. Wenn jedes DNA-Molekül den gleichen Gesamtplan für den ganzen Organismus enthält, wie kommt es dann, daß verschiedene Zellen unterschiedliche Teile dieses Plans verwirklichen? Gibt es vielleicht einen »Metaplan«, der jeder Zelle sagt, welchen Teil des Plans sie zu verwirklichen hat? Und wenn ja, wo hat dieser Metaplan seinen Sitz? In der DNA? Aber wenn das stimmt, gerät man unweigerlich in einen unendlichen Regreß.

Um diese Fragen zu beantworten, konzentrieren die Biologen ihre Forschungen gegenwärtig auf die »Genschaltung«, die Regulation der Genaktivität. Man geht davon aus, daß bestimmte Gene auf dem DNA-Strang für bestimmte Entwicklungsaufgaben verantwortlich sind. Die Gene, normalerweise inaktiv, werden im geeigneten Moment »angeschaltet«, um ihre steuernden Funktionen aufzunehmen. Es ist daher von größter Bedeutung, daß sie in der richtigen Reihenfolge angeschaltet werden. Wenn dabei etwas schiefgeht, kann der Organismus zu einer Mißgeburt werden, bei der anatomische Merkmale an der falschen Stelle auftreten. Viele solcher Mißbildungen haben sich bei Experimenten mit Fruchtfliegen ergeben. Man ist bei diesen Untersuchungen auf eine Klasse von Regulatorgenen gestoßen, die es, als Homöobox bezeichnet, auch bei anderen Organismen, einschließlich des Menschen, zu geben scheint. Ihre Allgegenwärtigkeit läßt vermuten, daß sie bei der Steuerung anderer Gene, welche die Zelldifferenzierung regulieren, eine entscheidende Rolle spielt.

Nun sind dies gewiß interessante Erkenntnisse, doch betreffen sie nur den *Mechanismus* der Morphogenese. Auf das tiefere Geheimnis, wie dieser Mechanismus dazu gebracht wird, sich einem Gesamtplan unterzuordnen, geben sie keine Antwort. Die eigentliche Herausforderung liegt in der Frage, wie *lokale* Wechselwirkungen eine *globale* Steuerungsfunktion ausüben können. Es ist nicht ersichtlich, wie man dafür jemals eine mechanistische Erklärung auf der molekularen Ebene finden kann.

Hilft uns die Untersuchung anderer Beispiele von Formentstehung in der Natur vielleicht weiter?

Wir haben in den vorangegangenen Abschnitten gesehen, daß viele physikalische und chemische Systeme, bei denen es um lokale Wechselwirkungen geht, gleichwohl eine spontane Selbstorganisation aufweisen und neue, komplexere Formen und Aktivitätsmuster hervorbringen können. Es ist verlockend anzunehmen, daß Prozesse dieser Art die Grundlage der biologischen Morphogenese sind. Zumindest kann man ganz allgemein sagen, daß nichtlineare Rückkoppelungssysteme, die auf ihre Umgebung hin offen sind, dann, wenn sie sich vom Gleichgewicht entfernen, instabil werden und spontan in Zustände übergehen, die eine Fernordnung, d. h. eine globale Organisation, aufweisen.

Was die Entwicklung des Embryos betrifft, so bilden die Zellen anfangs eine homogene Masse, doch diese räumliche Symmetrie wird im Laufe der Entwicklung wieder und wieder gebrochen, so daß eine unglaublich komplizierte Struktur entsteht. Man kann sich vorstellen, daß jede einzelne Symmetriebrechung ein *Verzweigungsvorgang* ist, dem eine chemische Instabilität zugrunde liegt, wie wir sie in Kapitel 6 erörtert haben. Der französische Mathematiker René Thom hat diesen Ansatz mit Hilfe seiner berühmten Katastrophentheorie sehr weit vorangetrieben. (Die Katastrophentheorie ist ein Teilgebiet der Topologie, die sich mit unstetigen Veränderungen bei Naturphänomenen befaßt und diese in bestimmte Klassen einteilt.)

Ein Vergleich zwischen der biologischen Morphogenese und dem Strukturwachstum in einfachen chemischen Systemen wirft jedoch ein grundsätzliches Problem auf. Im Falle von Konvektionszellen zum Beispiel ist die globale Organisation von fundamental anderer

Natur als in der Biologie, weil sie spontan ist. Sie tritt auf, obwohl es *keinen* »Gesamtplan«, keinen »Schicksalsplan« für solche Systeme gibt. Die Konvektionszellen entstehen nicht nach einem Bauplan, der verschlüsselt in den Flüssigkeitsmolekülen enthalten wäre. Welche Form die Konvektionsinstabilität im einzelnen annimmt, läßt sich ja wirklich nicht vorhersagen oder steuern. Wenn es eine Steuerung gäbe, müßte sie außerdem *durch die Manipulation der Randbedingungen* erfolgen, sie wäre also unweigerlich *globaler und holistischer* Natur.

Der biologische Organismus zeichnet sich dagegen wesentlich durch die Tatsache aus, daß seine Fernordnung alles andere als spontan und unvorhersagbar ist. Mit gegebener Struktur der DNA ist seine definitive Gestalt sehr weitgehend determiniert. Und während ein Phänomen wie die Konvektionsinstabilität überaus anfällig ist für zufällige mikroskopische Schwankungen, ist die biologische Morphogenese, wie wir gesehen haben, erstaunlich robust.

Der mikroskopische eindimensionale Strang der Erbinformation muß irgendwie sowohl räumlich als auch zeitlich einen koordinierenden Einfluß auf das *kollektive* Verhalten von Milliarden von Zellen ausüben, die, gemessen an seiner Größe, ein enormes Gebiet im dreidimensionalen Raum einnehmen. Für den *Mechanismus* der Morphogenese spielen physikalische Vorgänge wie die Verzweigungsinstabilitäten, dank derer physikalische Strukturen auf einen Schlag weitgehend ihre Form verändern können, ganz sicher eine Rolle. Sie lassen aber die Frage offen, wie es möglich ist, daß eine (lokale) Anordnung mikroskopischer Teilchen solche Veränderungen steuert, besonders wenn es dabei um eine *nichtlokale* Beeinflussung der Randbedingungen geht. Das »Wunder« der Morphogenese verbirgt sich in der Beziehung zwischen der *lokal* gespeicherten Information und dem *globalen, holistischen* Eingriff, der erforderlich ist, um die entsprechenden Strukturen hervorzubringen.

Angesichts dieser Schwierigkeiten haben einige Biologen Zweifel, ob die herkömmliche mechanistische und reduktionistische Betrachtungsweise mit ihrer aus der Physik entlehnten Teilchenvorstellung jemals Erfolg haben kann. Für die Physiker sind die Teilchen, wie schon erwähnt wurde, ohnehin nicht das primäre Objekt. Ihre Rolle haben Felder übernommen. In der Biologie hat die Feldvorstellung bislang kaum einen Einfluß gehabt. Gleichwohl wird ernsthaft erwogen, daß bei der Morphogenese irgendwelche Felder wirksam sein könnten. Man hat solche »morphologischen Felder« teils als Felder der chemischen Konzentration, als elektrische Felder, ja, sogar als Felder einer in der heutigen Physik unbekannten Art aufgefaßt.

Die Wirkung von Feldern könnte an der Entstehung biologischer Formen beteiligt sein, denn Felder besitzen, anders als Teilchen, eine Ausdehnung. Sie sind demnach eher geeignet, weitreichende oder umfassende Erscheinungen zu erklären. Die zentrale Frage bleibt aber immer noch offen, wie denn die Erbinformation, die den Gesamtplan enthält und die vermutlich in Teilchenform in der DNA vorliegt, sich selbst den Feldern mitteilt und ihnen die erforderliche Struktur aufzuzwingen vermag. In der Physik werden Feldstrukturen über die Randbedingungen, d. h. durch einen globalen, holistischen Eingriff beeinflußt.

Mit der Feldvorstellung in der Morphogenese gibt es ein weiteres Problem. Jede Zelle eines Organismus enthält ja die gleiche DNA, und es ist kaum einzusehen, warum die Kopplung zwischen dem Feld und dem einzelnen DNA-Molekül von einer Zelle zur anderen verschieden sein soll – was sie ja sein muß, wenn die Zellen sich verschieden entwickeln sollen. Wenn etwa behauptet wird, daß die Felder den DNA-Molekülen sagen, wo sie sich innerhalb der Struktur befinden, und die DNA-Moleküle den Feldern sagen, welche Struktur sie anzunehmen haben, so ist damit gar nichts erklärt, weil man sich mit diesem Argument im Kreis dreht.

Ein denkbarer Ausweg besteht in der Annahme, daß der Gesamtplan irgendwie in den Feldern selbst gespeichert ist und die DNA weniger als Quelle die Erbinformation, sondern vielmehr als *Empfänger* fungiert. Diese radikale Möglichkeit hat der Biologe Rupert Sheldrake des näheren untersucht, und auf seine umstrittenen Vorstellungen werden wir am Ende von Kapitel 11 noch eingehen.

Ein Überblick über die Morphogenese ergibt somit ein unbefriedigendes Bild. Offenbar stößt man auf grundsätzliche Schwierigkeiten, wenn man biologische Formen im Sinne einer reduktionistischen Physik zu erklären versucht. Der Wissenschaftler kann eindeutig erkennen, daß zum Beispiel in der Entwicklung des Embryos organisierende Faktoren im Spiel sind, aber wie diese mit der herkömmlichen Physik in Einklang zu bringen sind, darüber kann er wenig bis gar nichts sagen.

Die Entwicklung des Embryos verkörpert in vielerlei Hinsicht das eigentliche Rätsel der gesamten Biologie, wie nämlich beim Fortschreiten vom Unbelebten zum Belebten völlig neue Strukturen und Eigenschaften entstehen können. Die Biosphäre insgesamt wirft die gleiche Frage in einem kollektiven Sinne auf. Damit kommen wir zu den Fragen der Evolution und der Entstehung des Lebens.

8 Das Leben:
sein Ursprung und seine Entwicklung

Darwins Theorie

Das eigentliche Rätsel der Biologie besteht darin, wie es zu einer solchen Vielfalt von Organismen gekommen ist, die alle an ihre jeweilige ökologische Nische so gut angepaßt sind. Die Bibel behauptet, die verschiedenen Arten von Lebewesen seien so, wie sie sind, von Gott geschaffen worden.

Als man in der Biologie die Dimension der Zeit entdeckte, trat ein entscheidender Wandel in den Begriffen ein, in denen man dieses Rätsel faßte. Geologische und paläontologische Beweise dafür, daß die Formen der lebenden Organismen sich im Laufe von Jahrmilliarden geändert haben, enthüllten den Prozeß der Evolution, der allmählichen, in langen Zeiträumen sich vollziehenden Abwandlung, Differenzierung und Anpassung der biologischen Arten. Heute wissen wir, daß die ersten lebenden Organismen vor über dreieinhalb Milliarden Jahren auf der Erde auftauchten und – an heutigen Maßstäben gemessen – extrem einfach waren. Erst nach und nach haben sich über unermeßliche Zeiträume hinweg immer komplexere Organismen aus diesen einfachen Vorläufern entwickkelt.

Die Veröffentlichung von Charles Darwins *The Origin of Species* (deutsch: *Die Entstehung der Arten durch natürliche Zuchtwahl*) im Jahre 1859 war ein zentrales Ereignis der Wissenschaftsgeschichte, ähnlich wie die Veröffentlichung von Newtons *Principia* anderthalb Jahrhunderte zuvor. Darwins Theorie, daß die Evolution durch zufällige Mutation und natürliche Auslese vorangetrieben werde, hatte einen so spektakulären Erfolg, daß die letzten Reste der aristotelischen Teleologie rasch zusammenbrachen. Teleologische Erklärungen, die man bereits aus den physikalischen Wissenschaften verbannt hatte, konnten nun auch in den Wissenschaften vom Leben ad acta gelegt werden.

Die wesentlichen Gedanken der Darwinschen Theorie wurden durch die ungeheuren Fortschritte in der Genetik und der Molekularbiologie nur bestätigt. Insbesondere versteht man jetzt ein wenig den Mechanismus des evolutionären Wandels auf molekularer Ebene. Es kommt zu Mutationen, wenn Gene – Molekülgruppen, die man direkt beobachten kann – innerhalb der DNA eines Organismus umgeordnet werden. Solche Umordnungen werden nach vorherrschender Auffassung spontan durch Umgruppierungen von Genelementen und durch zufällige Kopierfehler im Zuge der Vermehrung hervorgerufen.

Trotz ihres offenkundigen Erfolges hat es immer Widerspruch gegen die Theorie Darwins und ihre moderne Formulierung, den sogenannten Neodarwinismus, gegeben. Auch heute gibt es noch hervorragende Wissenschaftler, die die Begründung des Neodarwinismus nicht überzeugend finden. Diese Wissenschaftler stellen die Evolution nicht als *Tatsache* in Frage – die fossilen Funde lassen gar keinen Zweifel zu –, aber sie bezweifeln, daß der Darwinsche *Mechanismus* – zufällige Mutation und natürliche Auslese – eine hinreichende Erklärung bietet.

Die natürliche Auslese ist jener Prozeß, durch den schlecht angepaßte Mutanten im beständigen Kampf um Nahrung und andere Ressourcen schlecht abschneiden und eher sterben als andere. Organismen, die besser an ihre Umwelt angepaßt sind, haben demnach größere Chancen, zu überleben und sich fortzupflanzen, als ihre nicht so gut angepaßten Konkurrenten. Diese Aussage kann man kaum in Frage stellen – im Grunde ist sie sogar eine Tautologie (»Organismen, die eher geeignet sind, zu überleben, werden eher überleben.«)

Problematischer ist die Behauptung, der evolutionäre Wandel

werde durch *zufällige* Mutationen vorangetrieben. Viele Wissenschaftler finden es unzumutbar, daß der bloße Zufall in den Mittelpunkt des ehrwürdigen Gebäudes der Biologie gerückt wurde. (Sogar Darwin selbst äußerte Zweifel.) Hier einige der erhobenen Einwände:

Wie kann ein unglaublich komplexer Organismus, der so harmonisch zu einer integrierten, funktionierenden Einheit organisiert ist und womöglich noch so ausgeklügelte und leistungsfähige Organe wie die Augen und die Ohren hat, das Produkt einer Reihe von bloßen Zufällen sein?

Wie können zufällige Ereignisse im Laufe von Jahrmillionen angesichts sich wandelnder Verhältnisse für eine fortgesetzte biologische Anpassung gesorgt haben?

Wie kann allein der Zufall dafür verantwortlich sein, daß als Reaktion auf Herausforderungen der Umwelt *vollkommen neue und erfolgreiche* Strukturen entstanden sind, etwa das Nervensystem, das Gehirn, das Auge usw.?

Diese Zweifel machen sich am Charakter von Zufallsprozessen und an den Gesetzen der Wahrscheinlichkeit fest. Man braucht kein Mathematiker zu sein, um zu erkennen, daß ein komplexes System um so eher durch zufällige Veränderungen beeinträchtigt werden kann, je verwickelter und zerbrechlicher sein Aufbau ist. Es dürfte die Leistung der fertigen Maschine wohl kaum beeinflussen, wenn sich beim Kopieren des Bauplans für ein Fahrrad ein kleiner Fehler einschleicht. Wenn dagegen der Bauplan für ein Flugzeug oder ein Raumfahrzeug auch nur einen winzigen Fehler enthält, kann es leicht zur Katastrophe kommen. Man kann dies auch durch die Analogie des Kartenmischens verdeutlichen, die wir schon in Kapitel 2 benutzten. Es ist nahezu sicher, daß das Mischen in eine hochgradig geordnete Folge von Karten *weniger* Ordnung bringt.

In diesem Sinne würde man annehmen, daß zufällige Mutationen in der Biologie die komplexe und diffizile Angepaßtheit der Organismen eher beeinträchtigen als fördern. So ist es in der Tat, wie direkte Experimente gezeigt haben: Die meisten Mutationen sind schädlich. Trotzdem wird immer noch behauptet, das zufällige

»Genmischen« sei für die Entstehung von Augen, Ohren, Gehirn und all der anderen erstaunlichen Errungenschaften von Lebewesen verantwortlich. Wie ist das möglich? Intuitiv würde man annehmen, daß Mischen nur zum Chaos, nicht zur Ordnung führen kann.

Gelegentlich wird das Problem in der Sprache der Informationstheorie formuliert. Die für den Aufbau eines Organismus erforderliche Information ist in den Genen enthalten. Je komplexer und entwickelter der Organismus ist, um so mehr Informationen benötigt man für seine Beschreibung. Da die Evolution Organismen von immer größerer Perfektion und Komplexität hervorbrachte, ist der Informationsgehalt der DNA offenbar ständig gestiegen. Woher kam diese Information?

Informationstheoretiker haben gezeigt, daß »Rauschen«, also zufällige Störungen, die Information *verringert*. (Man braucht nur an ein Telefongespräch zu denken, bei dem es in der Leitung rauscht.) Dies ist wieder ein Beleg für den Zweiten Hauptsatz der Thermodynamik; Information ist so etwas wie »negative Entropie«, und wenn nach dem zweiten Hauptsatz die Entropie steigt, dann sinkt die Information. Man gelangt erneut zu dem Schluß, daß Zufall keine beständige Quelle von Ordnung sein kann.

Abweichende Auffassungen

Etliche Wissenschaftler und Philosophen haben aus den vorstehenden Überlegungen den Schluß gezogen, daß allein der Zufall unmöglich die Vielfalt der Biosphäre erklären kann. Sie nehmen an, daß es darüber hinaus irgendwelche organisierenden Kräfte oder Leitprinzipien gibt, welche den evolutionären Wandel in Richtung auf bessere Anpassung und höhere Organisationsstufen lenken. Dies war auch die Grundlage des aristotelischen Animismus, dem zufolge die Evolution durch das Wirken von Endursachen auf ein bestimmtes Ziel ausgerichtet wird. Es ist zugleich eine Weiterführung des vitalistischen Denkens. So behauptete der vitalistische französische Philosoph Henri Bergson, sein *élan vital*, der der lebenden Materie angeblich spezielle organisierende Fähigkeiten verleiht, sei auch dafür verantwortlich, daß der evolutionäre Wandel sich auf eine schöpferische und bereichernde Weise vollzieht.

Religiösen Ansichten über die Evolution liegen oft ähnliche Vorstellungen zugrunde. Lecomptes du Noys hat zum Beispiel in den Anfängen dieses Jahrhunderts behauptet, die Evolution schreite nicht ziellos voran, sondern werde von einer transzendenten Gottheit auf ein vorherbestimmtes Ziel hingelenkt.

Der jesuitische Paläontologe Teilhard de Chardin vertrat einen etwas anderen Standpunkt. Er meinte, die einzelnen Schritte der Evolution würden nicht auf einen schon vorherbestehenden Plan ausgerichtet, sondern die Evolution werde insgesamt so gestaltet, daß sie auf einen noch zu erreichenden höheren Endzustand zielt, den von ihm so genannten »Punkt Omega«, der für die Vereinigung mit Gott steht.

Der Kosmologe und Astrophysiker Fred Hoyle und sein Mitarbeiter Chandra Wickramasinghe haben vor nicht allzu langer Zeit eine Art Mittelweg gewählt. Sie lehnen den Zufall als schöpferische Kraft in der Evolution ab und nehmen statt dessen an, der evolutionäre Wandel werde dadurch vorangetrieben, daß ständig genetisches Material von außerhalb der Erde zuströmt, in Gestalt von Mikroorganismen, die im interstellaren Raum überleben können. In seinem weit ausholenden Buch *Das intelligente Universum* spricht Hoyle von einer »Evolution durch kosmischen Eingriff«:

Die Existenz von Mikroorganismen im Weltraum und auf anderen Planeten sowie ihre Fähigkeit, eine Reise durch die Erdatmosphäre zu überleben, deuten auf eine einzige Schlußfolgerung hin. Höchstwahrscheinlich ist das genetische Material unserer Zellen, die DNS-Doppelhelix, eine Ansammlung von Genen, die von außerhalb auf die Erde gelangten.[1]

Anschließend erörtert Hoyle, welche Rolle der Geist und die Intelligenz in diesem Zusammenhang spielen könnten, und er kommt zu dem Schluß, daß das genetische Bombardement letztlich von einem Superintellekt gesteuert wird, der *innerhalb* des physikalischen

Universums operiert und in unsere physikalische wie biologische Umwelt eingreift.

Dies sind, zugegeben, Beispiele einer extremen Abweichung vom Darwinschen Paradigma. Es gibt aus der wissenschaftlichen Gemeinschaft andere Belege einer nicht ganz so radikalen, aber trotzdem ernsthaften Unzufriedenheit mit der landläufigen neodarwinistischen Theorie. Einige Wissenschaftler bezweifeln weiterhin, daß zufällige Mutation und natürliche Auslese hinreichend sind, und behaupten, die biologische Evolution setze zusätzliche organisierende Prinzipien voraus, ohne die der Reichtum an komplexen Organismen auf der Erde nicht befriedigend erklärt werden könne.

Was läßt sich gegen die Kritik vorbringen, daß zufällige Mutationen außerstande seien, die Wunder der Biologie hervorzubringen? Die übliche Reaktion auf diese Zweifel besteht in dem Hinweis, daß zufällige Veränderungen mit Sicherheit *gelegentlich* auch zu Leistungsverbesserungen bei einem Organismus führen werden und daß diese Verbesserungen dann durch den Filter der natürlichen Auslese selektiv bewahrt, herausdestilliert und verstärkt werden, um sich schließlich in der ganzen Art durchzusetzen.

Beispielsfälle kann man sich leicht ausdenken. Angenommen, eine Gruppe von Tieren lebt auf einer abgelegenen Insel, und es kommt durch eine Klimaänderung größere Trockenheit auf. Nehmen wir weiter an, daß durch eine zufällige Mutation ein Tier entsteht, das längere Zeit ohne Wasser überleben kann. Dieses Tier hat offensichtlich große Chancen, länger zu leben und mehr Nachkommen zu zeugen. Die zahlreiche Nachkommenschaft erbt das nützliche Merkmal und wird es ihrerseits weitergeben. Auf diese Weise wird sich die weniger durstige Linie nach und nach durchsetzen.

Nun könnte sich in einzelnen Fällen die selektive Filterung und Verstärkung nützlicher Gene natürlich in der eben beschriebenen Weise abspielen, nur klingt die Geschichte ein bißchen künstlich. Sehr viel schwerer ist der Nachweis zu führen, daß unzählige solcher Veränderungen *systematisch* zusammengetragen werden und ein kohärentes Bild vom Fortschritt einer Art ergeben. Entspricht es den Tatsachen, von einer »großen Strategie« zu sprechen, die es dem Leben auf unserem Planeten anscheinend erlaubt, die Chancen, welche die Umwelt bietet, immer erfolgreicher zu nutzen?

Betrachten wir zum Beispiel ein so kompliziertes Organ wie das Auge oder das Ohr. Zwischen den Bestandteilen dieser Organe besteht ein so spezifischer wechselseitiger Zusammenhang, daß es einem schwerfällt zu glauben, sie seien getrennt voneinander Schritt für Schritt durch eine Reihe voneinander unabhängiger Zufälle entstanden. Ein halbes Auge wäre ja von zweifelhaftem Auslesevorteil, tatsächlich wäre es vollkommen nutzlos. Wie groß sind nun aber die Chancen, daß sich in der begrenzten Zeit, die dafür zur Verfügung steht, genau die richtige Abfolge von rein zufälligen Mutationen ereignet, so daß das Endprodukt ein funktionierendes Auge ist?

Leider äußert sich der Neodarwinismus gerade über diese entscheidende Frage notgedrungen unklar. Aus Laboruntersuchungen kennt man in etwa die Häufigkeit von Mutationen bei einigen Arten, zum Beispiel bei *Drosophila*, und das Verhältnis zwischen nützlichen und schädlichen Mutationen – nach menschlichen Kriterien der Nützlichkeit – läßt sich abschätzen. Das Problem ist, daß der Selektionsvorteil von Mutationen im allgemeinen überhaupt nicht quantifiziert werden kann. Woher kann man wissen, um *wieviel* ein Schwanz länger sein muß, *wie viele* Zähne zusätzlich vorhanden sein müssen, um in der Umwelt einen Vorteil zu verleihen? Und zu *wie vielen* zusätzlichen Nachkommen werden diese Unterschiede führen? Selbst wenn wir darauf die Antwort wüßten, könnten wir doch nichts Genaues über die Bedingungen und Veränderungen wissen, die sich im Laufe von Milliarden Jahren in der Umwelt vollzogen haben, ebensowenig wie Einzelheiten über die Organismen, die in dieser Zeit gelebt haben.

Eine weitere Schwierigkeit liegt darin, daß nicht nur die Umwelt für die Auslese verantwortlich ist. Auch das Verhalten der Organismen selbst, d. h. ihre teleonomische Natur, muß berücksichtigt werden. Aber über diese »Lebensqualität« können wir wenig in Erfahrung bringen. Da wir die Qualität des Lebens nicht quantifizieren können, wird man kaum vollständig nachprüfen können, ob zufällige Mutationen eine hinreichende Erklärung bieten.

160

Das Problem des Pfeils der Zeit

Die oben genannten Schwierigkeiten treten noch deutlicher hervor, wenn wir die Evolution der Biosphäre insgesamt betrachten. Die Geschichte des Lebens ist oft als ein *Fortschreiten* von »niederen« zu »höheren« Organismen beschrieben worden, wobei der Mensch den Höhepunkt des biologischen »Erfolges« darstellt, der erst nach Milliarden Jahren des Aufstiegs auf der evolutionären Leiter auftaucht. Viele Biologen verwerfen zwar die »Leiter«vorstellung als anthropozentrisch, doch läßt sich schwer bestreiten, daß das Leben auf der Erde – objektiv gesehen – zumindest graduell komplexer geworden ist. Die Tatsache, daß sich das Leben vom Einfachen zum Komplexen zu entwickeln neigt, ist sogar der klarste Beleg für die allgemeine gesetzmäßige Tendenz, daß die organisatorische Komplexität mit der Zeit zunimmt.

Es ist alles andere als klar, wie diese Tendenz zu höheren Organisationsstufen aus Darwins Theorien folgen soll. Einzellige Organismen zum Beispiel sind überaus erfolgreich. Sie sind seit Milliarden von Jahren da. Im Konkurrenzkampf mit höheren Organismen einschließlich des Menschen sind sie allzuoft siegreich, wie die Ärzte bezeugen können. Welcher Mechanismus hat die Evolution dazu getrieben, vielzellige Organismen von stetig wachsender Komplexität hervorzubringen? Elefanten mögen interessanter sein als Bakterien, aber sind sie, rein biologisch gesehen, sichtlich erfolgreicher? Die Theorie des Neodarwinismus mißt den Erfolg allein an der Zahl der Nachkommen, und danach sind Bakterien weitaus erfolgreicher als Elefanten. Warum also haben sich jemals so komplexe Tiere wie die Elefanten entwickelt? Wieso sind nicht alle Organismen bloße Säcke voller Chemikalien, die sich heftig vermehren? Gewiß, manchmal gelingt es den Biologen, den Beweis zu führen, daß ein bestimmtes komplexes Organ einen Reproduktionsvorteil gewährt, doch ein klarer systematischer Trend ist nicht zu erkennen.

Der Evolutionstheoretiker John Maynard-Smith räumt ein, daß

das stetige Anwachsen der Komplexität in der Biosphäre für den Neodarwinismus ein nicht geringes Problem ist:

> Der Neodarwinismus enthält nichts, was uns erlauben würde, eine langfristige Steigerung der Komplexität vorherzusagen. Was man allenfalls sagen kann, ist dies: Da die ersten lebenden Organismen vermutlich sehr einfach waren, muß ein größerer Wandel in der evolutionären Abstammung, wenn er erfolgte, in Richtung auf steigende Komplexität gegangen sein; Thomas Hood hätte vielleicht gesagt: »Es konnte nirgendwo hingehen als nach oben…« Aber das ist Gefühl, nicht Verstand.[2]

Eine neodarwinistische Erklärung für den fortschrittlichen Charakter des evolutionären Wandels stößt in der Tat auf ein starkes grundsätzliches Hindernis. Der Haken an der steigenden biologischen Komplexität ist, daß sie zeitlich asymmetrisch ist: Sie definiert einen Pfeil der Zeit, der aus der Vergangenheit in die Zukunft weist. Eine erfolgreiche Theorie der Evolution muß erklären, woher dieser Pfeil kommt.

In Kapitel 2 haben wir gesehen, daß die Physiker nach Boltzmanns Arbeit erkannten, daß mikroskopisches zufälliges Mischen allein einen Pfeil der Zeit nicht zu erzeugen vermag, da die mikroskopischen Bewegungsgesetze zeitsymmetrisch sind. Zufälliges Mischen erzeugt lediglich ein – wie man sagen könnte – stochastisches Driften ohne einheitliche Richtung. (Der japanische Biologe Kimura hat vor einiger Zeit erkannt, was das für die Biologie bedeutet, und ein solches richtungsloses Driften als »neutrale Evolution« bezeichnet.[3])

Wenn es einen Pfeil der Zeit gibt, dann hat er seinen Ursprung nicht im System selbst, sondern *außerhalb*. Das kann auf zwei Wegen geschehen. Der erste Weg: Ein System wird von seiner Umwelt in einem Zustand geschaffen, der anfangs weniger als maximale Entropie aufweist, und wird dann als unabhängiges Teilsystem abgeschlossen; unter diesen Bedingungen erfolgt ein stetiges Absinken ins Chaos, da nach dem Zweiten Hauptsatz der Thermodynamik die Entropie steigt.

In der Biologie geschieht nun aber offensichtlich das Gegenteil.

Das bedeutet natürlich nicht, daß biologische Organismen gegen den Zweiten Hauptsatz verstoßen. Biosysteme sind keine abgeschlossenen Systeme. Was sie auszeichnet, ist gerade ihre Offenheit, die es ihnen ermöglicht, Entropie in ihre Umwelt zu exportieren, um dem Verfall zu entgehen. Aber die Tatsache, daß sie imstande sind, dem zerstörerischen (pessimistischen) Pfeil der Zeit zu entgehen, erklärt noch nicht, wie sie dem progressiven (optimistischen) Pfeil gehorchen. Daß ein System sich von den Beschränkungen des einen Gesetzes befreien kann, beweist nicht, daß es einem anderen folgt.

Diesen Fehler machen viele Biologen. Weil sie das erwähnte Schlupfloch im Zweiten Hauptsatz entdeckt haben, glauben sie, der progressive Charakter der biologischen Evolution sei erklärt. Das ist einfach falsch. Außerdem wird dabei Ordnung mit Organisation und Komplexität verwechselt. Daß ein Absinken der Ordnung unterbunden wird, mag eine notwendige Bedingung für das Wachsen von Organisation und Komplexität sein, aber eine hinreichende Bedingung ist es nicht. Wir sind immer noch auf der Suche nach diesem schwer zu fassenden Pfeil der Zeit.

Wenden wir uns daher dem zweiten Weg zu, auf dem ein Pfeil der Zeit in ein physikalisches System hineingerät. Dazu kommt es, wenn offene Systeme weit vom Gleichgewicht fortgetrieben werden. Wie wir an zahlreichen Beispielen aus Physik und Chemie gesehen haben, können solche System kritische »Verzweigungspunkte« erreichen, an denen sie abrupt in neue Zustände von größerer organisatorischer Komplexität hineinspringen. Es hat den Anschein, als sei diese Tendenz – und nicht zufällige Mutation und natürliche Auslese – die eigentliche Verfahrensweise der fortgeschrittenen biologischen Evolution. Der Zufallsbegriff ist nur dann angebracht, wenn wir die üblichen statistischen Annahmen benutzen können, zum Beispiel das »Gesetz der großen Zahlen«. Dieses Gesetz versagt an den Verzweigungspunkten, denn dort kann eine einzige Schwankung, die verstärkt wird und sich stabilisiert, das System plötzlich und auf dramatische Weise verändern.

Der evolutionäre Wandel wird also dadurch vorangetrieben, daß die Biosphäre entweder durch interne oder durch externe Veränderungen beständig von ihrem gewöhnlichen Zustand des dynamischen Gleichgewichts abgedrängt wird. Es kann sich dabei um graduelle Veränderungen handeln wie etwa die allmähliche Zunahme des Sauerstoffanteils der Luft und die Steigerung der Leuchtkraft des Sonne oder um plötzliche Veränderungen wie den Aufprall eines Asteroiden oder sonst eine Katastrophe. Aber woran es auch immer liegen mag – falls die Selbstorganisation in der biologischen Evolution den gleichen allgemeinen Gesetzen unterliegt wie die nichtbiologische Selbstorganisation, dann wäre damit zu rechnen, daß der evolutionäre Wandel sich in plötzlichen Sprüngen vollzieht, nach dem Vorbild der abrupten Veränderungen an bestimmten kritischen Punkten in physikalischen und chemischen Systemen. Es gibt tatsächlich gewisse Anhaltspunkte dafür, daß die Evolution sich auf diese Weise vollzogen hat.[4]

Was müssen wir daraus schließen? Es ist unwahrscheinlich, daß die komplexen Strukturen in der Biologie ein Resultat rein zufälliger Ereignisse sind – ein Mechanismus, der den evolutionären Pfeil der Zeit nicht im geringsten erklären kann. Weit wahrscheinlicher ist es offenbar, daß die Komplexität in der Biologie dem gleichen allgemeinen Gesetz entsprungen ist, das auch für das Auftreten von Komplexität in Physik und Chemie verantwortlich ist, nämlich den ganz und gar *nichtzufälligen*, abrupten Übergängen zu neuen Zuständen von größerer organisatorischer Komplexität, die erfolgen, wenn Systeme aus dem Gleichgewicht fortgedrängt werden und an »kritische Punkte« kommen.

Es ist nicht nötig, hier irgendwelche mystischen oder transzendenten Kräfte zusätzlich einzuführen. Es besteht kein Grund zu der Annahme, daß die Gesetze, die in der Biologie für die Entstehung neuer Organisationsstufen verantwortlich sind, geheimnisvoller sind als jene, die die Spiralformen der Belusow-Zhabotinsky-Reaktion hervorrufen. Wichtig ist aber, daß man sich klarmacht, daß diese Gesetze zwangsläufig globalen oder ganzheitlichen Charakter haben und nicht auf das Verhalten einzelner Moleküle zu reduzieren sind, auch wenn sie mit dem Verhalten dieser Moleküle in Einklang gebracht werden können. Ich behaupte daher, daß *ausschließlich* molekularmechanische Erklärungen der Evolution sich als unzureichend erweisen werden. Wenn man nach der nichtbiologischen Selbstorganisation gehen darf, dann haben wir nach ganzheitlichen Gesetzen zu suchen, die das kollektive Verhalten aller Bestandteile des Organismus bestimmen.

Bemerkenswert ist, daß einige theoretische Biologen aufgrund ihrer Beschäftigung mit der Automatentheorie zu ähnlichen Schlußfolgerungen gelangt sind. Stuart Kauffman vom Department für Biochemie und Biophysik der Universität von Pennsylvania hat das Verhalten von zufällig zusammengestellten Ensembles von zellulären Automaten untersucht und entdeckt, daß sie vielfältige neuentstehende Eigenschaften aufweisen können, die nach seiner Ansicht dazu beitragen werden, die biologische Evolution zu erklären, und sogar »vermuten lassen, daß man bislang unerwartete Ordnungsprinzipien finden könnte«. Die Gesetzmäßigkeiten des Automatenverhaltens sind im allgemeinen nicht zeitlich umkehrbar, und sie können genau jene fortschreitende Selbstorganisation erzeugen, die wir in der biologischen Evolution beobachten. Kauffman kommt zu dem Schluß, daß nicht so sehr die Auslese, sondern diese Selbstorganisation für die Evolution verantwortlich sei:

Für die biologische Evolution selbst könnte sich daraus die fundamentale Folgerung ergeben, daß die Auslese nicht stark genug ist, um die generellen Merkmale der Selbstorganisation *aufzuheben*, die in komplexen Regelungssystemen entstehen, welche immer wieder durch Mutation »durcheinandergebracht« werden. Diese generellen Merkmale würden dann biologische Universalien bilden, die allen Organismen nicht durch Auslese oder aufgrund gemeinsamer Abstammung zukommen, sondern dank ihrer gemeinsamen Zugehörigkeit zu einem Ensemble von Regelungssystemen.[5]

Ursprünge

Die Probleme, die sich aus dem Entstehen von Komplexität im Laufe der Evolution ergeben, verblassen angesichts der ungeheuren Schwierigkeiten, die der Ursprung des Lebens aufwirft. Daß lebende Materie aus unbelebter Materie hervorgeht, ist wohl der bedeutendste Beleg für die Fähigkeit physikalischer Systeme zur Selbstorganisation. Wenn erst einmal ein lebender Organismus existiert, sind verschiedene Wege der Vermehrung denkbar. Doch wie ist der erste Organismus entstanden? Leben bringt Leben hervor, doch wie kann Unbelebtes Leben hervorbringen?

Wenn man zu erklären versucht, wie das Leben entstand, steht man vor dem großen Problem, daß selbst noch die einfachsten Lebewesen ungeheuer komplex sind. Der Replikationsapparat des Lebens stützt sich auf das DNA-Molekül, das seinerseits eine so komplizierte Struktur und eine so verschachtelte Anordnung aufweist wie die Fertigungsstraße eines Automobilwerks. Wie kann, wenn die Replikation eine so hochgradige Komplexität voraussetzt, ein Replikationssystem spontan entstanden sein?

Die Schwierigkeit wird nicht angemessen deutlich, wenn man das Problem in diesem Sinne formuliert. Jegliches Leben setzt, wie wir gesehen haben, ein Zusammenwirken von Nukleinsäuren und Proteinen voraus. Die Nukleinsäuren enthalten die Erbinformation, aber sie können selbst nichts tun – sie sind chemisch nicht handlungsfähig. Die eigentliche Arbeit leisten die Proteine mit ihrem bemerkenswerten katalytischen Fähigkeiten. Doch die Proteine werden ihrerseits nach den Instruktionen zusammengestellt, die in den Nukleinsäuren stecken. Es ist das alte Problem von Huhn und Ei. Auch wenn man einen physikalischen Mechanismus entdecken würde, der irgendwie ein DNA-Molekül zusammenbauen könnte, so wäre er doch nutzlos, wenn nicht gleichzeitig ein anderer Mechanismus da wäre, der ihm die erforderlichen Proteine zur Verfügung stellt. Es ist jedoch schwer vorstellbar, daß das ganze ineinandergreifende System spontan in einem einzigen Schritt entstanden ist.

Unter den Wissenschaftlern, die sich um die Lösung dieses Rätsels bemühen, haben sich zwei Lager gebildet. Das eine Lager vertritt die Meinung, das Leben sei entstanden, als eine chemische Struktur auftrat, die die Rolle eines Gens spielen konnte, die also zur Replikation und zur Speicherung der Erbinformation imstande war. Das muß nicht die DNA gewesen sein; einige Wissenschaftler möchten diese Ehre in der Tat eher der RNA zuerkennen. Es könnte sein, daß die DNA erst sehr viel später im Laufe der Evolution aufgetaucht ist. Diese ursprüngliche Erbsubstanz, worin sie auch immer bestanden haben mag, muß ohne die katalytische Mitwirkung von Proteinenzymen entstanden sein und die Fähigkeit erlangt haben, ihre Replikationsfunktion zu erfüllen. Das andere Lager vertritt die Auffassung, zuerst seien die chemisch sehr viel einfacheren Proteine entstanden, und die Vererbungsfähigkeit sei erst nach und nach im Laufe einer langwierigen chemischen Evolution zustande gekommen, die in der Erzeugung der DNA ihren Abschluß fand.

Vertreter des Primats der Nukleinsäuren wie etwa Leslie Orgel vom Salk-Institut in LaJolla (Kalifornien) haben versucht, eine RNA-Replikation ohne Proteinunterstützung künstlich im Reagenzglas herbeizuführen. Der Nobelpreisträger Manfred Eigen vom Max-Planck-Institut in Göttingen hat für die Entstehung des Lebens ein ausgefeiltes Szenario entworfen, das sich auf Versuche mit viraler RNA (Viren sind die einfachsten Lebewesen, die man kennt) und auf komplizierte mathematische Modelle stützt. Nach seiner Hypothese kann RNA sich spontan aus anderen komplexen chemischen Verbindungen bilden, wenn sie einen hierarchisch organisierten Prozeß von ineinandergreifenden, sich wechselseitig verstärkenden chemischen Zyklen durchlaufen, die er als *Hyperzyklen* bezeichnet. An diesen Zyklen sind auch einige Proteine beteiligt.

Ein Verfechter des Primats der Proteine ist Sidney Fox von der Universität Miami. Bei seinen Experimenten wurden verschiedene Aminosäuren (wichtige Bausteine von organischen Molekülen) durch Erhitzung zu »Proteinoiden«, zu Molekülen, die den Proteinen ähneln. In lebenden Organismen kommen solche Proteinoide zwar nicht vor, doch zeigen sie einige verblüffend lebensähnliche

Eigenschaften. Besonders auffallend ist, daß sie winzige Kugeln bilden können, die in mancher Hinsicht an lebende Zellen erinnern. Dies könnte darauf hindeuten, daß die zelluläre Struktur der lebenden Organismen zuerst da war und die Steuerung durch Nukleinsäuren sich anschließend entwickelte.

Einen ganz anderen Weg zur Entstehung von Leben hat Graham Cairns-Smith von der Universität Glasgow vorgeschlagen. Die ersten Lebensformen haben nach seiner Ansicht gar keine organischen Verbindungen auf der Basis von Kohlenstoff verwendet, sondern Ton. Gewisse Tonkristalle können eine rudimentäre Form der Replikation ausführen; ihre Komplexität könnte vielleicht ausgereicht haben, um Erbinformation zu speichern und irgendwie weiterzugeben. Seine Theorie ist jedenfalls, daß die ursprünglichen Tonorganismen nach und nach komplexere Verhaltensweisen entwickelten und auch mit organischen Substanzen experimentierten. Irgendwann haben dann die organischen Moleküle die genetische Funktion übernommen, und die auf Ton basierenden Anfänge des Lebens sind verlorengegangen.

All diese Spekulationen sind weit entfernt von einem tatsächlichen Beweis dafür, daß durch gewöhnliche chemische Prozesse, wie sie sich vor Milliarden von Jahren auf natürliche Weise auf der Erde abgespielt haben könnten, spontan Leben entstehen kann. Von allen derzeit gängigen Szenarien muß man sagen, daß sie Leben hervorgebracht haben *könnten,* doch ist keines so überzeugend, daß wir sagen würden, es *müsse* sich auf diese Weise abgespielt haben.

An dieser Stelle muß etwas zu dem berühmten Experiment gesagt werden, daß Stanley Miller und Harold Urey 1952 an der Universität Chicago durchgeführt haben. Es ging darum, in etwa die Bedingungen zu simulieren, die vor drei bis vier Milliarden Jahren mutmaßlich auf der Erde herrschten, zu jener Zeit, als die ersten lebenden Organismen auftraten. Damals gab es auf der Erde keinen ungebundenen Sauerstoff. Die Atmosphäre war, chemisch gesehen, reduzierend. Wie sie sich genau zusammensetzte, weiß man bis heute nicht. Miller und Urey nahmen ein gasfömiges Gemisch von Wasserstoff, Methan und Ammoniak (alles häufig im Sonnensystem vorkommende Substanzen) zusammen mit kochendem Wasser und schickten durch diese Mischung kontinuierlich eine elektrische Entladung, die das Blitzen simulieren sollte. Nach einer Woche hatte sich eine rotbraune Flüssigkeit angesammelt. Die elektrische Entladung wurde abgeschaltet, und man analysierte die Flüssigkeit. Sie enthielt eine Reihe von wohlbekannten organischen Verbindungen, die für das Leben wesentlich sind, darunter auch einige Aminosäuren.

Gemessen an der ehrfurchtgebietenden Komplexität solcher Moleküle wie der DNA waren die Produkte trivial, doch das Experiment hinterließ einen tiefen psychologischen Eindruck. Man konnte sich jetzt vorstellen, daß auf der urzeitlichen Erdoberfläche über Millionen Jahre hinweg ein gewaltiges natürliches Miller-Urey-Experiment ablief, dessen Produkte sich in den Weltmeeren und in warmen Wassertümpeln auf dem Festland immer stärker anreicherten. Aus dem vielfältigen Inhalt dieser Suppe könnten sich in dieser langen Zeitspanne durch ständig wiederholte chemische Verarbeitung immer komplexere organische Moleküle gebildet haben, bis am Ende ein hinreichend kompliziertes Replikatormolekül entstand. Dieser Replikator könnte sich dann unter Ausnutzung der Rohstoffe, die er in der chemisch reichen Brühe vorfand, rasch vermehrt haben.

Man kann grob abschätzen, wie groß die Wahrscheinlichkeit ist, daß durch endloses Zerlegen und Umbauen der komplexen Moleküle in der Ursuppe nach einer Milliarde von Jahren ein kleines Virus entstand. Die möglichen chemischen Kombinationen sind so ungeheuer zahlreich, daß sich eine Chance von eins zu $10^{2\,000\,000}$ ergibt. Diese beinahe unfaßbar geringe Wahrscheinlichkeit ist kleiner als die, bei sechs Millionen Münzwürfen hintereinander Kopf zu werfen. Wenn man statt eines Virus einen hypothetischen einfacheren Replikator nimmt, steigen die Chancen beträchtlich, aber dennoch kommt man bei diesen Zahlen nicht um die Schlußfolgerung herum: Die spontane Entstehung von Leben durch zufälliges Durcheinandermischen von Molekülen ist ein Ereignis von absurder Unwahrscheinlichkeit.

Rezept für ein Wunder

Auf Wahrscheinlichkeitsberechnungen für die spontane Entstehung von Leben durch Zufall haben die Wissenschaftler unterschiedlich reagiert. Manche haben einfach achselzuckend erklärt, die Entstehung von Leben sei offenbar ein einmaliges Ereignis gewesen. Das ist natürlich keine sehr befriedigende Haltung, denn wenn es um ein einmaliges Ereignis geht, verflüchtigt sich der Unterschied zwischen einem Naturvorgang und einem Wunder. Man hat noch nie gehört, daß die Wissenschaft eine Erklärung für ein solches Ereignis geliefert hätte.

Es darf allerdings nicht übersehen werden, daß der Ursprung des Lebens sich von anderen Ereignissen in einer entscheidenden Hinsicht unterscheidet: Er ist von unserer eigenen Existenz nicht zu trennen. Wir sind da. Irgendwelche Ereignisse, so unwahrscheinlich sie auch gewesen sein mögen, müssen zu dieser Tatsache geführt haben. Hätte es sie nicht gegeben, dann wären wir nicht da und könnten uns keine Gedanken darüber machen. Dieser Gesichtspunkt wird natürlich hinfällig, wenn wir einmal Beweise dafür erhalten sollten, daß auch an anderer Stelle im Universum Leben entstanden ist.

Es hat auch ganz andere Reaktionen gegeben. Manche sind zu dem Schluß gekommen, daß das Leben gar nicht auf der Erde entstanden ist, sondern von irgendwo aus dem Universum auf die Erde kam, möglicherweise in Gestalt von Mikroorganismen, die durchs Weltall getrieben wurden. Diese Hypothese, vor vielen Jahren von dem schwedischen Nobelpreisträger Svante Arrhenius vorgetragen, ist in jüngster Zeit von Francis Crick und mit gewissen Abwandlungen von Fred Hoyle und Chandra Wickramasinghe wieder ausgegraben worden. Der Haken daran ist, daß das Rätsel nur um einen Schritt zurückverlegt wird. Es bleibt das Problem, die Entstehung von Leben zu erklären, wenn auch anderswo und unter vermutlich anderen Bedingungen.

Eine dritte Reaktion besteht darin, die Grundlage des ganzen Sze-

narios vom »Mischungszufall« zu verwerfen, nämlich die Annahme, daß die chemischen Prozesse, die zur Entstehung von Leben
führten, zufälliger Natur waren. Wenn die speziellen chemischen
Verbindungen, die für die Entstehung von Leben wesentlich waren,
gegenüber den anderen auf irgendeine Weise im Vorteil gewesen
sein sollten, dann könnte der Inhalt der Ursuppe (oder irgendeines
anderen Mediums, das man anzunehmen beliebt) sehr rasch einen
Weg zu wachsender Komplexität eingeschlagen haben, der schließlich zu primitiven sich selbst replizierenden Molekülen führte.

Das Konzept des zufälligen Mischens gehört, wie wir gesehen haben, zur Gleichgewichtsthermodynamik. Die Bedingungen, unter
denen das Leben vermutlich entstanden ist, waren jedoch weit vom
Gleichgewicht entfernt, und unter diesen Umständen ist ein hochgradig nichtzufälliges Verhalten zu erwarten. In gleichgewichtsfernen offenen Systemen haben Materie und Energie ganz allgemein
eine Tendenz, immer höhere Stufen der Organisation und Komplexität anzustreben.

Der dramatische Unterschied, der hinsichtlich der Erzeugung von
Leben aus Unbelebtem in der Leistungsfähigkeit von Gleichge-
wichts- und Nichtgleichgewichtssystemen besteht, ist von Jantsch
betont worden. Auf der einen Seite gibt es die Möglichkeit des
höchst unwahrscheinlichen »dumpfen Zufalls... im langsamen
Rhythmus geophysikalischer Schwankungen und chemischer kata-
lytischer Prozesse«. Doch auf der anderen Seite

(gibt es) für jeden langsamen Zufallsmechanismus der Gleichgewichtswelt (...)
die außerordentlich beschleunigten und intensivierten Prozesse der Nicht-
gleichgewichtswelt, der dissipativen Strukturen, die mikroskopische Selbstorganisation ermöglichen.[6]

Sowohl Prigogines Arbeit über dissipative Strukturen als auch Ei-
gens mathematische Analyse der Hyperzyklen läßt den Schluß zu,
daß die Ursuppe auf einem sehr schmalen Pfad der chemischen Entwicklung nacheinander mehrere Sprünge der Selbstorganisation
gemacht haben könnte. Wir haben von der chemischen Selbstorganisation bislang noch ein sehr bruchstückhaftes Verständnis. Es

könnte in der präbiotischen Chemie bislang unbekannte Organisationsprinzipien geben, die die Entstehung der für das Leben wesentlichen komplexen organischen Moleküle stark fördern.

Es ist eine historisch bemerkenswerte Tatsache, daß nach der kommunistischen Lehre des dialektischen Materialismus auf höheren Entwicklungsstufen, die die Materie erreicht, neue Organisationsgesetzmäßigkeiten wirksam werden. Dementsprechend gibt es biologische Gesetze, soziale Gesetze usw. Diese Gesetze sorgen angeblich dafür, daß die Materie zu immer organisierteren Zuständen fortschreitet. Der russische Chemiker Alexander Oparin hatte an der Entwicklung des modernen Paradigmas von der Entstehung des Lebens maßgeblichen Anteil, und er hat entschieden die Theorie vertreten, daß aus sich selbst organisierenden chemischen Prozessen zwangsläufig Leben entsteht, wobei allerdings ungeklärt ist, ob er dies aus wissenschaftlicher Überzeugung oder aus Gründen politischer Zweckmäßigkeit verkündete. Leider wurde diese politisch motivierte Lehre in absurder Weise von dem berüchtigten Trofim Lyssenko dazu mißbraucht, die moderne Genetik und Molekularbiologie in Mißkredit zu bringen. Das ist zweifellos der Grund, warum manche Biologen voreingenommen sind und die Idee, daß die Entstehung des Lebens den Schlußpunkt einer fortschreitenden chemischen Entwicklung bilden könnte, nicht für *wissenschaftlich* halten.

Unser Überblick über die derzeit vertretenen Auffassungen zur Entstehung des Lebens enthüllt somit eine sehr unbefriedigende Situation. Einerseits kann man nicht glauben, daß das einzigartig komplexe und spezifische Nukleinsäure-Protein-System spontan in einem einzigen Schritt entstanden ist, doch andererseits kann das einzige allseits anerkannte Organisationsprinzip der Biologie – die natürliche Auslese – erst wirksam werden, wenn Leben in irgendeiner Form in Gang gekommen ist. Daraus ergibt sich für uns die Alternative, entweder ein primitiveres chemisches System zu finden, das eine fortschreitende Evolution durch natürliche Auslese durchlaufen kann, oder die Existenz von nichtzufälligen Organisationsprinzipien in der chemischen Entwicklung anzuerkennen.

9 Die Entfaltung des Universums

Kosmische Organisation

Es ist merkwürdig, daß Materie und Energie auch im größten Maßstab auf eine höchst nichtzufällige Weise geordnet sind. Bei einem flüchtigen Blick zum nächtlichen Himmel ist allerdings von Ordnung nicht viel zu bemerken. Die Sterne sind, wie es scheint, mehr oder weniger willkürlich gestreut.

Ein kleines Fernrohr läßt eine gewisse Struktur erkennen. Hier und da sind Sterne zu Gruppen gehäuft, und gelegentliche dichtere Ansammlungen können bis zu einer Million Sterne umfassen. Musterungen mit Hilfe leistungsfähiger Instrumente zeigen, daß die Sterne in unserem »lokalen« Gebiet des Weltalls zu einem riesigen radförmigen System organisiert sind, der Galaxis oder Milchstraße, die etwa hundert Milliarden Sterne enthält und einen Durchmesser von hunderttausend Lichtjahren hat. Die Galaxis hat eine deutlich erkennbare Struktur, mit einem dicht bevölkerten Kern in der Mitte, um den herum sich Spiralen winden, die Gas und Staub sowie langsam kreisende Sterne enthalten. Das Ganze ist eingebettet in einen großen, annähernd kugelförmigen Halo von kosmischem Material, das überwiegend unsichtbar und auch unidentifiziert ist.

Die Organisation der Galaxis ist nicht auf den ersten Blick zu erkennen, weil wir sie von innen heraus sehen, doch in der Form ähnelt sie vielen anderen Galaxien, die in großen Fernrohren zu sehen sind. Astronomen haben die Galaxien in verschiedene Typen eingeteilt – Spiralen, Ellipsen usw. Wie diese Formen entstanden sind, ist noch immer unklar. Auch über die Entstehung der Galaxien selbst haben die Astronomen nur ganz verschwommene Vorstellungen.

Über das allgemeine Gesetz, das für die Zusammenballung des kosmischen Materials sorgt, weiß man einigermaßen Bescheid. Wenn es in den urzeitlichen Gasmengen eine inhomogene Verteilung gegeben haben sollte, haben die Gebiete stärkerer Verdichtung wie ein Zentrum der Schwerkraftanziehung gewirkt und Material aus der Umgebung an sich gezogen. Als sich mehr Material anhäufte, entstanden Gebilde, die durch leeren Raum voneinander getrennt waren. Durch weitere Schwerkraftzusammenziehung und anschließende Fragmentierung bildeten sich die Sterne und Sternhaufen. Unbekannt ist nur, wie es zu der anfänglichen Inhomogenität gekommen ist.

Überraschenderweise sind Galaxien trotz ihres immensen Umfangs nicht die größten Strukturen im Universum. Die meisten Galaxien sind zu Haufen zusammengefaßt, ja sogar zu Haufen von Haufen. Daneben gibt es riesige Lücken, Ketten und Blöcke von Galaxien. Auch bei dieser sehr großräumigen Struktur weiß man nichts über die Entstehung.

Das Universum setzt sich nicht nur aus Galaxien zusammen. Der Weltraum ist erfüllt von unsichtbarer Materie, möglicherweise in Gestalt von exotischen subatomaren Teilchen, die mit gewöhnlicher Materie nur sehr schwach wechselwirken und daher unbemerkt bleiben. Was für ein Zeug das ist, weiß niemand. Die geheimnisvolle Materie ist zwar unsichtbar, aber sie ruft erhebliche Schwerkrafteffekte hervor. Sie kann zum Beispiel die Geschwindigkeit beeinflussen, mit der sich das Universum ausdehnt. Sie wirkt sich auch darauf aus, wie die schwerkraftbedingte Zusammenballung sich im einzelnen vollzieht, und beeinflußt dadurch die großräumige Struktur des Universums.

Bei noch größeren Längenmaßstäben stellt man fest, daß die Tendenz der Materie zur Zusammenballung abklingt, und die Galaxienhaufen sind gleichförmig im Raum verteilt. Die beste Sonde, um in die ganz großräumige Struktur des Universums hineinzuleuchten, bietet die im Urknall entstandene Drei-Grad-Hintergrundstrahlung. Sie durchdringt das gesamte Universum und hat sich seit der Schöpfung mehr oder weniger ungehindert ausgebreitet. Wenn ihr auf ihrer viele Milliarden Jahre langen Reise durchs All eine größere Abweichung von der Gleichförmigkeit begegnet wäre, hätte diese ihre Spuren in der Strahlung hinterlassen. Durch genaue Messung der aus verschiedenen Richtungen eintreffenden Drei-Grad-Hintergrundstrahlung haben Astronomen die großräumige Gleichförmigkeit des Universums um den Faktor eins zu zehntausend eingeschränkt.

Von Kosmologen wurde seit langem vermutet, daß das Universum im ganzen gleichförmig sei, eine Annahme, die man als Weltpostulat bezeichnet. Der Grund dieser Gleichförmigkeit ist jedoch ein tiefes Rätsel. Um ihm weiter auf den Grund zu gehen, wenden wir uns nun dem Urknall selbst zu.

Die erste Sekunde

Es ist heute allgemein anerkannt, daß das Universum abrupt mit einer gigantischen Explosion entstanden ist. Einen Anhaltspunkt für diesen »Urknall« bietet die Tatsache, daß das Universum noch immer expandiert; jeder Galaxienhaufen entfernt sich von jedem anderen. Wenn man diese Expansion zeitlich zurückverfolgt, kommt man zu dem Schluß, daß irgendwann vor zehn bis zwanzig Milliarden Jahren der gesamte Inhalt des Kosmos, den wir heute beobachten, auf ein winziges Raumvolumen komprimiert war. Nach Ansicht der Kosmologen bedeutet der Urknall nicht nur, daß Materie und Energie in eine schon vorher existierende Leere hineintraten, sondern vielmehr, daß auch Raum und Zeit entstanden sind. Das Universum wurde nicht *in* Raum und Zeit erschaffen – Raum und Zeit sind *Teil* des erschaffenen Universums.

Aus allgemeinen Überlegungen ist zu erwarten, daß die ersten Phasen der Explosion durch sehr rasche Expansion und extreme Hitze gekennzeichnet waren. Diese Erwartung wurde 1965 bestätigt, als man entdeckte, daß das Universum überall mit einer gleichförmigen Hintergrundstrahlung erfüllt ist. Die Temperatur dieses kosmischen Hintergrunds beträgt etwa drei Grad über dem absoluten Nullpunkt – ein schwacher Überrest des einstmals glühenden Urfeuers.

Wenn wir dies wiederum zeitlich zurückverfolgen, kommen wir für die ersten Sekunden zu einem Zustand, der von extremer Einfachheit gewesen sein muß, weil die Temperatur zu hoch war, als daß komplexe Strukturen, darunter auch Atomkerne, hätten bestehen können. Kosmologen vermuten, daß das kosmische Material beim Anbruch der Zeit in einer gleichförmigen Mischung von unverbundenen subatomaren Teilchen im thermodynamischen Gleichgewicht bestand.

Um diese Annahme zu überprüfen, kann man am Modell durchrechnen, was mit der Teilchen»suppe« geschah, als die Temperatur sank. Unterhalb von einer Milliarde Grad war die Temperatur nicht mehr hoch genug, um die Verschmelzung von Neutronen und Protonen zu komplexen Kernen zu verhindern. Berechnungen zufolge haben sich in den ersten paar Minuten etwa 25 Prozent des Kernmaterials in das Element Helium, etwas Deuterium und Lithium und vernachlässigbare Mengen sonstiger Elemente verwandelt. Die verbleibenden 75 Prozent blieben unverändert in Gestalt einzelner Protonen erhalten, aus denen Wasserstoffatome werden sollten. Daß Astronomen die chemische Zusammensetzung des Universums nach ihren Beobachtungen auf rund 25 Prozent Helium und 75 Prozent Wasserstoff veranschlagen, bestätigt die Richtigkeit der Grundidee, daß das Universum in einem heißen Urknall entstanden sein muß.

Nach der ursprünglichen Version der Urknalltheorie, die in den sechziger Jahren populär wurde, hatte das Universum anfangs eine praktisch unendliche Temperatur, Dichte und Expansionsgeschwindigkeit und hat sich seitdem abgekühlt und verlangsamt. Was den Knall selbst angeht, so war man der Meinung, er liege nicht mehr im Bereich der Wissenschaft, ebenso wie der Inhalt der aus der Explosion entstandenen »Suppe« und ihre Verteilung im Raum. All diese Dinge mußten einfach als gegeben hingenommen werden, sei es als gottgegeben, sei es als Folge ganz spezieller Anfangsbedingungen, die zu erklären der Wissenschaftler nicht als seine Aufgabe betrachtete.

In den siebziger Jahren dann erhielt die Kosmologie des frühen Universums einen Anstoß aus einer unerwarteten Richtung. Aus der Hochenergie-Teilchenphysik begann sich damals eine Sturzflut von provozierenden neuen Ideen zu ergießen, die sich zwanglos auf die allerersten Phasen des Urknalls übertragen ließen. Es wurden Teilchenbeschleuniger in Betrieb genommen, die unmittelbar die sengende Hitze des ganz frühen Universums simulieren konnten, bis auf ein Trillionstel einer Sekunde an das auslösende Ereignis heran, einen Zeitpunkt, zu dem die Temperatur viele Trillionen Grad betrug. Gleichzeitig begannen Theoretiker ungezwungen darüber zu spekulieren, wie die Physik bei weit darüber hinausgehenden Energien ausgesehen haben könnte, als der Kosmos gerade erst 10^{-36} Sekunden alt war – direkt vor der Schwelle der Schöpfung.

Dieses genehme Zusammenfließen der Physik des ganz Großen (Kosmologie) und des ganz Kleinen (Teilchenphysik) schuf die Möglichkeit, viele der herausragenden Merkmale des Urknalls mit physikalischen Prozessen in den allerersten Momenten zu erklären, statt sie auf spezielle Anfangsbedingungen zurückzuführen. Es gibt zum Beispiel Anhaltspunkte dafür, daß die Unregelmäßigkeiten in der Verteilung der Materie, die es anfangs gegeben haben muß, damit Galaxien und Galaxienhaufen entstehen konnten, auf quantenphysikalische Fluktuationen zurückgehen, die nach ungefähr 10^{-32} Sekunden aufgetreten sein könnten.

Ich möchte diese erregenden Entwicklungen hier nicht ausführlich darstellen, denn ich habe sie in meinem Buch *Superforce* erörtert. Ich möchte jedoch einen allgemeinen Gesichtspunkt vortragen, der für unser gegenwärtiges Thema von Belang ist. Der entscheidende Parameter in der Teilchenphysik ist die Energie, und die Geschichte der Teilchenphysik ist weitgehend ein Bemühen um immer größere Energien, bei denen man subnukleare Teilchen aufeinanderprallen läßt. Mit den im Laufe der Jahre wachsenden Energien der Experimente (und der theoretischen Modellbildung) ist eine Tendenz sichtbar geworden. Allgemein kann man sagen: Je höher die Energie, desto weniger Struktur und Differenzierung gibt es sowohl bei der subatomaren Materie selbst als auch bei den auf sie einwirkenden Kräften.

Betrachten wir zum Beispiel die verschiedenen Naturkräfte. Bei niedriger Energie scheint es vier fundamentale Kräfte zu geben: die Schwerkraft und den Elektromagnetismus, die wir aus dem Alltag kennen, sowie zwei Kernkräfte, die schwache und die starke Kernkraft. Versuchen wir uns einmal anschaulich vorzustellen, wir könnten die Temperatur in einem Raumvolumen unbegrenzt erhöhen und damit immer frühere Zustände des urzeitlichen Universums simulieren. Nach den derzeitigen Theorien wird bei einer Temperatur von etwa 10^{15} Grad (das ist im Augenblick die Grenze für direkte Experimente) die elektromagnetische Kraft mit der schwachen Kernkraft zu einer verschmelzen – oberhalb dieser Temperatur gibt es nicht mehr vier, sondern nur noch drei Kräfte.

Nach der Theorie wird es bei noch höheren Temperaturen zu weiteren Verschmelzungen kommen. Bei 10^{27} Grad wird die starke Kernkraft mit der elektromagnetisch-schwachen Kraft verschmelzen, bei 10^{32} Grad wird sich die Schwerkraft anschließen, so daß eine einzige, einheitliche Superkraft entsteht.

Bei steigenden Temperaturen wird auch die Identität der Materie in ähnlicher Weise verblassen. Wir kennen das schon aus der normalen Erfahrung. Die am stärksten strukturierten, eindeutigsten Formen von Materie sind die Festkörper. Bei höheren Temperaturen werden Festkörper zu Flüssigkeiten, dann zu Gasen, und jede Phase stellt eine Entwicklung zur Gestaltlosigkeit dar. Weitere Erhitzung verwandelt ein Gas in ein Plasma, in dem sogar die Atome ihre Struktur einbüßen und sich in Elektronen und Ionen auflösen.

Bei höheren Temperaturen zerbrechen die Kerne der Atome. Dies war der Zustand des kosmischen Materials etwa eine Sekunde nach dem Anfang. Es bestand aus einer gleichförmigen Mischung von Protonen, Neutronen und Elektronen. Noch früher, bei etwa 10^{-6} Sekunden, waren Temperatur und Dichte der Kernteilchen (Protonen und Neutronen) so hoch, daß sie ihre jeweilige Identität einbüßten und das kosmische Material reduziert war auf eine Suppe von Quarks, den elementaren Bausteinen aller subnuklearen Materie. Zu diesem Zeitpunkt war das Universum daher von einer einfachen Mischung aus diversen subatomaren Teilchen erfüllt, darunter eine Reihe verschiedener Arten von Quarks, Elektronen, Myonen, Neutrinos und Photonen.

Bei weiterer Erhöhung der Temperatur, die noch früheren Phasen des Universums entspricht, beginnen sich die Unterscheidungsmerkmale dieser Teilchen zu verflüchtigen. Einige Teilchen verlieren zum Beispiel ihre Masse und bewegen sich wie die Photonen mit Lichtgeschwindigkeit. Bei ultrahohen Temperaturen verwischt sich sogar der Unterschied zwischen Quarks und Leptonen (den relativ schwach wechselwirkenden Teilchen wie etwa Elektronen und Neutrinos).

Wenn man gewissen, ganz neuen Hypothesen glauben darf, löst sich, sobald die Temperatur den sogenannten Planckschen Wert von 10^{32} Grad erreicht, jegliche Materie in ihre primitivsten Bestandteile auf, die möglicherweise nichts anderes sind als ein Meer von identischen, in einer zehndimensionalen Raumzeit existierenden Schnüren. Außerdem verschwimmt unter diesen extremen Bedingungen sogar der Unterschied zwischen Raumzeit und Materie.

Ungeachtet ihrer technischen Einzelheiten sagen alle Theorien übereinstimmend aus, daß bei steigender Temperatur immer weniger Struktur, immer weniger Form und immer weniger Unterschied zwischen Teilchen und Kräften gegeben sein werden. Im Grenzfall extrem hoher Energie scheint sich die gesamte Physik in eine abstrakte Ursubstanz aufzulösen. Einige Theoretiker sind noch weitergegangen und haben angedeutet, daß sich bei ultrahohen Energien auch die physikalischen Gesetze selbst auflösen und an die Stelle der Gesetzesherrschaft das reine Chaos tritt. Aus diesen phantastischen Veränderungen, die für hohe Energien vorausgesagt werden, hat man eine bemerkenswerte neue Naturauffassung hergeleitet. Die physikalische Welt der Alltagserfahrung gilt nun als ein erstarrtes Überbleibsel einer fundamentalen Physik, in der alle Kräfte und Teilchen zu einem gleichförmigen Gemisch vereint sind.

Die Symmetrie und wie sie verlorengeht

In ihrem jüngsten Buch *Die asymmetrische Schöpfung* schreiben die Astrophysiker John Barrow und Josepf Silk: »Falls Paradies gleichbedeutend ist mit einem Zustand endgültiger und vollkommener Symmetrie, gleichen sich die Geschichten vom ›Urknall‹ und vom ›Verlorenen Paradies‹ ... Die Folge ist das mannigfaltige Universum der gebrochenen Symmetrie, das uns heute umgibt.«[1]

Um diese einigermaßen rätselhafte Aussage zu begreifen, muß man wissen, welche Stellung die Symmetrie in der modernen Physik einnimmt. Wir sahen bereits, daß Symmetriebrechung eine charakteristische Erscheinung von Prozessen der Selbstorganisation in Biologie, Chemie und Experimentalphysik ist. Nun werden wir sehen, daß sie auch in der Kosmologie eine entscheidende Rolle spielt.

Offenkundige Symmetrie findet man in der Natur auf Schritt und Tritt: in der kugelförmigen Gestalt der Sonne, der Struktur einer Schneeflocke, der geometrischen Form der Planetenbahnen – und in menschlichen Artefakten. Verborgene Symmetrie ist jedoch in der Physik von noch größerer Bedeutung. Unser derzeitiges Verständnis der fundamentalen Naturkräfte stützt sich sogar weitgehend auf die Vorstellung von abstrakten Symmetrien, die bei oberflächlicher Betrachtung nicht zu erkennen sind.

Zwischen Symmetrie und Struktur besteht, wie schon bemerkt wurde, ein umgekehrtes Verhältnis. Das Auftreten von Struktur und Form zeigt gewöhnlich an, daß eine zuvor bestehende Symmetrie gebrochen wurde. Symmetrie geht nämlich mit einem Mangel an Merkmalen einher. Ein Beispiel eines Objekts mit Symmetrie ist die Kugel. Ihr Erscheinungsbild ändert sich nicht, gleichgültig, bis zu welchem Winkel man sie um ihren Mittelpunkt dreht. Malt man jedoch einen Fleck auf die Oberfläche, wird diese Rotationssymmetrie gebrochen, denn wir brauchen nur nach dem Fleck zu schauen, um sagen zu können, ob die Lage der Kugel verändert wurde. Eine gewisse Symmetrie bleibt der Kugel mit dem Fleck allerdings erhalten. Wir können sie ohne Veränderung um eine Achse rotieren lassen, die durch den Fleck und den Kugelmittelpunkt geht. Wir können sie auch in einem entsprechend aufgestellten Spiegel sich spiegeln lassen. Würde aber die Oberfläche mit vielen Flecken versehen, so gingen diese weniger starken Symmetrien ebenfalls verloren.

Die mit dem Auftreten neuer Formen von Ordnung einhergehende spontane Symmetriebrechung wurde durch mehrere Beispiele belegt; so durch die Belusow-Zhabotinsky-Reaktion, bei der eine zunächst gestaltlose Lösung räumliche Muster erzeugt; durch die Morphogenese, bei der sich homogene Zellhaufen in differenzierte Embryonen verwandeln, und durch den Ferromagnetismus, bei dem sich die symmetrisch verteilten Mikromagnete entsprechend einer Fernordnung ausrichten.

In der Teilchenphysik gibt es Symmetrien, für die kein einfacher geometrischer Ausdruck existiert. Dennoch sind sie für unser Verständnis der physikalischen Gesetze der subatomaren Ebene wesentlich. Ein ausgezeichnetes Beispiel sind die sogenannten »Eichsymmetrien«, die den Schlüssel zur Vereinheitlichung der Naturkräfte liefern. Die Eichsymmetrien hängen mit der Freiheit zusammen, verschiedene Möglichkeiten der mathematischen Beschreibung der Kräfte ständig neu zu definieren (»neu zu eichen«), ohne an jedem Punkt in Raum und Zeit die Werte der Kräfte zu verändern. Wie für die geometrischen Symmetrien besteht auch für die Eichsymmetrien eine Tendenz, daß sie bei niedrigen Temperaturen gebrochen und bei hohen Temperaturen wiederhergestellt werden.

Genau dieser Effekt tritt bei der elektromagnetischen und der schwachen Kraft ein. Bei gewöhnlichen Energien sind diese beiden Kräfte deutlich voneinander verschieden. Die elektromagnetische Kraft ist sehr viel stärker und hat eine unendliche Reichweite, während die relativ kraftlose schwache Kraft nicht über den subatomaren Bereich hinausreicht. Doch oberhalb von 10^{15} Grad verschmelzen, wie wir gesehen haben, die beiden Kräfte zu einer einzigen. Sie werden in Stärke und Reichweite miteinander vergleichbar und stellen das Auftreten einer neuen Symmetrie dar (nämlich einer

Eichsymmetrie), die bei niedrigen Energien verborgen beziehungsweise gebrochen war.

Bei weiterer Steigerung der Temperatur sagt die Theorie, wie wir gesehen haben, voraus, daß alle sonst noch bestehenden abstrakten Symmetrien wiederhergestellt werden. Eine dieser in den Naturgesetzen verankerten tiefen Symmetrien ist die zwischen Materie und Antimaterie. Materie, die eine Form von Energie ist, kann experimentell erzeugt werden, aber sie ist stets von einer entsprechenden Menge Antimaterie begleitet. Die Tatsache, daß Materie und Antimaterie im Labor immer in symmetrischer Weise erzeugt werden, führt zu dem irritierenden Problem, warum das Universum zu fast hundert Prozent aus Materie besteht. Was ist mit der Antimaterie passiert? Offenbar hat es in den frühen Phasen des Urknalls einen Vorgang gegeben, der die Materie-Antimaterie-Symmetrie brach und die Entstehung eines Überschusses an Materie ermöglichte.

Man kann die Geschichte des Universums als eine Folge von bei sinkender Temperatur auftretenden Symmetriebrechungen betrachten. Schritt für Schritt entsteht, ausgehend von einem eintönigen Gemisch, immer mehr Struktur und Differenzierung. Jeder Schritt läßt eine charakteristische neue Qualität »herausfrieren«. Zuerst wurde ein geringer Überschuß von Materie gegenüber Antimaterie in das kosmische Material eingefroren. Dies geschah wahrscheinlich sehr früh, etwa 10^{-32} Sekunden nach dem Beginn der Explosion. Als etwa eine Mikrosekunde verstrichen war, vereinigten sich dann die Quarks zu Kernteilchen. Am Ende der ersten Sekunde war der größte Teil der verbleibenden Antimaterie durch Kontakt mit Materie vernichtet worden.

Damit waren die Voraussetzungen für die nächste Phase geschaffen. Nach etwa einer Minute entstanden durch die Verschmelzung der Neutronen mit einem Teil der Protonen Heliumkerne. Sehr viel später – es waren beinahe Millionen Jahre verstrichen – verbanden sich die Kerne mit Elektronen zu Atomen.

Bei weiterer Abkühlung des Universums ballte sich das ursprüngliche kosmische Material zu Sternen, Sternhaufen, Galaxien und anderen astronomischen Gebilden zusammen. Die Sterne erzeugten dann komplexe Kerne und schleuderten sie ins All hinaus; dadurch wurde die Bildung von Planetensystemen möglich, und als deren Material sich abkühlte, gerann es zu Kristallen und Molekülen von immer größerer Komplexität. Differenzierungen und Weiterverarbeitung schufen die vielfältigen Formen von Materie, die wir auf der Erde antreffen, von den Diamanten bis zur DNA. Wohin wir auch schauen, überall beobachten wir, daß Materie und Energie an der weiteren Verfeinerung, Komplexitätssteigerung und Differenzierung der Materie arbeiten.

Der letztliche Ursprung des Universums

Eine Beschreibung der Entstehung des Universums ist unvollständig, wenn sie nichts darüber sagt, wie es letztlich entsprungen ist. Zu der Zeit, da ich dies schreibe, ist das sogenannte *Aufblähungsszenario* in Mode. Nach dieser Theorie entstand das Universum im wesentlichen ohne Materie und Energie. Während eine Version der Theorie behauptet, die Raumzeit sei infolge einer Quantenfluktuation spontan aus dem Nichts aufgetaucht, hat sich nach einer anderen Version die Zeit kurz nach dem Anfang gewissermaßen in Raum »verwandelt«, und daher hat man es nicht mit dem Auftreten des dreidimensionalen Raums an einem bestimmten Punkt in der Zeit zu tun, sondern mit einem vierdimensionalen Raum. Wenn man nun annimmt, daß dieser Raum gekrümmt ist und ein ununterbrochenes Kontinuum bildet, dann gibt es überhaupt keinen richtigen Ursprung: Was wir für den Anfang des Universums nehmen, ist ebensowenig ein physikalischer Ursprung, wie der Nordpol der Beginn der Erdoberfläche ist.

Wie dem auch immer sein mag – nachdem der neugeborene Raum ganz still angefangen hatte, begann er mit einer phantastischen, sich ständig beschleunigenden Geschwindigkeit anzuschwellen, bis er kosmische Ausmaße erreichte, ein Vorgang, der nur etwa 10^{-32} Sekunden in Anspruch nahm. Dies ist die »Aufblähung«, nach der das Szenario benannt ist. Sie machte aus einem »kleinen Knall« den bekannten Urknall, den Big Bang.

Während der Aufblähungsphase wurde sehr viel Energie erzeugt, aber diese Energie war unsichtbar, in Quantenform im leeren Raum eingesperrt. Als die Aufblähung endete, wurde diese ungeheure Energiemenge in Form von Materie und Strahlung freigesetzt. Anschließend entwickelte sich das Universum in der bereits geschilderten Weise.

Während der Aufblähungsphase befand sich das Universum in einem Zustand vollkommener Symmetrie. Es bestand aus einem völlig homogenen und isotropen leeren Raum. Außerdem war, wegen der völlig gleichbleibenden Expansionsgeschwindigkeit, ein zeitlicher Moment nicht vom anderen zu unterscheiden. Das Universum war, anders gesagt, unter Zeitumkehr und Zeittranslation symmetrisch. Es hatte ein »Sein«, aber kein »Werden«. Das Ende der Aufblähung war gleichbedeutend mit der ersten großen Symmetriebrechung: Der gestaltlose leere Raum wurde plötzlich von Myriaden von Teilchen bevölkert, was eine ungeheure Zunahme der Entropie bedeutete. Das war ein ganz und gar irreversibler Schritt, der dem Universum einen bis heute bestehenden Pfeil der Zeit aufprägte.

Für Anhänger der Aufblähungs- oder einer ähnlich gearteten Hypothese hat das Universum also mehr oder weniger mit Nichts angefangen, und das Universum, das wir heute beobachten, hat sich Schritt für Schritt durch eine Folge von Symmetriebrechungen entwickelt. Jeder dieser Schritte ist in hohem Maße irreversibel, und er erzeugt eine Menge Entropie, aber er ist auch schöpferisch insofern, als er neue Möglichkeiten und Komplexitätssteigerungen der Materie freisetzt. Die Schöpfung ist jetzt nicht mehr ein Vorgang, der ein für allemal stattfand und abgeschlossen ist, sondern ein fortgesetzter, noch immer unvollendeter Prozeß.

Der sich selbst regulierende Kosmos

Die stetige Entfaltung der kosmischen Ordnung hat zur Ausbildung von komplexen Strukturen in allen Größenordnungen geführt. Die astronomisch gesehen kleinsten Strukturen findet man im Sonnensystem. Es ist schon merkwürdig, wenn man bedenkt, daß die Planetenbewegungen lange als das beste Beispiel einer erfolgreichen Anwendung der physikalischen Gesetze galten, daß man aber die Entstehung des Sonnensystems noch immer nicht ganz verstanden hat.

Wahrscheinlich haben sich die Planeten aus einem Gas- und Staubnebel gebildet, der kurz nach deren Entstehung vor rund fünf Milliarden Jahren die Sonne umgab. Von den daran beteiligten physikalischen Prozessen haben die Wissenschaftler bislang nur eine verschwommene Vorstellung. Neben der Schwerkraft müssen komplexe hydrodynamische und elektromagnetische Wirkungen im Spiel gewesen sein. Es ist bemerkenswert, daß aus einer gestaltlosen Wolke von herumwirbelndem Material die heute geordnete Konfiguration der Planeten entstanden ist. Nicht minder bemerkenswert ist, daß die geregelte Bewegung der Planeten trotz des komplizierten Musters der zwischen ihnen wirkenden gegenseitigen Schwerkraftanziehung seit Milliarden von Jahren stabil geblieben ist.

Die Planetenbahnen weisen ein ungewöhnliches, ja sogar rätselhaftes Maß an Ordnung auf. Nehmen wir zum Beispiel die berühmte Bodesche Regel (die eigentlich auf den Astronomen Titius zurückgeht) über die Abstände der Planeten von der Sonne. Es zeigt sich, daß mit Ausnahme der Planeten Neptun und Pluto für den Bahnradius aller Planeten bis auf wenige Prozent die einfache Formel $r_n = 0{,}4 + 0{,}3 \times 2^n$ gilt, wobei n die Nummer der Planeten ist, von der Sonne aus gerechnet. Nach der Bodeschen Regel konnte die Existenz des Planeten Uranus korrekt vorhergesagt werden, ja sogar das Vorhandensein eines »fehlenden« Planeten dort, wo sich der Asteroidengürtel befindet. Ungeachtet dieses Erfolges gibt es keine allgemein anerkannte theoretische Grundlage für diese Regel. Entweder ist die geordnete Verteilung der Planeten ein Zufall, oder ein bisher noch unbekannter physikalischer Mechanismus hat das Sonnensystem auf diese Weise organisiert.

Einige der äußeren Planeten weisen ihrerseits keine »Sonnensysteme« auf, sei es in Gestalt mehrerer Monde, sei es, noch spektakulärer, in Gestalt von Ringen. Die Ringe des Saturn – um das bekannteste Beispiel zu nennen – haben seit ihrer Entdeckung durch Galilei im Jahre 1610 die Astronomen fasziniert und verwirrt. Die Ringe bestehen aus riesigen ebenen Flächen mit einem Umfang von mehreren hunderttausend Kilometern und erwecken den Eindruck eines durchgehenden Festkörpers, doch setzen sie sich, wie in Kapitel 5 bemerkt wurde, aus einer Unmenge von kleinen kreisenden Teilchen zusammen.

Fotos, die von Raumsonden aus der Nähe gemacht wurden, zeigen eine erstaunliche Vielfalt von Erscheinungen und Strukturen, von deren Existenz man sich nie etwas hatte träumen lassen. Das scheinbar durchgehende Ringsystem entpuppte sich als eine verwirrend komplexe Überlagerung von Tausenden von mehr oder weniger großen Ringen, die durch Lücken voneinander getrennt sind. Daneben fand man weniger regelmäßige Erscheinungen, darunter »Speichen«, Knicke und Knäuel. Außerdem entdeckte man eine Vielzahl von vorher unbekannten kleinen Monden oder Ringmonden, die in das Ringsystem eingebettet sind.

Wenn man die Saturnringe theoretisch begreifen will, muß man die von den zahlreichen Monden wie auch von dem Planeten selbst auf die Ringteilchen ausgeübten Gravitationskräfte berücksichtigen. Elektromagnetische Kräften spielen genauso eine Rolle wie die Schwerkraft. So entstand ein hochkompliziertes nichtlineares System mit vielen Strukturen, die offenbar durch Selbstorganisation und kooperatives Verhalten der Trillionen von Teilchen spontan zustande gekommen sind.

Ein hervorstechender Effekt besteht darin, daß die Schwerefelder der Saturnmonde bei ihren periodischen Umkreisungen »Resonanzen« entstehen lassen, die bei bestimmten Bahndurchmessern Teilchen aus den Ringen herausfegen. Ein anderer Effekt beruht auf den Störungen, welche die Schwerkraft der innerhalb der Ringe kreisenden kleineren Satelliten auf ihre Umgebung ausübt. Durch diesen sogenannten »Schäfereffekt« werden die Kanten der Ringe verformt, und es entstehen Knicke.

Es gibt keine angemessene theoretische Erklärung für die Saturnringe. Berechnungen haben immer wieder ergeben, daß die Ringe instabil sind und nach einer für astronomische Begriffe kurzen Dauer zerfallen müßten. Nach Schätzungen der zwischen den Schäfersatelliten und den Ringen stattfindenden Impulsübertragung müßte zum Beispiel das Ring-Ringmond-System innerhalb von weniger als hundert Millionen Jahren zusammenstürzen. Dabei ist fast sicher, daß die Ringe einige *Milliarden* Jahre alt sind.

Das Beispiel der Saturnringe illustriert ein allgemeines Phänomen. Komplexe physikalische Systeme besitzen eine Tendenz, Zustände mit einem hohen Maß an Organisation und kooperativem Verhalten zu entwickeln, die bemerkenswert stabil sind. Von der Thermodynamik ausgehend, könnte man erwarten, daß ein System wie die Saturnringe, das eine ungeheure Zahl von wechselwirkenden Teilchen enthält, rasch im Chaos versinkt und alle bestehenden großräumigen Strukturen zerstört. Doch die komplexen Strukturen vermögen sich über sehr viel längere Zeiträume stabil zu erhalten, als es die normalerweise zerfallenden Prozesse vermögen. Wenn man über die Existenz dieser Ringe nachdenkt, kommen einem unweigerlich solche Wörter wie »Regelung« oder »Steuerung« in den Sinn.

Ein noch eindrucksvolleres Beispiel eines komplexen Systems, das einen scheinbar unverhältnismäßigen Grad an Selbstregulation ausübt, liefert der Planet Erde. James Lovelock hat vor einigen Jahren das faszinierende Konzept der Gaia eingeführt. Nach der griechischen Erdgöttin Gaia benannt, ist darunter ein Konzept zu verstehen, das unseren Planeten als ein ganzheitliches, sich selbst regulierendes System auffaßt, in dem die Aktivitäten der Biosphäre nicht zu trennen sind von den komplexen Vorgängen der Geologie, der Klimatologie und der Atmosphärenphysik.

Lovelock hat über die Tatsache nachgedacht, daß das Vorhandensein von Leben auf der Erde in geologischen Zeiträumen die Umwelt, in der dieses Leben gedeiht, grundlegend verändert hat. Daß es zum Beispiel Sauerstoff in unserer Atmosphäre gibt, ist direkt auf die Photosynthese der Pflanzen zurückzuführen. Andererseits haben sich auch Veränderungen auf der Erde vollzogen, die nicht organischen Ursprungs sind. Dazu gehört die Kontinentalverschiebung, der Aufprall großer Meteore oder die allmähliche Zunahme der Leuchtkraft der Sonne. Lovelock fiel auf, daß diese beiden scheinbar voneinander unabhängigen Veränderungsreihen offenbar einen Zusammenhang aufweisen.

Nehmen wir zum Beispiel die Frage der Leuchtkraft der Sonne. In dem Maße, wie die Sonne ihren Wasserstoffvorrat verbrennt, ändert sich langsam ihre innere Struktur, von der es wiederum abhängt, wie hell sie scheint. Im Laufe der Erdgeschichte hat die Leuchtkraft um über dreißig Prozent zugenommen. Andererseits ist die Temperatur der Erdoberfläche während dieser Zeit bemerkenswert konstant geblieben, was man daher weiß, daß es immer flüssiges Wasser gegeben hat; die Weltmeere sind weder vollkommen zugefroren noch verkocht. Allein schon die Tatsache, daß sich über den größeren Teil der Erdgeschichte Leben erhalten hat, zeugt von der Ausgeglichenheit der Bedingungen.

Die Temperatur der Erde ist auf irgendeine Weise reguliert worden. Einen denkbaren Mechanismus liefert der Kohlendioxid-Gehalt der Atmosphäre. Kohlendioxid fängt Wärme ein und erzeugt einen »Treibhauseffekt«. Die urzeitliche Atmosphäre enthielt große Mengen Kohlendioxid, die wie eine Decke wirkten und die Erde bei dem relativ schwachen Sonnenlicht jener Zeit warm hielten. Mit dem Auftreten von Leben begann jedoch das Kohlendioxid in der Atmosphäre abzunehmen, weil der Kohlenstoff zu lebendem Material synthetisiert wurde. Dafür wurde Sauerstoff freigesetzt.

Diese Veränderung in der chemischen Zusammensetzung der Erdatmosphäre war überaus segensreich, weil sie den wachsenden Wärmestrom von der Sonne recht genau ausglich. In dem Maße, wie die Sonne heißer wurde, wurde die Kohlendioxid-Decke nach und nach vom Leben aufgezehrt. Überdies sorgte der Sauerstoff für eine Ozonschicht in der oberen Atmosphäre, die die gefährlichen ultravioletten Strahlen abfing. Bis dahin war das Leben auf die Meere beschränkt gewesen. Unter dem Schutz der Ozonschicht konnte es nun auch unter den exponierten Bedingungen auf dem Festland gedeihen.

Die Tatsache, daß das Leben gerade so handelte, daß die Bedingungen, die es für seinen Fortbestand und seine Weiterentwicklung brauchte, erhalten blieben, ist ein schönes Beispiel für Selbstregulation. Sie hat einen angenehmen teleologischen Beigeschmack. Es ist, als hätte das Leben die Gefahr vorausgesehen und ihr vorgebeugt. Natürlich darf man sich nicht zu der verlockenden Annahme verleiten lassen, als seien die biologischen Vorgänge auf eine bestimmte Weise von Endursachen gesteuert worden. Gleichwohl liefert Gaia einen feinen Beleg dafür, daß ein hochgradig komplexes Rückkoppelungssystem angesichts von drastischen äußeren Störungen stabile Aktivitätsformen entwickeln kann. Wieder einmal sehen wir, wie einzelne Komponenten und Teilprozesse durch das System als ganzes gesteuert werden und sich einem in sich geschlossenen Verhaltensmuster einfügen.

Die offensichtlich stabilen Bedingungen auf der Oberfläche unseres Planeten veranschaulichen den allgemeinen Sachverhalt, daß komplexe Systeme eine ungewöhnliche Fähigkeit besitzen, sich zu stabilen Aktivitätsmustern zu organisieren, während wir *a priori* Zerfall und Zusammenbruch erwarten würden. Die meisten Computersimulationen der Entwicklung der Erdatmosphäre lassen so etwas wie eine galoppierende Katastrophe erwarten, sei es, daß die Erde total vereist, daß die Ozeane verdampfen oder daß die ganze Welt durch ein Übermaß an Sauerstoff verbrennt. Man bekommt den Eindruck, als besitze die Atmosphäre nur eine prekäre Stabilität. Dennoch haben vielfältig ineinandergreifende komplexe Prozesse es gemeinsam geschafft, die Atmosphäre trotz starker Veränderungen und zeitweilig sogar katastrophenartiger Störungen stabil zu halten.

Die Schwerkraft – Quelle kosmischer Ordnung

Von den vier fundamentalen Naturkräften wirkt nur die Schwerkraft über astronomische Entfernungen. Insofern kann sie als Kraftquelle des Kosmos gelten. Sie ist für die Entstehung der großräumigen Struktur des Universums verantwortlich, und innerhalb dieser Struktur spielen die anderen Kräfte ihre jeweilige Rolle.

Physiker und Astronomen sind seit langem der Ansicht, daß die Schwerkraft für die Organisation der Materie von besonderer Bedeutung sei. Ein homogenes Gas ist unter der Einwirkung der Schwerkraft stabil. Aufgrund kleinerer Dichteschwankungen werden einige Regionen des Gases eine stärkere Anziehung ausüben als andere und das Material in ihrer Umgebung sich anhäufen lassen. Diese Anhäufung wird dann die Schwankungen verstärken und weitere Heterogenität nach sich ziehen, die schließlich dazu führen kann, daß das Gas in getrennte Gebilde zerfällt. Wenn sich das Material in bestimmten Regionen verdichtet, wächst die Anziehungskraft dieser Regionen. Das Endergebnis dieses eskalierenden Prozesses kann, wie wir gesehen haben, die Bildung von Galaxien und Sternen sein. Er kann sogar dazu führen, daß die Materie vollständig in Schwarze Löcher hineinstürzt.

Im Widerspruch zu dieser Tendenz der Schwerkraft, die Materie zu immer größeren Zusammenballungen zu veranlassen, steht das Verhalten der Gase im kleinen Maßstab, wo die Gravitationskräfte vernachlässigt werden können. In diesem Fall wird ein unregelmäßig verteiltes Gas rasch homogen werden, da die chaotische Bewegung seiner Moleküle es in eine gleichmäßige Verteilung »hineinbugsiert«. Normalerweise führen die Gesetze der Thermodynamik zum Zerfall von Strukturen, doch in Gravitationssystemen passiert das Gegenteil: Die Struktur scheint mit der Zeit zuzunehmen.

Das »antithermodynamische« Verhalten der Schwerkraft führt zu merkwürdigen Erscheinungen. In der Regel kühlen heiße Objekte sich ab, wenn sie Energie verlieren. Das Gegenteil ist bei Systemen der Fall, die unter der Wirkung ihrer eigenen Schwerkraft stehen: Sie werden heißer. Stellen wir uns zum Beispiel vor, wir könnten durch irgendeinen Trick der Sonne mit einem Schlag ihre gesamte Wärmeenergie nehmen. Die Sonne würde zusammenschrumpfen, da ihrer Schwerkraft nicht mehr ihr innerer Druck entgegenstünde. Schließlich würde ein neues Gleichgewicht erreicht, denn durch die Kompression der Gase der Sonne würden ihre Temperatur und damit der Druck steigen. Sie müßten weit über das gegenwärtige Niveau hinaus steigen, um der durch den dichteren Zustand erzeugten größeren Schwerkraft entgegenwirken zu können. Am Ende würde sich die Sonne bei einem neuen Zustand mit kleinerem Radius und höherer Temperatur stabilisieren.

Praktisch kann man den gleichen Effekt beobachten, wenn ein künstlicher Erdsatellit aus seiner Bahn gerät. Sobald er die Atmosphäre streift, verliert er Energie, und schließlich verglüht er, oder er stürzt zu Boden. Das Merkwürdige ist nun, daß der Satellit, obwohl er durch die Luftreibung Energie einbüßt, dennoch schneller fliegt, weil die Schwerkraft ihn in eine niedrigere Umlaufbahn hinunterzieht und ihn dabei schneller werden läßt. Dies steht im Gegensatz zur Wirkung des Luftwiderstandes nahe der Erdoberfläche, die Objekte abbremst.

Der Schlüssel zu den einzigartigen strukturbildenden Fähigkeiten der Schwerkraft liegt in ihrem alles anziehenden Wesen und ihrer langen Reichweite. Die Schwerkraft zieht an jedem Materieteilchen im Universum, und sie kann nicht abgeschirmt werden. Wenn die Schwerkraft Materie zusammenzieht, nimmt ihre Stärke aus zwei Gründen zu. Zum einen verstärkt die Zusammenballung von Materie die Quelle der Anziehung, zum anderen wächst die Stärke der Schwerkraft, wenn Materie komprimiert wird, im umgekehrten Verhältnis zum Quadrat.

Man kann der Schwerkraft die elektromagnetische Kraft gegenüberstellen, die für das Verhalten der meisten Systeme unserer täglichen Erfahrung verantwortlich ist. Diese Kraft hat ebenfalls eine lange Reichweite, doch weil es positive und negative elektrische Ladungen gibt, kann man elektromagnetische Felder abschirmen. Das Feld eines elektrischen Dipols (positive und negative Ladung Seite an Seite) nimmt mit der Entfernung sehr viel rascher ab als das Feld einer isolierten Ladung. Praktisch sind die elektromagnetischen Kräfte in diesem Fall kurzreichweitig; die sogenannten Van-der-Waals-Kräfte zwischen Molekülen nehmen zum Beispiel mit der siebten Potenz des Abstandes ab. Deshalb ist das Auftreten einer Fernordnung in chemischen Systemen wie der Belusow-Zhabotinsky-Reaktion so überraschend. Weil aber die Schwerkraft über astronomische Entfernungen reicht, kann sie direkt eine Fernordnung herstellen.

Aus diesen Eigenschaften der Schwerkraft kann man schließen, daß alle materiellen Objekte im Grunde *metastabil* sind. Sie existieren nur, weil es andere Kräfte gibt, die der Schwerkraft entgegenwirken. Wäre die Schwerkraft die einzige Naturkraft, so würde sämtliche Materie in Verdichtungsgebiete eingesaugt und in den dort eskalierenden Gravitationsfeldern über alle Grenzen hinweg komprimiert. Die Materie würde praktisch verschwinden. Solche Objekte wie Galaxien und Sternhaufen existieren dank der Tatsache, daß ihre Rotationsbewegungen der Schwerkraft mit Fliehkräften entgegenwirken. Die meisten Sterne und Planeten beruhen auf einem inneren Druck, der im wesentlichen elektromagnetischen Kräften entspringt. Einige kollabierte Sterne sind auf einen quantenmechanischen Druck exotischen Ursprungs angewiesen, um zu überleben.

All diese Schwebezustände sind jedoch irgendwann zu Ende. Wenn große Sterne ausbrennen, verlieren sie die Schlacht gegen die eigene Schwerkraft und stürzen völlig in sich zusammen: Sie werden zu Schwarzen Löchern. In einem Schwarzen Loch wird die Materie auf eine sogenannte Singularität zusammengepreßt und dort vernichtet. Schwarze Löcher können sich auch in den Zentren von Galaxien und Sternhaufen bilden, wenn die Rotationsbewegungen nicht mehr ausreichen, um zu verhindern, daß sich über eine kritische Dichte hinaus Materie anhäuft. Diese Schwarzen Löcher können andere Objekte verschlingen, die ihrer eigenen Schwerkraft durchaus hätten widerstehen können.

Für Kosmologen stellt sich die Geschichte des Universums also als ein einziger langer Kampf der Materie gegen die Schwerkraft dar. Der Kosmos beginnt mit einer relativ gleichmäßigen Verteilung der Materie und wird dann nach und nach immer klumpiger und strukturierter, wenn die Materie erst in Haufen, dann in Haufen von Haufen usw. übergeht, bis sie in Schwarzen Löchern endet. Ohne die Schwerkraft wäre das Universum ein gestaltloses Edelgas geblieben.

Der für die Entstehung von Galaxien und Sternen entscheidende Schritt war die Zusammenziehung der ersten Gase. Nachdem Sterne entstanden waren, war die Bahn frei für die Entstehung der schweren Elemente, der Planeten, der unendlich vielen chemischen Substanzen, des Lebens und schließlich des Menschen. Insofern ist die Schwerkraft die Quelle aller Organisation im Kosmos. In der Frühphase des Universums löste die Schwerkraft – Organisation zeugt wieder Organisation – eine Lawine von sich selbst organisierenden Prozessen aus, die schrittweise zu den denkenden Indivieen führte, die jetzt über die Geschichte des Kosmos nachdenken und sich fragen, was das alles bedeutet.

Die Schwerkraft
und das thermodynamische Rätsel

Daß die Schwerkraft das Auftreten von Struktur und Organisation im Universum bewirken kann, scheint dem Geist des Zweiten Hauptsatzes der Thermodynamik zuwiderzulaufen. Tatsächlich ist man noch immer dabei, das Verhältnis zwischen Schwerkraft und Thermodynamik zu klären. Thermodynamische Begriffe wie Temperatur und Entropie lassen sich gewiß auf Systeme übertragen, die ihrer eigenen Schwerkraft unterliegen, doch die thermodynamischen Eigenschaften dieser Systeme bleiben unklar.

Eine Zeitlang hat man geglaubt, Schwarze Löcher gingen über den Zweiten Hauptsatz hinaus, da sie Entropie schlucken können. Zu Beginn der siebziger Jahre wurde jedoch von Jacob Bekenstein und Stephen Hawking gezeigt, daß der Entropiebegriff auch auf Schwarze Löcher übertragen werden kann (die Entropie eines Schwarzen Loches ist seiner Oberfläche proportional). Der entscheidende Schritt dazu war Hawkings Beweis, daß Schwarze Löcher strenggenommen gar nicht schwarz sind, sondern eine ihnen zugeordnete Temperatur haben. Der Austausch von Energie und Entropie zwischen einem Schwarzen Loch und seiner Umgebung gehorcht in vieler Hinsicht den gleichen thermodynamischen Gesetzen, die sich die Ingenieure bei Wärmekraftmaschinen zunutze machen. Wie man aber vielleicht erwartet hat, folgen Schwarze Löcher der Regel aller ihrer eigenen Schwerkraft erliegenden Systeme: Sie werden *heißer*, während sie Energie abstrahlen. Davon bleibt der Zweite Hauptsatz der Thermodynamik jedoch unberührt, sobald man die eigene Entropie des Schwarzen Lochs berücksichtigt.

Daß ihrer eigenen Schwerkraft unterliegende Systeme dazu tendieren, mit der Zeit klumpiger zu werden, steht letzten Endes zwar nicht im Widerspruch zum Zweiten Hauptsatz der Thermodynamik, aber es wird auch von ihm nicht erklärt. Wieder fehlt hier der Pfeil der Zeit. Die unidirektionale Zunahme der Klumpigkeit im Universum ist für die Struktur und die Entwicklung des Universums von so entscheidender Bedeutung, daß man meinen könnte, sie stelle ein fundamentales Gesetz dar.

Daß hier ein grundlegendes Gesetz wirksam ist, glaubt zum Beispiel Roger Penrose, dessen Arbeit über die Auskachelung der Ebene in Kapitel 6 erwähnt wurde. Penrose meint, es gebe ein kosmisches Gesetz, nach dem das Universum, grob gesagt, in einem gleichförmigen Zustand beginnen muß. Er hat versuchsweise eine eindeutige mathematische Größe (den Weyl-Tensor) als Maß der schwerkraftbedingten Unregelmäßigkeit vorgeschlagen, und er hat zu zeigen versucht, daß sie infolge der schwerkraftbedingten Evolution nur zunehmen kann. Er hofft, daß diese Größe als Maß der *Entropie* des Gravitationsfeldes selbst aufgefaßt werden kann, so daß dann die Zunahme der Klumpigkeit nur ein weiteres Beispiel für die allgegenwärtige Zunahme der Entropie mit der Zeit, also für den Zweiten Hauptsatz der Thermodynamik wäre. Das setzt natürlich voraus, daß dieser Ausdruck für die Entropie der Schwerkraft in dem Grenzfall, daß die Klumpigkeit letztlich die Form von Schwarzen Löchern annimmt, in die oben erwähnte Hawkingsche Flächenformel übergeht. Wohl scheint Penrose eine reale und bedeutsame Eigenschaft der Natur anzusprechen, doch sind diese Bemühungen, seine Ideen strenger zu formulieren, bislang nicht überzeugend ausgefallen, und inzwischen meldet Penrose selber Vorbehalte gegen sie an.

Ich bin wie Penrose davon überzeugt, daß sich in der Strukturbildungstendenz von Systemen, die der eigenen Schwerkraft unterliegen, ein fundamentales Naturgesetz äußert. Im Grunde ist das nur ein Aspekt des allgemeinen Gesetzes, das in diesem Buch dargelegt wird – daß nämlich das Universum sich fortschreitend selbst organisiert. Ich glaube allerdings, daß man hier erneut zwischen *Ordnung* und *Organisation* einen klaren Unterschied machen muß. Ich gebe zu bedenken, daß eine klumpige Anordnung von gravitierender Materie *nicht* mehr Ordnung aufweist als eine gleichförmige Anordnung, aber *sehr wohl* einen höheren Grad der Organisation – man vergleiche nur eine Galaxie mit ihren Spiralarmen und ihrer kohärenten Bewegung mit einer gestaltlosen Gaswolke des Uranfangs. Deshalb meine ich, daß die Selbststrukturierungstendenz von gravitierenden Systemen nicht allein mit dem Begriff der gravitativen Entropie zu erklären sein wird, sondern daß ein quantitatives Maß der *Qualität* der schwerkraftbedingten Anordnung erforderlich ist.

10 Die Quelle der Schöpfung

Eine dritte Revolution

Unter Physikern gibt es ein weitverbreitetes Gefühl, daß in ihrem Fach eine größere Revolution bevorsteht. Wirkliche wissenschaftliche Revolutionen bestehen, wie schon bemerkt wurde, nicht bloß in raschen Fortschritten im Hinblick auf technische Einzelheiten, sondern in einem Wandel der Begriffe, auf denen die Wissenschaft aufbaut. Revolutionen dieses Kalibers hat es in der Physik zweimal gegeben. Die erste bestand in der systematischen Entwicklung der Mechanik durch Galilei und Newton. Die zweite vollzog sich mit der Relativitätstheorie und der Quantentheorie zu Beginn dieses Jahrhunderts.

An einer Front wird, von großer Erregung begleitet, der ehrgeizige theoretische Versuch unternommen, die Naturkräfte zu vereinigen und eine vollständige Beschreibung aller subatomaren Teilchen zu liefern. Man hat das Ziel dieses Programms als »Theorie von allem« (englisch »Theory of Everything«, abgekürzt TOE) bezeichnet. Das Programm, das aus der Hochenergie-Teilchenphysik stammt und inzwischen mit der Kosmologie in Zusammenhang gebracht wurde, besteht darin, nach den letzten Gesetzen zu suchen, die auf der untersten und einfachsten Ebene der physikalischen Beschreibung wirksam sind. Wenn es Erfolg hat, wird es die fundamentalen Einheiten aufdecken, aus denen die gesamte physikalische Welt aufgebaut ist.

Während diese erregende reduktionistische Suche weitergeht, macht man Fortschritte an der entgegengesetzten Front, der Schnittstelle zwischen Physik und Biologie, wo man nicht so sehr zu begreifen sucht, woraus die Dinge bestehen, sondern vielmehr, wie sie zusammenkommen und als integrierte Ganzheiten funktionieren. Die Schlüsselbegriffe heißen hier nicht Einfachheit, sondern Komplexität, nicht Hardware, sondern Organisation. Was man sucht, ist eine »Theorie der Organisation« (englisch »Theory of Organisation«, abgekürzt TOO).

Zweifellos werden sowohl die »Theorien von allem« als auch die »Theorien der Organisation« zu einer weitgehenden Revision der bisherigen Physik führen. »Theorien von allem« haben merkwürdige neue Vorstellungen hervorgebracht, so zum Beispiel, daß es zusätzliche Raumdimensionen geben könnte oder daß die Welt aus Schnüren bestehen könnte – Vorstellungen, deren Realisierung ganz neue Gebiete der Mathematik voraussetzt. Auch von den »Theorien der Organisation« ist zu erwarten, daß sie völlig neue Gesetze enthüllen werden, die den Rahmen der bisherigen Physik sprengen.

Für die Sucher nach »Theorien der Organisation« besteht die zentrale Frage darin, ob der erstaunliche – man könnte sogar sagen: unvernünftige – Hang von Materie und Energie, sich »entgegen aller Wahrscheinlichkeit« selbst zu organisieren, mit den bisher bekannten Gesetzen der Physik erklärt werden kann oder ob dazu vollkommen neue fundamentale Gesetze erforderlich sind.

In der Praxis war den Bemühungen, Komplexität und Selbstorganisation mit den grundlegenden Gesetzen der Physik zu erklären, wenig Erfolg beschieden. Obwohl die Tendenz zu immer größerer organisatorischer Komplexität ein unübersehbares Merkmal des Universums ist, hat man das Auftauchen von neuen Organisationsstufen vielfach als etwas Rätselhaftes aufgefaßt, weil es aus thermodynamischer Sicht »in die falsche Richtung« zu gehen scheint. Neue Formen der Selbstorganisation sind in diesem Sinne generell etwas Unerwartetes und werden als Kuriosum betrachtet.

Wenn man ihnen organisierte Systeme vorlegt, können Wissenschaftler bisweilen ein nachträgliches *Ad-hoc*-Modell von ihnen entwickeln, doch bereitet es immer beträchtliche Schwierigkeiten, ihre Entstehung zu begreifen oder gänzlich neue Formen der komplexen Organisation vorherzusagen. Das gilt in besonderem Maße für die Biologie. Der Ursprung des Lebens, die Evolution wachsender biologischer Komplexität und die Entwicklung des Embryos aus einer Eizelle – das alles erscheint auf den ersten Blick wie ein Wunder, und es ist bislang weitgehend unerklärt geblieben.

Das rätselhafte Organisationsvermögen der Natur

Wegen der offenkundigen Probleme, die im Universum zu beobachtende Komplexität und Selbstorganisation zu erklären, besteht keine Einigkeit darüber, woher das Organisationsvermögen der Natur rührt. Drei Grundpositionen sind erkennbar.

Totaler Reduktionismus

Manche Wissenschaftler behaupten, es gebe *keine* neuentstehenden Phänomene; alle physikalischen Vorgänge ließen sich letzten Endes auf das Verhalten von wechselwirkenden Elementarteilchen (oder Feldern) reduzieren. Es stünde uns zwar frei, so räumen sie ein, höhere Ebenen der Beschreibung zu wählen, doch sei das eine ganz auf subjektiven Kriterien beruhende Ermessensfrage. Natürlich sei es sehr viel einfacher, wenn man einen Hund als Hund betrachtet und nicht als eine Ansammlung von Zellen oder Atomen, zwischen denen komplizierte Wechselwirkungen bestehen. Diese gängige Praxis dürfe uns aber nicht zu der Ansicht verleiten, »Hund« habe irgendeine fundamentale Bedeutung, die nicht bereits in den Atomen, aus denen sich das Tier zusammensetzt, enthalten sei.

Der extreme Reduktionist glaubt, alle Stufen der Komplexität ließen sich grundsätzlich mit den zugrundeliegenden Gesetzen der Mechanik erklären, die das Verhalten der fundamentalen Felder und Teilchen der Physik bestimmen. Grundsätzlich ließe sich also auch die Existenz von Hunden auf diese Weise erklären. Die Tatsache, daß wir etwa den Ursprung des Lebens praktisch nicht zu erklären vermögen, wird einzig dem Umstand zugeschrieben, daß wir die Einzelheiten der daran beteiligten komplizierten Prozesse gegenwärtig noch nicht kennen. Lücken in unserem Wissen, so werden wir gewarnt, dürften jedoch nicht durch geheimnisvolle neue Kräfte, Gesetze oder Prinzipien geschlossen werden.

Wie ich darüber denke, habe ich in den vorangegangenen Kapiteln deutlich gemacht. Der totale Reduktionismus ist nicht mehr als ein vages Versprechen, das sich auf das überholte und mittlerweile nicht mehr glaubhafte Konzept des Determinismus stützt. Indem er die Bedeutung der höheren Ebenen in der Natur zu ignorieren versucht, drückt sich der totale Reduktionsmus ganz einfach vor vielen der interessantesten Fragen, die die Welt für uns aufwirft. Er bestreitet zum Beispiel, daß dem Pfeil der Zeit irgendeine Realität zukommt. Ein Problem wird jedoch nicht dadurch erklärt, daß man es wegdefiniert.

Kreativität ohne Ursache

Eine andere Position meidet den extremen Reduktionismus und nimmt an, daß die Existenz von komplexen, organisierten Formen, Prozessen und Systemen nicht zwangsläufig aus den Gesetzen der tieferen Ebenen folgt. Daß es höhere Ebenen gibt, wird ganz einfach als eine Naturgegebenheit akzeptiert. Diese neuen Organisationsstufen (z. B. die lebende Materie) sind dieser Auffassung zufolge in keiner Weise verursacht oder determiniert, weder durch die tieferen Stufen noch durch sonst etwas. Sie sind etwas wirklich Neues.

Diese Ansicht vertrat der Philosoph Henri Bergson. Als Teleologe verwarf er gleichwohl den Finalismus, der nach seiner Meinung nur eine andere, wenn auch zeitlich umgekehrte Form des Determinismus war:

Die Zweckmäßigkeitslehre in ihrer extremsten Form, wie wir sie etwa bei Leibniz finden, besagt, daß Dinge und Wesen bloße Verwirklichungen eines ein für allemal festgelegten Programms sind. Gibt es aber nichts Unvermutetes, keine

Erfindung und keine Schöpfung im All, dann wird die Zeit zum anderen Mal überflüssig. Auch hier, wie in der mechanischen Hypothese, wird vorausgesetzt, *es sei alles gegeben*. So angesehen ist der Finalismus nur ein umgekehrter Mechanismus.[1]

Statt dessen vertrat Bergson die Vorstellung von einem fortgesetzt schöpferischen Universum, in dem ganz und gar neue Dinge entstehen, und zwar auf eine Weise, die von allem, was vorherging, völlig unabhängig und auch nicht durch ein vorherbestimmtes Ziel festgelegt ist.

In der Gegenwart vertritt auch der Philosph Karl Popper ein Konzept der uneingeschränkten Kreativität und Neuheit:

Heute haben wir gelernt, den Begriff »Evolution« anders zu verwenden. Wir glauben, daß die Evolution – die Evolution des Universums und insbesondere die Evolution des Lebens auf der Erde – Neues hervorgebracht hat: etwas *wirklich Neuartiges*. (...) Und die Geschichte der Evolution, soweit wir sie kennen, legt die Annahme nahe, daß das Universum niemals aufgehört hat, schöpferisch zu sein – oder »erfinderisch«.[2]

Einige Physiker haben diesen Vorstellungen beigepflichtet. So schreibt zum Beispiel Kenneth Denbigh in seinem Buch *An Inventive Universe*:

Unsere Frage ist: Können im Laufe der Zeit wirklich neue Dinge entstehen, das heißt Dinge, die nicht durch die Eigenschaften von anderen, zuvor existierenden Dingen verursacht sind?[3]

Denbigh legt dar, daß das tatsächlich möglich ist, und stellt dann die Frage: »Wenn das Auftauchen einer neuen Realitätsebene immer unbestimmt ist, worauf ist es dann, wie wir sagen,›zurückzuführen‹?« Er versichert, daß es überhaupt keine Ursache habe:

Allein schon die Tatsache, daß eine derartige Frage sich uns aufzudrängen scheint, beweist, wie tief deterministische Denkweisen in uns stecken.[4]

Denbigh zieht es vor, das Entstehen neuer Ebenen als »Erfindungsprozeß« zu bezeichnen, einen Prozeß, der etwas entstehen läßt, das anders und nichtnotwendig ist: »denn das Wesen des wirklich Neuen ist, daß *es nicht so sein mußte*«.

Es fällt mir schwer, diese Auffassung zu akzeptieren, weil sie den systematischen Charakter der Organisation vollkommen unerklärt läßt. Wenn neue Organisationsstufen einfach so, ohne Grund, auftauchen, warum beobachten wir dann im Universum ein so geordnetes Fortschreiten von einem gestaltlosen Anfang zu einer reichen Mannigfaltigkeit? Wie erklärt sich der regelmäßige Fortschritt etwa der biologischen Evolution? Warum sollte eine Ansammlung von Dingen, die keine Ursache haben, durch kooperatives Verhalten eine zeitlich asymmetrische Folge ergeben?

Wenn gesagt wird, dieser geordnete unidirektionale Fortschritt habe keine Ursache, sondern er sei nun einmal so, dann kommt mir das vor, als würde jemand sagen, nicht die Schwerkraft sei die Ursache dafür, daß Gegenstände fallen, sondern sie bewegten sich nun einmal so. Eine solche Haltung kann nicht als wissenschaftlich bezeichnet werden, denn das Ziel der Wissenschaft ist es, rationale, allgemeingültige Prinzipien zu entwickeln, mit denen *alle* regelmäßigen Naturerscheinungen erklärt werden können.

Damit komme ich zu der dritten Alternative.

Organisationsprinzipien

Wenn wir anerkennen, daß es in der Natur eine Tendenz gibt, daß Materie und Energie spontan zu neuen Zuständen von höherer organisatorischer Komplexität übergehen und daß die Existenz dieser Zustände mit den Gesetzen und Gegebenheiten der tieferen Ebene nicht vollständig erklärt oder aus ihnen vorhergesagt werden kann, dann müssen wir zu ihrer Erklärung nach physikalischen Prinzipien suchen, die über die Gesetze der tieferen Ebenen hinausgehen.

Ich habe zu begründen versucht, daß die stetige Entfaltung organisierter Komplexität im Universum eine fundamentale Eigenschaft der Natur ist. Ich habe davon berichtet, wie man in der Physik, der Chemie, der Biologie, der Astronomie und der Ökologie versucht, komplexe Strukturen und Prozesse theoretisch zu erfassen. Wir haben gesehen, daß es in weit vom Gleichgewicht entfernten, offenen, nichtlinearen Systemen mit einem hohen Maß an Rückkoppelung eine Tendenz zur spontanen Selbstorganisation gibt. Solche Systeme sind alles andere als ungewöhnlich, sie sind in der Natur die Norm. Die geschlossenen linearen Systeme, die man in der traditionellen Mechanik untersucht, und die Gleichgewichtssysteme der herkömmlichen Thermodynamik sind dagegen ganz spezielle Idealisierungen.

Jetzt, da man sich immer stärker mit der Selbstorganisation und der Komplexität in der Natur befaßt, wird deutlich, daß es neue allgemeine Gesetzmäßigkeiten geben muß – Organisationsprinzipien, die über die bekannten Gesetze der Physik hinausgehen und die es noch zu entdecken gilt. Es scheint, als seien wir nahe daran, nicht nur ganz neue Naturgesetze zu entdecken, sondern auch eine von der traditionellen Wissenschaft radikal abweichende Naturauffassung.

Software-Gesetze

Was kann man über diese neuen »Gesetze der Komplexität« und »Organisationsprinzipien« sagen, auf denen die Fähigkeit der Natur, Neues zu schaffen, zu beruhen scheint? Vielfach gilt es als ein anstößiger Rückfall in Mystizismus und Vitalismus und damit als wissenschaftsfeindlich, wenn von »Organisationsprinzipien« in der Natur die Rede ist. Ich finde jedoch, daß das ein ausgesprochener Vorteil ist. Es gibt keinen zwingenden Grund, warum fundamentale Gesetze der Natur sich ausschließlich auf die Gebilde der untersten Ebene beziehen sollten, also auf die Felder und Teilchen, von denen wir annehmen, sie seien der elementare Stoff, aus dem das Universum aufgebaut ist. Kein logischer Grund spricht dagegen, daß auf jeder neu auftauchenden Stufe in der Hierarchie von Organisation und Komplexität der Natur neue Gesetze wirksam werden.

Arthur Peacocke hat die nach meiner Meinung zutreffende Auffassung bewundernswert knapp ausgedrückt:

Begriffe und Theorien höherer Ebenen treffen auf ihrer jeweiligen Beschreibungsebene oft wahre Aspekte der Realität, und wir müssen uns vor der Annahme hüten, nur die sogenannten fundamentalen Teilchen der modernen Physik seien »wirklich real«.[5]

Ich möchte hier einem denkbaren Mißverständnis vorbeugen. Man muß nicht glauben, daß diese Organisationsprinzipien höherer Ebenen sich bei ihrer ordnenden Einwirkung auf die Systemelemente geheimnisvoller neuer Kräfte bedienen – das liefe in der Tat auf Vitalismus hinaus. Es ist zwar durchaus möglich, daß die Physiker die Existenz neuer Kräfte entdecken; dennoch kann man sich vorstellen, daß die kollektive Lenkung von Teilchen ausschließlich über so vertraute, zwischen den Teilchen wirkende Kräfte wie den Elektromagnetismus erfolgt. Man könnte sagen, daß die Organisationsprinzipien, an die ich denke, die bestehenden, zwischen den Teilchen wirkenden Kräfte nicht so sehr ergänzen, sondern sie vielmehr »einspannen« und dadurch das kollektive Verhalten auf eine ganzheitliche Weise beeinflussen. Insofern müssen die Organisationsprinzipien bei ihrer Einwirkung auf die Bestandteile des komplexen Systems den fundamentalen Gesetzen der Physik durchaus nicht widersprechen.

Man hört gelegentlich, daß zu den fundamentalen physikalischen Gesetzen (der untersten Ebene) keine Organisationsprinzipien hinzutreten könnten, ohne diesen Gesetzen zu widersprechen. Die herkömmliche Physik, heißt es, lasse keinen Raum für zusätzliche Prinzipien, die auf der kollektiven Ebene wirksam werden. Es stimmt natürlich, daß Gesetze auf verschiedenen Ebenen nur dann nebeneinander bestehen können, wenn das betreffende System nicht überdeterminiert ist. Die Gesetze der tieferen Ebenen dürfen an sich nicht so restriktiv sein, daß sie schon alles festlegen. Um dem zu entgehen, muß ein strikter Determinismus aufgegeben werden. Doch nach den bisherigen Ausführungen dürfte klargeworden sein, daß für einen strikten Determinismus in der Wissenschaft ohnehin kein Platz mehr ist.

Noch ein Wort zur Verwendung des Wortes »Gesetz«. Ein Gesetz ist, allgemein gesagt, eine Aussage über irgendeine Regelmäßigkeit in der Natur. Der Physiker legt jedoch großen Wert auf Gesetze, die mit mathematischer Exaktheit zutreffen. Ein ganz hartnäckiger Reduktionist würde schlicht bestreiten, daß es Gesetze anderer Art überhaupt gibt, und behaupten, daß *alle* Regelmäßigkeiten in der Natur letztlich auf fundamentalen Gesetzen dieser mathematischen Art beruhen.

Ein Gesetz in diesem restriktiven Sinne kann man nur überprüfen, indem man es auf eine Menge von identischen Systemen anwendet. Wenn wir aber Systeme von immer größerer Komplexität betrachten, kann von einer Klasse von identischen Systemen immer weniger die Rede sein, denn ein sehr komplexes System zeichnet sich wesentlich durch seine Einzigartigkeit aus. Daher ist es fraglich, ob man über Klassen von sehr komplexen Systemen überhaupt mathematisch exakte Aussagen machen kann. Es kann zum Beispiel keine theoretische Biologie gaben, die im gleichen Sinne wie die theoretische Physik auf exakten mathematischen Aussagen beruht.

Zum anderen kommt es, wenn es um die Komplexität geht, mehr auf die qualitativen als auf die quantitativen Merkmale an. Die in der Evolutionsbiologie feststellbare allgemeine Tendenz zu wachsender Formenfülle und Mannigfaltigkeit ist zweifellos eine grundlegende Tatsache der Natur, auch wenn sie sich, falls überhaupt, nur grob quantifizieren läßt. Da es nicht den geringsten Anhaltspunkt dafür gibt, daß man diese Tendenz aus den fundamentalen Gesetzen der Mechanik ableiten könnte, wird man sie selbst als fundamentales Gesetz bezeichnen müssen. Das heißt dann aber, das bislang in der Physik geltende Verständnis von Gesetz etwas zu erweitern.

In der Welt der Lebewesen gibt es eine Fülle von Regelmäßigkeiten dieser allgemeinen, etwas ungenauen Art. So haben zum Beispiel, soweit ich weiß, alle Mitglieder des Tierreichs eine gerade Zahl an Beinen. Es wäre töricht zu behaupten, daß dreibeinige Tiere *unmöglich* sind, aber es spricht zumindest vieles dagegen, daß es sie gibt. Ich will nicht sagen, daß dieses »Gesetz der Gliedmaßen« in irgendeinem Sinne fundamental ist. Es könnte allerdings sein, daß Tatsachen dieser Art einem fundamentalen Gesetz entspringen, das sich auf die Natur der organisierten Komplexität in der Biologie bezieht.

Viele Autoren haben den Computer als Beispiel benutzt, um die Tatsache zu veranschaulichen, daß es für eine bestimmte Ereignisfolge zwei komplementäre und in sich schlüssige Beschreibungen auf unterschiedlichen begrifflichen Ebenen geben kann, den Ebenen der Hardware und der Software. Jeder Computerbenutzer weiß, daß es »Softwaregesetze« geben kann, die sich mit den »Hardwaregesetzen«, die für die Schaltungen des Computers maßgebend sind, durchaus vertragen. Niemand wird behaupten, man könne aus den Gesetzen des Elektromagnetismus die Steuergesetze ableiten, nur weil diese im Computer des Finanzamts gespeichert sind!

Wir müssen daher die Möglichkeit in Betracht ziehen, daß es in der Natur »Softwaregesetze« gibt, Gesetze, die das Verhalten von Organisation, Information und Komplexität bestimmen. Diese Gesetze sind insofern fundamental, als sie nicht logisch aus den zugrundeliegenden »Hardwaregesetzen« abgeleitet werden können, die den traditionellen Gegenstand der fundamentalen Physik bilden, gleichzeitig sind sie aber auch mit diesen zugrundeliegenden Gesetzen vereinbar, so wie die Steuergesetze mit den Gesetzen des Elektromagnetismus vereinbar sein können. Die Softwaregesetze beziehen sich auf *neuentstehende* Phänomene, sie sorgen dafür, daß diese auftreten, und sie bestimmten deren Form und Verhalten.

Das sind durchaus keine neuen Ideen. Zahlreiche Wissenschaftler und Philosophen haben behauptet, die Gesetze der Physik reichten in ihrer gegenwärtigen Fassung nicht aus, um komplexe, organisierte Systeme zu erfassen, insbesondere lebende Systeme. Solche Zweifel findet man übrigens nicht nur bei Vitalisten wie Driesch. Auch Gegner des Vitalismus betonen, daß eine Reduktion sämtlicher Phänomene auf die bekannten Gesetze der Physik nicht restlos möglich sei, da sie nicht berücksichtige, daß es bei komplexen Phänomenen verschiedene *begriffliche Ebenen* gibt.

Wenn es um biologische Organismen geht, möchte man zum Beispiel solche Beispiele wie Teleonomie und natürliche Auslese verwenden, die auf der Ebene der Physik der einzelnen Atome ganz einfach sinnlos sind. Biologische Systeme weisen eine Hierarchie der Organisation auf. Auf jeder Ebene der Hierarchie tauchen neue

Begriffe, neue Eigenschaften und neue Zusammenhänge auf, die nach neuen Formen der Erklärung verlangen.

Der Cambridger Zoologe W. H. Thorpe hat diesen Punkt gut zum Ausdruck gebracht:

Das Verhalten großer, komplexer Aggregate von Elementarteilchen darf, wie sich herausstellt, nicht als bloße Extrapolation der Eigenschaften einiger weniger Teilchen verstanden werden. Vielmehr tauchen auf jeder Stufe der Komplexität völlig neue Eigenschaften auf, und um diese neuen Verhaltensweisen zu verstehen, bedarf es einer Forschung, die ebenso fundamental, ja vielleicht noch fundamentaler ist als alles, was die Teilchenphysiker tun.[6]

Das ist nicht bloß ein Seitenhieb gegen die Physiker. Auch P. W. Anderson, selbst ein Physiker, ist dieser Meinung:

Ich glaube, daß sich auf jeder Organisationsstufe, in jeder neuen Größenordnung Verhaltensweisen zeigen, die völlig neu sind und aufgrund der immer detaillierteren Analyse der Gegebenheiten, aus denen die Objekte dieser Forschungen höherer Ebene sich zusammensetzen, grundsätzlich nicht vorhergesagt werden können.[7]

Eine ähnliche Auffassung vertritt der Biologie Bernhard Rensch:

Wir müssen berücksichtigen, daß chemische und biologische Prozesse, die zu komplizierteren Stufen der Integration führen, zugleich die Auswirkungen von *systemischen* Zusammenhängen zeigen, die oft gänzlich neue Merkmale hervorrufen. Wenn man zum Beispiel Kohlenstoff, Wasserstoff und Sauerstoff zusammenbringt, können unzählige Verbindungen mit neuen Eigenschaften entstehen, wie etwa Alkohole, Zucker, Fettsäuren usw. Die meisten ihrer Merkmale lassen sich nicht aus den Merkmalen der drei grundlegenden Arten von Atomen ableiten, auch wenn sie ohne Zweifel ursächlich determiniert sind... Wir müssen jetzt fragen, ob es biologische Prozesse gibt, die nicht nur durch kausale, sondern auch durch andere Gesetze determiniert sind. Nach meiner Meinung müssen wir davon ausgehen, daß dies der Fall ist.[8]

Ähnliche Vorstellungen vertritt, wie in Kapitel 8 schon erwähnt, der dialektische Materialismus. Wie wir oben sahen, glaubte Engels, der Zweite Hauptsatz der Thermodynamik ließe sich tatsächlich umgehen. Oparin hat in der kommunistischen Philosophie offenbar eine Bestätigung für seine Ansichten über den Ursprung des Lebens gesehen:

Nach der Auffassung des dialektischen Materialismus ist die Materie ständig in Bewegung und durchläuft eine Reihe von Entwicklungsstadien. Im Zuge dieses Fortschritts entstehen ständig neue, immer kompliziertere und höher entwickelte Formen, die neue, vorher nicht vorhandene Eigenschaften haben.[9]

Der Biologe und Nobelpreisträger Sir Peter Medawar[10] hat zwischen den neu entstehenden begrifflichen Ebenen in Physik und Biologie einerseits und den Struktur- und Entfaltungsebenen in der Mathematik andererseits eine interessante Parallele gezogen. Bei der Bildung der geometrischen Begriffe ist zum Beispiel der Begriff eines topologischen Raumes der allereinfachste Ausgangspunkt. Es handelt sich dabei um eine Punktmenge, die nur ganz grundlegende Eigenschaften wie Zusammenhang und Dimensionalität hat. Auf dieser dürftigen Grundlage kann man dann zunächst projektive Eigenschaften definieren, die es erlauben, den Begriff der Geraden zu entwickeln. Sodann kann man sogenannte affine Eigenschaften aufbauen, die den Raum mit einer primitiven Form von Orientierung ausstatten, und schließlich kann man ihm eine Metrik aufprägen, die den Begriffen des Abstands und des Winkels ihre volle Bedeutung gibt. Darauf kann man dann den ganzen Apparat der geometrischen Theoreme errichten.

Es wäre nach Medawars Ausführungen absurd, die metrische Geometrie auf die Topologie »reduzieren« zu wollen. Die metrische Geometrie ist eine auf höhere Ebene angesiedelte *Bereicherung* der Topologie, die die topologischen Eigenschaften des Raumes enthält und diese weiterentwickelt. Nach Medawar gibt es zu dieser Beziehung zwischen mathematischen Ebenen innerhalb einer Hierarchie der Bereicherung eine Parallele in der Biologie. Jede Ebene, angefangen von den Atomen über die Moleküle, die Zellen und Organismen bis hin zu denkenden Individuen und der Gesellschaft, enthält die jeweils untere und stellt ihr gegenüber eine Bereicherung dar, kann aber nicht auf sie reduziert werden.

Biotonische Gesetze

Wie sieht nun diese Bereicherung bei biologischen Systemen aus? Wie ich schon betonte, zeichnen sich alle sehr komplexen Systeme, ob sie nun belebt oder unbelebt sind, durch ihre Einzigartigkeit aus. Es gibt nicht zwei Lebewesen, nicht zwei Konvektionszellen-Muster, die einander genau gleichen. Deshalb müssen wir uns mit dem Problem der *Individualität* auseinandersetzen. Verschiedene Autoren haben diesen Punkt hervorgehoben. So schreibt zum Beispiel Giuseppe Montalenti:

Sobald Individualität auftritt, entstehen einzigartige Phänomene, und die Gesetze der Physik reichen nicht mehr aus, um alle Phänomene zu erklären. Sie bleiben zwar für bestimmte biologische Tatsachen weiterhin gültig, und man kann eine Reihe von grundlegenden Phänomen sehr gut mit ihnen erklären, doch alles können sie nicht erklären. Einiges entzieht sich ihnen, und man muß neue Gesetzmäßigkeiten entwickeln, die in der anorgischen Welt unbekannt sind – zuallererst die natürliche Auslese, die die organische Evolution und damit Leben entstehen läßt.[11]

Montalenti ist jedoch bestrebt, dem Eindruck entgegenzutreten, als ginge es ihm um geheimnisvolle neue Lebenskräfte:

Das heißt aber nicht, daß wir Lebenskräfte oder sonst irgendwelche metaphysischen Wesenheiten einführen, noch bedeutet es, daß wir die wissenschaftliche Methode aufgeben sollten. Die Erklärungen, nach denen wir suchen, haben immer die Form einer Ursache-Wirkungs-Beziehung, halten sich also strikt an wissenschaftliche Maßstäbe, nur sind die betreffenden »Ursachen« und »Kräfte« nicht allein solche, wie sie die Physiker kennen. Das treffendste Beispiel ist wiederum die natürliche Auslese, die in der physikalischen Welt unbekannt ist. Weitere findet man leicht unter den physiologischen, embryologischen und sozialen Phänomenen.[11]

Auch Peacocke unterstreicht deutlich, daß man sich nicht gleich dem Vitalismus verschreibt, wenn man bestreitet, daß die Natur sich auf die physikalischen Gesetze der untersten Ebene reduzieren läßt:

Es ist *sehr wohl* möglich, daß Begriffe und Theorien höherer Ebenen... nicht auf Begriffe und Theorien tieferer Ebenen reduzierbar sind, daß sie also autonom sein können.
Gleichzeitig muß man anerkennen, daß die Begriffe und Theorien der tieferen Ebene (z. B. die der Physik und Chemie) weiterhin auf die Bestandteile komplexerer Gebilde anwendbar sind und ihre Gültigkeit behalten, soweit es um diese tiefere Ebene geht. Das heißt für die Biologie, daß man Antireduktionist sein kann, ohne ein Vitalist zu sein.[12]

Ähnliche Ansichten hat der Physiker Walter Elsasser entwickelt; er betont, daß lebende Organismen einzigartige Individuen sind und daher keine homogene Klasse bilden, die mit den üblichen statistischen Methoden der Physik untersucht werden kann. Dies eröffne, wie er sagt, die Möglichkeiten neuer, von ihm als »biotonisch« bezeichneter Gesetze, die auf der ganzheitlichen Ebene auf den Organismus einwirken, ohne jedoch in irgendeiner Weise mit den zugrundeliegenden Gesetzen der Physik zu kollidieren, die die Angelegenheiten der Teilchen regeln, aus denen sich der Organismus zusammensetzt:

Wir wollen gleich betonen, daß die elementare Physik für die Dynamik der Organismen vollkommen ihre Gültigkeit behält... Trotzdem müssen wir uns ohne Zweifel mit der Tatsache abfinden, daß allgemeine Gesetze der Biologie, die sich nicht aus der Physik ableiten lassen, *eine ganz andere logische Struktur* haben werden, als wir sie in der physikalischen Wissenschaft *gewohnt* sind. Wir gehen, genauer gesagt, davon aus, daß es im Bereich der Organismen Regelmäßigkeiten gibt, die sich nicht logisch-mathematisch aus den Gesetzen der Physik ableiten lassen, aber es kann auch kein logisch-mathematischer Widerspruch zwischen diesen Regelmäßigkeiten und den Gesetzen der Physik konstruiert werden.[13]

Auch der Quantenphysiker Eugene Wigner (ebenfalls ein Nobelpreisträger) bekennt, daß er »von der Existenz biotonischer Gesetze fest überzeugt« ist. Er fragt: »Weicht der menschliche Körper von den Gesetzen der Physik ab, die aus der Erforschung unbelebter Materie erschlossen wurden?«[14] und führt dann zwei Gründe, die mit der Natur des Bewußtseins zu tun haben, für seine Auffassung an, daß die Frage bejaht werden muß. Zum einen geht es um die

Rolle des Beobachters in der Quantenmechanik, ein Thema, auf das wir in Kapitel 12 eingehen werden. Der andere Grund besteht in der schlichten Tatsache, daß in der Physik eine Aktion gewöhnlich eine Reaktion auslöst. Wigner folgert daraus, daß, da Materie auf den Geist einwirken kann (indem sie z. B. Empfindungen hervorruft), der Geist auch imstande sein müßte, umgekehrt auf Materie einzuwirken. Er warnt vor der Gefahr, daß man die biotonischen Gesetze leicht übersehen kann, wenn man mit den herkömmlichen Methoden wissenschaftlicher Forschung an die Frage herangeht:

Es ist sehr gut möglich, daß wir den Einfluß biotonischer Phänomene übersehen, so wie jemand, der sich ganz auf die Gesetze der makroskopischen Mechanik konzentriert, den Einfluß des Lichts auf seine makroskopischen Körper übersehen könnte.[15]

Ein weiteres Unterscheidungsmerkmal des Lebens ist natürlich die teleologische Eigenschaft der Organismen. Es ist schwer vorstellbar, wie man sie jemals auf die fundamentalen Gesetze der Physik reduzieren könnte. Diese Ansicht haben auch die Astrophysiker John Barrow und Frank Tipler kürzlich in einem Überblick über die Teleologie in der heutigen Wissenschaft zum Ausdruck gebracht: »Nach unserer Meinung lassen sich teleologische Gesetze weder in der Biologie noch in der Physik völlig auf nichtteleologische Gesetze reduzieren.«[16]

Abwärtsverursachung

Ein anderes wesentliches Unterscheidungsmerkmal aller lebenden Organismen ist, wie der Physiker Howard Pattee betont, ihre *hierarchische* Organisation und Steuerung. Bei der Zusammenfassung und Integration kleinerer Einheiten zu größeren Einheiten ergeben sich neue Gesetze, die wiederum die zusammengefaßten Subsysteme so einschränken und regulieren, daß sie sich dem kollektiven Verhalten des Systems als ganzem einfügen. Die Erscheinung, daß höhere Ebenen einer Organisationshierarchie auf tiefere Ebenen des gleichen System einwirken und sie beschränken, ist nicht nur in der Biologie zu finden. Pattee weist darauf hin, daß ein Computer allen Gesetzen der Mechanik und der Elektrizität gehorcht, doch kein Physiker würde diese Feststellung als befriedigende Antwort auf die Frage betrachten: »Worin liegt das Geheimnis einer Rechenmaschine?« Pattee schreibt:

Wenn die Organisation eines Computers irgendeine Frage aufwirft, dann sind es die unwahrscheinlichsten Zwänge, die diese Gesetze gewissermaßen für sich einspannen, um ganz eng umschriebene Steuerfunktionen auszuführen.[17]

Die Einwirkung höherer auf tiefere Ebenen hat der Psychologe Donald Campbell als »Abwärtsverursachung« bezeichnet; er bemerkt: »Alle Prozesse auf den tieferen Ebenen einer Hierarchie werden von den Gesetzen der höheren Ebenen eingeengt und sind ihnen unterworfen.«[18]

Es gibt eine Fülle von Beispielen der Abwärtsverursachung aus anderen Wissenschaftszweigen. Karl Popper hat darauf hingewiesen, daß viele Hilfsmittel der modernen Optik – Laser, Beugungsgitter, Hologramme – großräumige komplexe Strukturen darstellen, die einzelne Photonen zwingen, sich in ihrer Bewegung einem kohärenten Aktivitätsmuster einzufügen. In der Technik üben einfache Rückkoppelungssysteme eine Abwärtsverursachung aus, so zum Beispiel der Regler einer Dampfmaschine, der den Fluß von Wassermolekülen steuert. Selbst ein so einfaches Hilfsmittel wie der Keil kann als ein makroskopisches Gebilde aufgefaßt werden, das als ganzes die Bewegung seiner atomaren Bestandteile in der Weise steuert, daß insgesamt ein bestimmtes Ergebnis erzielt wird.

Ähnliche Ideen haben Norbert Wiener und E. M. Dewan im Hinblick auf den Entwurf von Steuerungssystemen diskutiert.[19] Ein in diesem Zusammenhang nützlicher Begriff ist der des *Mitnahmeeffekts*, der eintritt, wenn ein Oszillator auf ein Signal »einschwingt« und mit gleichlaufenden Schwingungen reagiert. Ein einfaches Beispiel des Mitnahmeeffekts bietet die Abstimmung eines Fernsehgeräts. Wenn das Gerät nicht abgestimmt ist, fängt das Bild an zu

»laufen«, wird die Frequenz dann geregelt, so »schwingt« das Bild »ein« und bleibt stehen, falls kein Funker stört.

Der Physiker Huygens, der die Pendeluhr erfand, entdeckte vor 300 Jahren, daß zwei Uhren, die man auf eine gemeinsame Unterlage stellt, im Gleichklang ticken. Solche »gleichgestimmten Schwingungen« kennen wir inzwischen sehr gut von dem physikalischen Verhalten miteinander verbundener Oszillatoren, die sich auf »Normalmodi« der Schwingung einpendeln, bei denen alle Oszillatoren kollektive, synchrone Bewegungen ausführen. Kooperative Schwingungsformen treten zum Beispiel in Kristallgittern auf, wo jedes Atom sich wie ein winziger Oszillator verhält. Die Fortpflanzung von Lichtwellen in Kristallen beruht entscheidend auf dieser organisierten kollektiven Bewegung.

Ein Mitnahmeeffekt tritt auch bei elektrischen Oszillatoren auf. Wird ein Stromnetz von einem einzigen Generator gespeist, so wird die Speisefrequenz wahrscheinlich aufgrund von Leistungsschwankungen des Generators schwanken. Wenn man aber viele Generatoren an das Netz anschließt, sorgt der gegenseitige Mitnahmeeffekt dafür, daß ein abweichender Generator »auf Vordermann gebracht« und die Schwingungsfrequenz stabilisiert wird. Diese Tendenz von gekoppelten Oszillatoren, »wie einer zu schlagen«, bietet ein schönes Beispiel dafür, daß Systeme als ganze das Verhalten ihrer einzelnen Komponenten einschränken und sie dazu bringen, sich einem kohärenten gemeinsamen Aktivitätsmuster einzufügen. Die Fähigkeit solcher Systeme, sich auf gemeinsame Verhaltensweisen einzupendeln, ist eines der besten Beispiele für die Selbstorganisation, und sie liegt natürlich auch der bemerkenswerten Fähigkeit des Lasers, sich selbst zu organisieren, zugrunde.

Gesetze der
Komplexität und Selbstorganisation

Aus den vorstehenden Erörterungen geht hervor, daß es ganz verschiedene Arten von Organisationsprinzipien gibt: Man kann sie
als *schwach*, *logisch* und *stark* bezeichnen. Schwache Organisationsprinzipien sind Aussagen über die generelle Tendenz von Systemen, sich selbst zu organisieren. Sie enthalten Angaben über äußere Zwänge, Randbedingungen, Anfangsbedingungen, das Ausmaß der Nichtlinearität, den Grad der Rückkoppelung, die Entfernung vom Gleichgewicht usw. All diese Tatsachen sind in den bislang erörterten Fällen von Selbstorganisation von großer Bedeutung, doch sind sie *nicht* in den zugrundeliegenden Gesetzen selbst
enthalten (sofern man nicht eine extrem reduktionistische Haltung
vertritt). Zur Zeit sind solche Aussagen wenig mehr als eine Sammlung von *Ad-hoc*-Bedingungen und Tendenzen, weil unser Verständnis von Erscheinungen der Selbstorganisation noch so bruch-
stückhaft ist. Vielleicht ist es aber keine zu hohe Erwartung, wenn
ich hoffe, daß in dem Maße, wie wir solche Phänomene besser verstehen lernen, allgemeinere und aussagefähigere Gesetzmäßigkeiten erkennbar werden.

Logische Organisationsprinzipien wird man wahrscheinlich entdecken, indem man Fraktale, zelluläre Automaten, die Spieltheorie,
die Netzwerktheorie, die Komplexitätstheorie, die Katastrophentheorie und sonstige theoretische Modelle der Komplexität und der
Information untersucht. Diese Prinzipien werden die Form von logischen Regeln und Theoremen haben, die aus mathematischen
Gründen erforderlich sind. Sie werden keinen Hinweis auf bestimmte physikalische Mechanismen enthalten, anhand deren sie
bewiesen werden könnten. Sie werden uns vielmehr zusätzlich zu
den Gesetzen der Physik helfen, organisatorische Komplexität zu
beschreiben.

Ein gutes Beispiel für ein logisches Organisationsprinzip sind die
Feigenbaumschen Zahlen, die immer dann auftreten, wenn man

sich dem Chaos nähert. Diese Zahlen entstehen aus mathematischen Gründen, unabhängig davon, welche physikalischen Mechanismen jeweils das Chaos erzeugen. Ein anderes wären die von Kauffman erörterten »biologischen Universalien« (siehe Seite 165), die nicht einer gemeinsamen Abstammung und natürlichen Auslese, sondern den logischen und mathematischen Beziehungen bestimmter Automatenregeln, welche eine Vielzahl von organischen Prozessen steuern, gemeinsame neu entstehende biologische Eigenschaften zuschreiben. Ein weiteres Beispiel sind die universalen Ordnungsprinzipien, die Wolfram im Zusammenhang mit zellulären Automaten erwartet (siehe Seite 98).

Von starken Organisationsprinzipien sprechen diejenigen, nach deren Ansicht die bestehenden physikalischen Gesetze nicht ausreichen, um das hohe Maß an Organisationsvermögen zu erklären, das wir in der Natur beobachten, und die daraus folgern, daß zusätzliche schöpferische Kräfte Materie und Energie dazu anhalten oder ermuntern, immer höhere Stufen der Organisation zu erklimmen. Vielleicht denkt man an solche Prinzipien, weil die Natur ungemein tüchtig ist, wenn es darum geht, ihren eigenen Zweiten Hauptsatz der Thermodynamik zu überwinden und organisierte Komplexität hervorzubringen. Als Beispiele, die »zu schön sind, um wahr zu sein« – nämlich im Sinne der Zufallshypothese –, werden oft die Entstehung des Lebens und die Entstehung von Bewußtsein angeführt; sie sollen darauf hindeuten, daß »hinter den Kulissen« ein schöpferisches Prinzip am Werke ist.

Es gibt zwei Möglichkeiten, starke Organisationsprinzipien in die Physik einzuführen. Die erste wäre, die bestehenden Gesetze um neue zu erweitern. Das ist der Ansatz, den zum Beispiel Elsasser verfolgt. Der radikalere Ansatz besteht darin, die Gesetze der Physik selbst abzuwandeln. Im nächsten Kapitel werden wir auf einige dieser Ideen näher eingehen.

11 Organisationsprinzipien

Kosmische Gesetze

Kein Wissenschaftler würde behaupten, die Gesetze der Physik seien in ihrer derzeitigen Formulierung vollständig und endgültig. Es ist daher eine legitime Überlegung, daß man eventuell Erweiterungen oder Modifikationen dieser Gesetze finden könnte, in denen sich auf einer fundamentalen Ebene die Fähigkeit von Materie und Energie verkörpert, sich selbst zu organisieren. Viele namhafte Wissenschaftler haben derartige Modifikationen vorgeschlagen, die von neuen kosmischen Gesetzen an einem Extrem bis zur Umformulierung der Gesetze der Elementarteilchen am anderen reichten.

Das wohl bekannteste Beispiel eines zusätzlichen Organisationsprinzips in der Natur ist das sogenannte *Weltpostulat*. Es besagt, daß die großräumige Verteilung von Materie und Strahlung im Weltall gleichförmig ist. Wie wir in Kapitel 9 gesehen haben, gibt es dafür gute Anhaltspunkte. Die Materie und Energie, die beim Urknall auseinanderstob, brachte es nicht nur fertig, sich unglaublich gleichmäßig anzuordnen, sie stimmte außerdem ihre Bewegung so fein ab, daß sie überall und nach allen Richtungen mit der gleichen Geschwindigkeit expandiert. Diese unheimliche Verschwörung zur Schaffung umfassender Ordnung war den Kosmologen lange ein Rätsel.

Das Weltpostulat ist in Wirklichkeit nur eine Feststellung der faktisch gleichförmigen Verteilung. Es sagt nichts darüber aus, *wie* das Universum zu seinem geordneten Zustand gelangte. Einige Kosmologen haben sich damit begnügt, die Gleichförmigkeit mit speziellen Anfangsbedingungen zu erklären (sie haben sich also auf ein schwaches Organisationsprinzip berufen), aber das ist schwerlich befriedigend, macht es doch nur ein metaphysisches Schöpfungsereignis, das sich der Wissenschaft entzieht, für die Gleichförmigkeit verantwortlich.

Ein anderer Weg bestand darin, nach physikalischen Vorgängen in den allerersten Phasen des Universums zu suchen, die einen zunächst chaotischen Zustand geglättet haben könnten. Diese Vorstellung ist gegenwärtig sehr populär, speziell in Gestalt des Szenarios von einem sich aufblähenden Universum, das in Kapital 9 kurz beschrieben wurde. Nun hat die Aufblähung zwar einen entschieden glättenden Effekt, aber auch sie setzt spezielle Bedingungen voraus. So ist man also weiterhin genötigt, sich entweder auf gottgegebene Anfangsbedingungen oder auf ein kosmologisches Organisationsprinzip zu berufen, das zu den gewohnten Gesetzen der Physik hinzutritt.

Was kann über ein solches Prinzip gesagt werden? Erstens müßte es praktisch ein akausales oder nichtlokales Prinzip sein. Das heißt: Um das Verhalten von räumlich weit auseinanderliegenden Regionen des Universums zu harmonisieren, ist eine *synchrone* globale Abstimmung nötig. Physikalische Effekte haben also keine Zeit, sich durch irgendeinen Kausalmechanismus zwischen diesen Regionen auszubreiten. (Die Relativitätstheorie verbietet ja, wie man sich erinnern wird, daß sich ein physikalischer Effekt schneller als das Licht ausbreitet.)

Zweitens kann sich das Prinzip nur auf die *großräumige* Organisation beziehen, denn unterhalb der Größenordnung von Galaxien ist keine Gleichförmigkeit mehr gegeben. Hier ist daran zu erinnern, daß die Entstehung der relativ kleinräumigen *Unregelmäßigkeiten*, aus denen die Galaxien und Galaxienhaufen hervorgegangen sind, ein ebenso großes Rätsel ist wie die großräumige Regelmäßigkeit des Kosmos. Es ist denkbar, daß ein und dasselbe kosmologische Organisationsprinzip sowohl für die Regelmäßigkeit wie für die Unregelmäßigkeit im Universum verantwortlich ist.

Einen Hinweis auf ein möglicherweise neues Organisationsprinzip hat Roger Penrose gegeben. Nach seiner Meinung müßte die anfängliche Gleichförmigkeit des Universums auf ein zeit-symmetrisches fundamentales Gesetz zurückgehen. An dieser Stelle muß daran erinnert werden, daß der Zweite Hauptsatz der Thermodynamik auf der zeitlichen Umkehrbarkeit der zugrunde-liegenden Systemdynamik beruht. Wenn die verletzt ist, ist der Weg frei zur Entropieverminderung und zur spontanen Ord-nung. Wir haben schon gesehen, wie das bei zellulären Automa-ten geschieht, die Selbstorganisation und Entropieverminderung erfahren. Penrose meint, in der Kosmologie könne etwas Ähnli-ches geschehen.

Vielleicht wird man einwenden, im Zentrum der Physik hätten immer zeit-symmetrische fundamentale Gesetze gestanden, aber das stimmt nicht ganz. Penrose macht darauf aufmerksam, daß bei gewissen exotischen Prozessen der Teilchenphysik die Zeitumkehr-Symmetrie geringfügig verletzt wird – ein Hinweis darauf, daß die Gesetze der Physik auf einer tiefen Ebene nicht vollkommen um-kehrbar sind.

Die Einzelheiten von Penroses Vorstellung wurden bereits am Schluß von Kapitel 9 kurz gestreift. Er zieht es vor, die Gleichför-migkeit des frühen Universums durch die sogenannte Weylsche Krümmung zu charakterisieren, die ein Maß für die Verzerrung der kosmischen Geometrie aus einem homogenen und isotropen Zustand ist; der Weyl-Tensor qualifiziert, grob gesagt, die Klum-pigkeit des Universums. Das neue Prinzip würde demnach die Konsequenz haben, daß die Weylsche Krümmung für den An-fangszustand des Universums gleich Null ist. Von einem solchen Zustand könnte man sagen, daß er eine sehr geringe Gravitations-entropie hat. Wie in Kapitel 9 betont wurde, entwickelt sich im Laufe der Evolution des Universums mehr und mehr Klumpigkeit (Weylsche Krümmung), die möglicherweise zu Schwarzen Lö-chern und der mit ihnen verbundenen hohen Gravitationsentropie führt.

Ein mächtigeres kosmisches Organisationsprinzip war das soge-nannte *vollkommene Weltpostulat*, das die Grundlage der auf Her-man Bondi, Thomas Gold und Fred Hoyle zurückgehenden berühmten Steady-State-Theorie bildet. Das vollkommene Weltpostulat besagt, daß das Universum nicht nur von jedem Punkt aus, sondern auch zu allen Zeiten den gleichen Anblick bietet. Einfach ausgedrückt, bleibt das Universum trotz seiner Expansion im Laufe der Zeit praktisch unverändert.

Um das vollkommene Weltpostulat zu erfüllen, schlugen seine Erfinder vor, daß das Universum sich während seiner Expansion durch die fortgesetzte Erschaffung von Materie ständig auffüllt. Damit ist der Wärmetod des Universums vermieden, denn die neue Materie bietet einen unerschöpflichen Nachschub an negativer Entropie. Die fortwährende Einführung von negativer Entropie ins Universum erklärte Hoyle mit einem sogenannten Schöpfungsfeld, das seine eigene Dynamik habe und es ermögliche, daß mit einer Rate, die sich automatisch an die Expansion des Kosmos anpasse, neue Materieteilchen erzeugt werden. Auf diese Weise würde das Universum zu einem riesigen, sich selbst regulierenden, sich selbst erhaltenden Mechanismus, der eine Fähigkeit besitzt, sich selbst *ad infinitum* zu organisieren. Der unidirektionale Charakter der mit der Zeit zunehmenden Organisation des Kosmos geht dieser Theorie zufolge auf die Expansion des Universums zurück, die das Schöpfungsfeld antreibt und dadurch für einen äußeren Pfeil der Zeit sorgt. So reizvoll das vollkommene Weltpostulat philosophisch auch sein mag – die astronomische Beobachtung hat ihm den Boden entzogen.

Ein anderes bekanntes kosmisches Organisationsprinzip wird nach dem österreichischen Philosophen Ernst Mach als Machsches Gesetz bezeichnet, obwohl seine Ursprünge auf Newton zurückgehen. Es beruht auf der Beobachtung, daß praktisch jedes Objekt im All rotiert, das Universum als ganzes aber keine erkennbare Spur von Rotation zeigt. Mach glaubte, den Grund dafür gefunden zu haben. Er erklärte, der materielle Inhalt des Universums bestimme insgesamt den lokalen »Trägheitskompaß«, an dem mechanische Beschleunigungen gemessen werden, und so könne das Universum per definitionem keine globale Rotation zeigen.

Man nimmt gewöhnlich an, daß der Zusammenhang zwischen

der lokalen Physik und der globalen Verteilung der kosmischen Materie durch die Schwerkraft hergestellt wird. Die dynamischen Gesetze der besten Theorie der Schwerkraft, die wir besitzen – der Einsteinschen Relativitätstheorie –, umfassen jedoch nicht das Machsche Gesetz (das in Wahrheit nichts anderes ist als eine Wahl von Randbedingungen). Es läßt sich daher nicht auf die Feldgleichungen der Gravitation zurückführen. Es ist ein auf irreduzible Weise nichtlokales Gesetz, das, zu den Gesetzen der Physik hinzutretend, die Materie im globalen Maßstab kooperativ organisiert.

Das Machsche Gesetz ist nicht das einzige Beispiel dieser Art. Penrose hat eine »kosmische Zensur-Hypothese« vorgetragen, der zufolge Raum-Zeit-Singularitäten, die durch Schwerkraftkollaps entstehen, nur in Schwarzen Löchern vorkommen können – sie dürfen niemals »nackt« sein. Ein anderes Beispiel ist das »Verbot des Reisens in der Zeit«: Schwerefelder können niemals zulassen, daß ein Objekt seine eigene Vergangenheit aufsucht.

Versuche einer Ableitung dieser Beschränkungen aus der Allgemeinen Relativitätstheorie sind erfolglos geblieben, obwohl beide sehr vernünftige Vermutungen sind. Denn wenn nackte Singularitäten und Reisen in die Vergangenheit zulässig wären, müßte man die ganze Physik auf den Kopf stellen. In beiden Fällen ist die Beschränkung globaler und nichtlokaler Natur (Schwarze Löcher können nur global angemessen definiert werden). Wahrscheinlich wird man also ein zusätzliches globales Organisationsprinzip benötigen.

Mikroskopische Organisationsprinzipien

Von Ilya Prigogine stammt der Vorschlag, die *mikroskopischen* Gesetze der Physik zu modifizieren. Die den Gesetzen der Mechanik inhärente zeitliche Symmetrie läßt es, wie er sagt, nicht zu, daß sie so, wie sie jetzt formuliert sind, die zeitasymmetrische Zunahme der Komplexität erklären könnten:

Wäre die Welt nach dem Bild aufgebaut, das Galileo Galilei und Isaac Newton für reversible, ewige Systeme entwarfen, dann wäre für irreversible Erscheinungen wie chemische Reaktionen oder biologische Prozesse kein Raum.[1]

Sein Vorschlag lautet, die Gesetze der Dynamik in der Weise zu modifizieren, daß man einen wirklichen Indeterminismus einführt, der an den Indeterminismus der Quantenmechanik erinnert, aber auf eine explizit zeit-asymmetrische Weise darüber hinausgeht. In diesem Falle

würde die grundlegende Ebene der Physik von Nichtgleichgewichtsensembles gebildet, die nicht so weitgehend determiniert sind wie Trajektorien oder (Quanten-)Wellenfunktionen und sich in der Zukunft so entwickeln, daß diese mangelnde Determiniertheit wächst.[1]

Prigogine hat eine weitläufige mathematische Theorie entwickelt, in der er diese Modifikation in die Gesetze der Dynamik einführt und diese auf der untersten, mikroskopischen Ebene irreversibel werden läßt. Insofern ähnelt sein Vorschlag dem von Penrose, der oben erörtert wurde. (Für diejenigen, die an technischen Einzelheiten interessiert sind: Prigogine führt nichthermetische Operatoren ein, die zu einer nichtunitären zeitlichen Entwicklung führen. Auf die Dichtematrix wirkt ein Superoperator ein, der die Unterscheidung zwischen reinen und gemischten Zuständen aufhebt und zu der Möglichkeit führt, daß die mikroskopische Entropie des Systems im Laufe seiner Entwicklung wächst.) Er behauptet, jetzt sei es möglich, die Komplexität schlechthin zu verstehen und zu erklären, wie aus Chaos zunehmend Ordnung entsteht:

Die meisten uns interessierenden Systeme, zu denen alle chemischen und folglich alle biologischen Systeme gehören, besitzen eine zeitliche Orientierung auf der makroskopischen Ebene. Dies ist alles andere als eine »Illusion« (wie es der totale Reduktionismus behaupten würde) – darin drückt sich vielmehr eine gebrochene Zeitsymmetrie auf der mikroskopischen Ebene aus. Irreversibilität trifft entweder für *alle* Ebenen zu oder für keine. Sie kann nicht wie durch ein Wunder von der einen Ebene zur anderen fliegen...
Wir gelangen zu einer unserer wichtigen Schlußfolgerungen: Auf allen Ebenen, sei es die Ebene der makroskopischen Physik, die Ebene der Schwankungen

oder die mikroskopische Ebene, ist das Nichtgleichgewicht die Quelle der Ordnung. Das Nichtgleichgewicht bringt »Ordnung aus dem Chaos« hervor.[2]

Einen ganz anderen Vorschlag, wie die Gesetze der Physik zu modifizieren wären, um komplexe Organisation erklären zu können, hat der Physiker David Bohm gemacht, der die landläufige Interpretation der Quantenmechanik seit langem kritisiert. Nach seiner Ansicht legt uns die Quantenphysik nahe, den Begriff der *Ordnung* vollkommen neu zu sehen, und was er besonders kritisiert, ist die Gewohnheit, Zufälligkeit mit Unordnung gleichzusetzen. In der Quantenmechanik sei die Zufälligkeit, so behauptet er, nur in wenigen Fällen nachgeprüft worden, und sie sei keineswegs eindeutig bewiesen. Wenn aber Quantenprozesse nicht zufällig seien, breche die ganze Grundlage des Neodarwinismus zusammen:

Wir sehen also, daß Quantenprozesse auch in der Physik nicht in einer vollkommen zufälligen Ordnung stattfinden können, insbesondere, wenn es um kurze Zeitintervalle geht. Da aber solche Moleküle wie die DNA sich in einem ständigen raschen Austausch von Energiequanten mit ihrer Umgebung befinden, ist es zweifellos möglich, daß die derzeitigen Gesetze der Quantentheorie (mit ihrer zugrundeliegenden Annahme, daß *alle* Quantenprozesse, langsame wie schnelle, zufällig seien) zu ganz verkehrten Schlußfolgerungen führen, wenn man sie uneingeschränkt auf das Gebiet der Biologie überträgt... Man kann offensichtlich darüber hinausgehen und annehmen, daß unter speziellen Bedingungen, wie sie bei der Entwicklung der lebenden Materie vorherrschen, die Ordnung eine weitergehende Veränderung erfährt derart, daß einige dieser nichtzufälligen Merkmale unbegrenzt beibehalten werden. Es würde somit *eine neue Ordnung des Prozesses* entstehen. Die Veränderungen innerhalb dieser neuen Ordnung würden ihrerseits innerhalb einer noch höheren Ordnung geordnet werden. Das hätte nicht nur die unbegrenzte Fortsetzung des Lebens zur Folge, sondern seine unbegrenzte Evolution zu einer sich ständig entwickelnden Hierarchie höherer Ordnungen der Struktur und Funktion.[3]

Bohm stellt Überlegungen an, wie sich die in der Biologie zu beobachtende Nichtzufälligkeit nachweisen ließe:

Man könnte – und das wäre eine einschlägige Beobachtung – eine Reihe von sukzessiven Mutationen daraufhin überprüfen, ob die Veränderungen vollkommen zufällig sind. Es ist nach unseren bisherigen Überlegungen durchaus möglich, daß eine einzelne Veränderung (ein einzelner Unterschied) in bezug auf den vorherigen Zustand eines Organismus ganz und gar zufällig ist, daß aber bei einer Reihe von ähnlichen Veränderungen (oder Unterschieden) eine Tendenz besteht, einen Evolutionsprozeß *mit einer inneren Ordnung* zu bilden.[3]

Er vermutet, daß die Evolution in der Regel mehr oder weniger zufällig erfolgt und daher nicht »fortschreitet«, sondern bloß einer stochastischen Drift entspricht, daß es dazwischen aber auch befristete Phasen eines raschen, nicht zufälligen Wandels gibt, »in denen es zu recht häufigen Mutationen kommt, die eine eindeutige Orientierung im Sinne einer Ordnung aufweisen«. Ein solches nichtzufälliges Verhalten würde, wie Bohm behauptet, sehr weitreichende Konsequenzen haben:

... denn es würde bedeuten, daß nach einer Veränderung bestimmter Art in späteren Generationen eine merkliche Tendenz zu einer Reihe von ähnlichen Veränderungen auftritt. Die Evolution würde also dazu neigen, sich an bestimmte allgemeine Entwicklungslinien zu halten.[3]

Wie wir im nächsten Kapitel sehen werden, waren etliche unter den Gründungsvätern der Quantenmechanik überzeugt, daß ihre neue Theorie erheblich dazu beitragen würde, das Geheimnis von lebenden Organismen aufzuhellen, und viele haben in Erwägung gezogen, daß man die Theorie, wenn es um biologische Phänomene geht, eventuell modifizieren müsse.

Viele Physiker sind sich heute darin einig, daß eine gewisse Modifikation der Theorie unvermeidlich ist, wenn es um den Akt der Beobachtung geht.

Ein neuer Begriff der Verursachung

Der theoretische Biologe Robert Rosen hat eine noch radikalere Neubewertung der gegenwärtigen Formulierung der physikalischen Gesetze vorgeschlagen. Schon das Konzept des physika-

lischen Gesetzes sei unnötig restriktiv und für die Behandlung
so komplexer Systeme, wie es biologische Organismen sind, un-
geeignet:

> Die Grundlage, auf der sich die theoretische Physik in den letzten dreihundert
> Jahren entwickelt hat, ist *in mehreren wichtigen Hinsichten* zu eng, und das be-
> griffliche Fundament dessen, was wir heute als theoretische Physik bezeichnen,
> ist alles andere als universell, sondern immer noch sehr speziell, ja, es ist viel zu
> speziell, als daß es die organischen Phänomene (und noch vieles mehr) erklären
> könnte.[4]

Rosen macht darauf aufmerksam, daß man in der Physik traditionell von der Annahme ausgeht, komplexe Systeme seien nichts anderes als Sonderfälle, d. h. komplizierte Versionen von einfachen
Systemen. Dabei spricht, wie wir gesehen haben, immer mehr dafür, daß es sich in Wirklichkeit umgekehrt verhält: daß Komplexität
die Norm und Einfachheit ein Sonderfall ist. Wir haben gesehen,
daß zum Beispiel fast alle dynamischen Systeme zu der Klasse der
unvorhersagbaren, sogenannten chaotischen Systeme gehören. Die
einfachen dynamischen Systeme, die in den meisten Physiklehrbü-
chern diskutiert werden und seit 300 Jahren das zentrale Thema der
Mechanik waren, gehören in Wirklichkeit zu einer unglaublich begrenzten Klasse. Nicht anders ist es mit der Thermodynamik, wo
die in den Lehrbüchern behandelten abgeschlossenen Systeme in
Gleichgewichtsnähe eine ganz spezielle Idealisierung darstellen.
Sehr viel häufiger sind gleichgewichtsferne offene Systeme.

Es ist natürlich nicht erstaunlich, daß die Wissenschaft sich mit
dieser Akzentsetzung entwickelt hat. Wissenschaftler bearbeiten
selbstverständlich lieber Probleme, bei denen sie sich ausrechnen
können, gewisse Fortschritte zu machen, und die erwähnten Beispiele aus den Lehrbüchern gehören zu jenen, die sich am einfachsten bewältigen lassen. Komplexe Systeme sind sehr viel schwerer
zu verstehen, und es macht Schwierigkeiten, sie systematisch anzugehen. Somit hat der spektakuläre Fortschritt, den man mit einfachen Systemen erzielte, tendenziell die Tatsache verschleiert, daß
sie in Wirklichkeit ganz spezielle Sonderfälle sind.

Diese merkwürdige Umkehrung der traditionellen Auffassung veranlaßt Rosen zu der Vorhersage, daß »die Physik weit davon entfernt ist, die Biologie zu schlucken, wie die Reduktionisten glauben, sondern daß die Biologie vielmehr die Physik zwingen wird, sich zu ändern, möglicherweise so weitgehend, daß sie nicht mehr wiederzuerkennen ist«. Die Physik muß nach seiner Ansicht beträchtlich erweitert werden, wenn sie mit komplexen Zuständen von Materie und Energie angemessen fertig werden soll.

Als Beispiel für die allzu schmale begriffliche Basis der Physik führt Rosen die Annahme an, daß man alle dynamischen Systeme in der Weise beschreiben könne, daß man ihnen Zustände zuordnet, die sich dann gemäß den dynamischen Gesetzen entwickeln. Diese absolut fundamentale Annahme liegt, wie in Kapitel 2 erläutert wurde, der Newtonschen Mechanik zugrunde, und sie wurde auch in die relativistische und die Quantenmechanik sowie in die Feldtheorie und die Thermodynamik übernommen. In ihr kommt die Kausalitätsvorstellung der letzten 300 Jahre zum Ausdruck, und sie hängt eng mit den landläufigen Ideen über Determinismus und Reversibilität zusammen.

Aus dieser zentralen Annahme folgt jedoch eine ganz spezielle Art der mathematischen Beschreibung. (Sie hängt mit der Existenz von exakten Differentialen zusammen, die letztlich auf der Existenz einer Lagrange-Funktion beruht.) Allgemein wird es, wenn man einige Größen hat, welche die Änderungsraten verschiedener Merkmale eines komplexen Systems beschreiben, *nicht* möglich sein, diese Größen in der Weise zu kombinieren, daß man wieder die oben erwähnte ganz spezielle Beschreibung erhält. Rosen fordert, die Theorie dynamischer Systeme zu erweitern und auch die Fälle zu berücksichtigen, in denen die spezielle Beschreibung versagt. Solche Fälle, behauptet Rosen, bildeten die überwältigende Mehrheit der in der Natur vorkommenden Systeme. Die von den Physikern bislang studierten Systeme würden sich als eine ganz spezielle Klasse herausstellen.

Die Veränderungen, die Rosen fordert und mathematisch recht eingehend beschreibt, sind mit bloß technischen Manipulationen nicht zu erreichen – sie erfordern eine ganz neue Terminologie. Wichtig ist zum Beispiel, daß die Größen, die sich ändern, generell solche *informationaler* Art sein werden, und so führt Rosen denn auch ausdrücklich jene Idee ein, die ich mit »Softwaregesetzen« umschrieben habe. Er unterscheidet zwischen den *einfachen Systemen*, die den traditionellen Gegenstand der Physik bilden (und bei denen die Zustände und die dynamischen Gesetze, die die Form von Differentialgleichungen haben, ein hochgradig idealisiertes Schema darstellen), und *komplexen Systemen*, »die durch ein Netz von informationalen Wechselwirkungen beschrieben werden können«. Bei den ersteren, sagt Rosen, »kann man sogar Zweifel haben, ob sie überhaupt einfache Systeme sind; falls sie es nicht sind, lösen sich unsere traditionellen Universalien in nichts auf«.

Eine radikale Neuformulierung in diesem Sinne läßt die alten aristotelischen Ursachkategorien wiederauferstehen, ja, sie läßt sogar die Möglichkeit von finalen Ursachen zu:

Bei komplexen Systemen kann es sinnvoll und wissenschaftlich gerechtfertigt sein, von finaler Verursachung zu sprechen, was bei der Klasse der einfachen Systeme absolut verboten ist. Insbesondere können komplexe Systeme Subsysteme enthalten, die sich wie Vorhersagemodelle ihrer selbst und/oder ihrer Umgebung verhalten und deren Vorhersagen man benutzen kann, um eine gegenwärtige Zustandsänderung zu modulieren. Systeme dieser Art zeigen ein wahrhaft antizipatorisches Verhalten und weisen neue Eigenschaften auf.[5]

Die fundamentalen Modifikationen der Gesetze der Physik, wie sie von Prigogine und Rosen vorgeschlagen werden, müssen einstweilen noch als sehr spekulativ betrachtet werden, aber sie machen deutlich, wie sehr die Komplexität der Natur nach Ansicht einiger Wissenschaftler die Grundlage in Frage stellt, auf der die naturwissenschaftlichen Gesetze formuliert worden sind.

Verwegenere Ideen

Einer der Begründer der Quantenmechanik war Wolfgang Pauli, berühmt durch das nach ihm benannte Ausschließungsprinzip. Pauli stand in einer anregenden Verbindung mit dem Psychoanalytiker Carl Gustav Jung und half diesem, eine provozierende Vorstellung zu entwickeln, die zu den landläufigen Ideen über die Verursachung in flagrantem Widerspruch steht.

Jung behauptete, das wissenschaftliche Denken sei, was die Erklärung von physikalischen Vorgängen betrifft, unverhältnismäßig stark von Kausalitätsvorstellungen beherrscht. Ihn hatte die Tatsache beeindruckt, daß die Quantenmechanik die strenge Kausalität in Frage stellte, sie auf ein statistisches Gesetz reduzierte, da es in der Quantenphysik nur einen probalistischen Zusammenhang zwischen Ereignissen gibt. Jung hielt es deshalb für möglich, daß es neben der Kausalität eine andere Art von physikalischer Gesetzmäßigkeit geben könnte, die zwischen Ereignissen, die man üblicherweise als voneinander unabhängig betrachtete, einen Zusammenhang herstellt:

Es müßte (...) angenommen werden, daß Ereignisse überhaupt einerseits als Kausalketten, andererseits aber gegebenenfalls auch durch eine Art von sinngemäßer Querverbindung zueinander in Beziehung gesetzt seien. Er nannte dieses zusätzliche Prinzip *Synchronizität*.[6]

Um festzustellen, ob es Synchronizität gibt oder nicht, ging Jung daran, *Zufallsereignisse* daraufhin zu überprüfen, ob sie wirklich keinen kausalen Zusammenhang mit der gleichzeitig aufgetretenen Tatsache aufwiesen.[7] Er trug eine Menge anekdotischer Anhaltspunkte für überaus unwahrscheinliche Koinzidenzen zusammen, von denen viele aus den Fallgeschichten seiner Patienten stammten. Jeder von uns kennt einschlägige Beispiele. Am gleichen Tag, an dem man über einen alten Freund gesprochen hat, begegnet man ihm unverhofft. Die Zahl auf dem Busfahrschein stimmt genau mit der Telefonnummer überein, die man gerade gewählt hat. Für Jung gingen einige dieser Geschichten dermaßen weit über eine bloße Koinzidenz hinaus, daß er in ihnen Beweise für eine Gesetzmäßigkeit sah, die einen akausalen Zusammenhang herstellte. Alle natürlichen Erscheinungen dieser Art, so schrieb er, seien einzigartige und überaus merkwürdige Zufallskombinationen, die durch den gemeinsamen Sinn ihrer Bestandteile zu einem unverkennbaren Ganzen zusammengefügt werden. Sinnvolle Koinzidenzen seien zwar in ihrer Phänomenologie unendlich vielfältig, als akausale Ereignisse aber dennoch ein Element, das zum wissenschaftlichen Weltbild gehöre. Durch Kausalität erklärten wir uns den Zusammenhang zwischen zwei aufeinanderfolgenden Ereignissen. Synchronizität kennzeichne die zeitliche und sinngemäße Parallelität zwischen psychischen und psychophysischen Ereignissen, die von der wissenschaftlichen Erkenntnis bislang noch nicht auf ein gemeinsames Prinzip habe zurückgeführt werden können.[8]

Arthur Koestler hat zwar versucht, Jungs Ideen in seinem Buch *The Roots of Coincidence*[9] zu verbreiten, aber von Wissenschaftlern ist die Synchronizität nie ernst genommen worden. Das liegt vermutlich daran, daß das von Jung vorgelegte Tatsachenmaterial sich zum großen Teil auf so verrufene Gebiete wie Astrologie und außersinnliche Wahrnehmung bezog. Für die meisten Naturwissenschaftler beruhen Geschichten von bemerkenswerten Koinzidenzen auf einem Auswahleffekt: An das gelegentliche unerwartete Zusammentreffen von Ereignissen erinnern wir uns, aber die unzähligen unauffälligen Ereignisse, die ständig passieren, übersehen wir. Auf einen Traum, der sich bewahrheitet, kommen Millionen, für die das nicht zutrifft. Ab und zu wird zwangsläufig auch der unwahrscheinlichste Traum wahr, und an den erinnern wir uns dann auch.

Gleichwohl ist es interessant, einmal aus der Sicht der Physik zu prüfen, was sich aus einem Gesetz der Synchronizität ergeben würde. Am besten nimmt man dazu ein Raumzeitdiagramm zu Hilfe. In *Abbildung 30* sind die Zeit als senkrechte Linie und eine einzige Raumdimension als waagerechte Linie gezeichnet. Einen Punkt in dieser Darstellung nennt man ein *Ereignis*, weil ihm sowohl ein Ort als auch ein Impuls zugeordnet sind. Ein waagerechter Schnitt durch das Diagramm repräsentiert den gesamten Raum zu einem bestimmten Zeitpunkt, und gewöhnlich denkt man sich die Zeit in der Darstellung als aufwärtsfließend, so daß die Zukunft in ihr oben, die Vergangenheit unten ist.

Die Tatsache, daß die Welt der Natur nicht einfach ein chaotisches Durcheinander von unabhängigen Ereignissen, sondern im Einklang mit den Gesetzen der Natur geordnet ist, erlegt dem Raumzeitdiagramm eine gewisse Ordnung auf. Daß zum Beispiel ein Objekt wie ein Atom über eine gewisse Zeit hinweg als erkennbare Größe existiert, hat zur Folge, daß es in der Raum-Zeit eine stetige Bahn oder *Weltlinie* hinterläßt. Wenn das Objekt Bewegungen im Raum ausführt, wird die Weltlinie zu einer geschlängelten Linie.

Abbildung 31 zeigt mehrere Weltlinien. Die Gestalt dieser Linien ist im allgemeinen nicht unabhängig voneinander, da zwischen den Teilchen Wechselwirkungskräfte bestehen. Die Störung eines Teilchens wird einen *ursächlichen Einfluß* auf die anderen haben, und

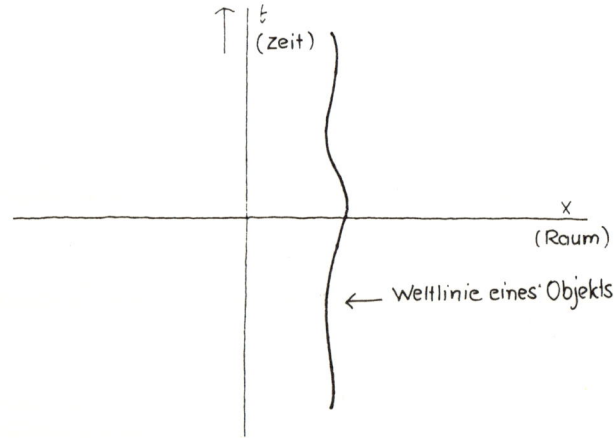

ABBILDUNG 30. Raum-Zeit-Diagramm. Punkte stehen in dieser Zeichnung für Ereignisse; die geschlängelte Linie steht für die Entwicklung eines Teilchens in Raum und Zeit.

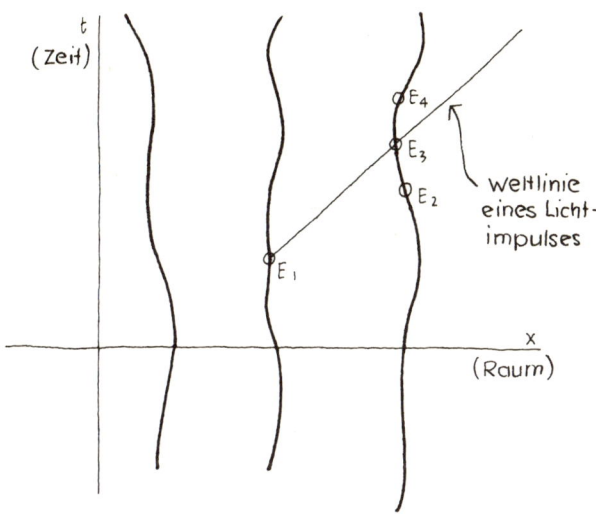

ABBILDUNG 31. Dieses Raum-Zeit-Diagramm zeigt die Weltlinien von drei Materie-teilchen und einem Lichtimpuls (die schräge Linie). Von solchen Lichtbahnen hängt es ab, welche Ereignisse kausal miteinander wechselwirken können. So kann E_1 wohl E_3 und E_4, nicht aber E_2 beeinflussen.

das wird sich in *Korrelationen* zwischen Ereignissen äußern, die auf benachbarten Weltlinien liegen. Die Regeln über Ursache und Wir-kung in Raum-Zeit unterliegen den Einschränkungen der Relativi-tätstheorie, die verbietet, daß ein physikalischer Einfluß sich schneller als mit Lichtgeschwindigkeit ausbreitet. Die Weltlinie ei-nes Lichtimpulses ist eine schiefe Gerade, die man üblicherweise mit einer Neigung von 45° zeichnet. Paare von Ereignissen wie E_1 und E_2 können nicht kausal miteinander verknüpft sein, da sie au-ßerhalb des Bereichs liegen, der von der Lichtlinie durch E_1 abge-grenzt wird. E_1 kann dagegen einen ursächlichen Einfluß auf E_3 oder E_4 haben. Diese Ereignisse sind *nicht* räumlich von E_1 getrennt.

Nun kann es zwischen räumlich getrennten Ereignissen zwar keine Kausalität geben, doch heißt das nicht, daß zwischen Ereignis-sen wie E_1 und E_2 überhaupt kein Zusammenhang besteht. Beide Er-eignisse könnten durch ein gemeinsames ursächliches Ereignis ausgelöst sein, das räumlich zwischen ihnen liegt. Dies wäre zum Beispiel der Fall, wenn zwei Lichtimpulse in entgegengesetzter Richtung ausgesandt würden und die gleichzeitige Detonation zweier weit voneinander getrennter Sprengladungen bewirkten. Doch das war es nicht, was Jung bei der Synchronizität vorschwebte.

Im nächsten Kapitel werden wir sehen, daß Korrelationen zwischen räumlich getrennten gleichzeitigen Ereignissen, die nach klassischem Realitätsverständnis unmöglich sind, in der Quantenmechanik zulässig sind. Diese *nichtlokalen* Quanteneffekte stellen tatsächlich eine Art von Synchronizität in dem Sinne dar, daß sie zwischen Ereignissen, bei denen jede Art von Kausalverknüpfung verboten ist, einen Zusammenhang, genauer gesagt: eine Korrelation herstellen.

Für die Ausschließung eines kausalen Zusammenhangs ist es hinreichend, aber nicht notwendig, daß Ereignisse räumlich getrennt sind. Es kann vorkommen, daß ein Kausalzusammenhang nach der Relativitätstheorie zulässig, aber im übrigen unwahrscheinlich ist. So verbietet die Relativitätstheorie zum Beispiel nicht, daß das Gespräch über einen Freund die Ursache seines prompten Auftauchens sein könnte, aber diese Art von Verursachung ist unwahrscheinlich.

Ganz allgemein kann man sich *Konstellationen* von Ereignissen in der Raum-Zeit vorstellen, die auf irgendeine Weise sinnvoll miteinander zusammenhängen, aber nicht kausal miteinander verknüpft sind. Diese Ereignisse mögen räumlich getrennt sein oder auch nicht – ihr Zusammentreffen oder ihre Verknüpfung kann jedenfalls nicht einer kausalen Wirkung zugeschrieben werden. Sie stellen Muster oder Gruppen in der Raum-Zeit dar, die so etwas wie eine Ordnung sind, die nicht aus den gewöhnlichen Gesetzen der Physik folgt. Die in den vorangegangenen Abschnitten erörterten Organisationsprinzipien ließen sich in diesem Sinne beschreiben und könnten als eine Art von Synchronizität aufgefaßt werden. Während aber akausale Zusammenhänge zum Beispiel in Biosystemen durchaus denkbar sein könnten, ist es etwas völlig anderes, wenn man diese Vorstellung auf Ereignisse aus dem Alltagsleben der Menschen ausdehnt, und genau darum ging es Jung vor allem.

Eine andere Reihe von »sinnvollen Koinzidenzen« hat vor kurzem die Aufmerksamkeit der Wissenschaftler auf sich gezogen. Die Koinzidenzen beziehen sich hier nicht auf Ereignisse, sondern auf die sogenannten Naturkonstanten. Das sind Zahlen, die in den verschiedenen Gesetzen der Physik auftreten, zum Beispiel die Masse des Elektrons, die elektrische Ladung des Protons und Newtons Gravitationskonstante (die die Stärke der Gravitationskraft festlegt). Keine Theorie hat bislang die Werte dieser Konstanten erklären können, und so entsteht die Frage, warum sie gerade diese Werte haben. Das Interessante ist nun, daß die Existenz vieler komplexer Strukturen im Universum und besonders von biologischen Organismen eine bemerkenswerte Empfindlichkeit gegenüber den Werten der Konstanten aufweist. Es zeigt sich, daß selbst geringfügigste Abweichungen von den beobachteten Werten genügen würden, drastische Änderungen bei den Strukturen hervorzurufen. Was die Organismen angeht, so würde schon ein kaum merklicher Eingriff in die Naturkonstanten jegliches Leben – zumindest von der irdischen Spielart – ganz und gar ausschließen.

Die Natur ist also offenbar von bemerkenswerten numerischen Koinzidenzen erfüllt. Es scheint, als hätten die Naturkonstanten genau die Werte angenommen, die erforderlich sind, damit eine komplexe Selbstorganisation bis hin zu denkenden Individuen entstehen kann. Dieser Kunstgriff hat einige Wissenschaftler so sehr beeindruckt, daß sie an so etwas wie ein *starkes anthropisches Prinzip* glauben, dem zufolge die Naturgesetze derart beschaffen sein müssen, daß auf irgendeiner Stufe die Existenz von Bewußtsein im Universum möglich ist. Mit anderen Worten: Die Natur organisiert sich in der Weise, daß das Universum sich seiner selbst bewußt wird. Das starke anthropische Prinzip kann demnach als eine Art organisierendes Metaprinzip aufgefaßt werden, das *die Gesetze selbst* derart einrichtet, daß sie die Entstehung einer komplexen Organisation zulassen.

Eine andere, sehr spekulative Theorie, die sich über die kausalen Schranken von Raum und Zeit hinwegsetzt, hat der Biologe Rupert

Sheldrake vorgeschlagen.[10] Sheldrake hat das zentrale Problem seines Buches, die Entstehung von komplexen Formen und Strukturen, frontal angepackt. In Kapitel 7 war davon die Rede, daß in der Entwicklungsbiologie die Idee des *morphogenetischen Feldes* populär ist. Mit solchen Feldern versucht man zu erklären, daß sich die Eizelle zu einem komplizierten dreidimensionalen Gebilde entfaltet. Es ist noch unklar, welcher Art die morphogenetischen Felder sind und welche Eigenschaften sie besitzen, falls es sie überhaupt gibt.

Sheldrake fordert, die morphogenetischen Felder ernst zu nehmen und als eine völlig neue Art von physikalischen Effekten aufzufassen. Nach seiner Überzeugung ist die Information über die endgültige Gestalt des Embryos auf irgendeine Weise in dem Feld gespeichert und lenkt von dorther dessen Entwicklung. Man könnte glauben, daß hier die gute alte Teleologie wieder aufersteht. Sheldrake führt jedoch mit seiner Hypothese von der *morphischen Resonanz* einen neuen Gedanken ein. Er denkt daran, daß ein neuer Gestalttypus, sobald er entstanden ist, sein eigenes morphogenetisches Feld errichtet, welches dann das Auftreten der gleichen Gestalt an anderer Stelle fördert. Sobald die Natur also einmal »gelernt« hat, einen bestimmten Organismus wachsen zu lassen, kann sie über die »Resonanz« die Entwicklung anderer Organismen auf dem gleichen Pfad anleiten.

Sheldrake zufolge gibt es morphogenetische Felder nicht nur bei lebenden Organismen. Auch Kristalle besitzen sie. Das ist nach seiner Ansicht der Grund, warum man Fälle beobachtet hat, in denen Substanzen, die man nie zuvor in kristalliner Form angetroffen hat, an verschiedenen Orten mehr oder weniger gleichzeitig zu kristallisieren begonnen haben. Sheldrakes Felder sind auch mit einem Gedächtnis verbunden. Hat ein Tier einmal gelernt, eine neue Aufgabe auszuführen, fällt es anderen leichter, diese Aufgabe zu erlernen.

Die Felder, an die Sheldrake denkt, wirken nicht auf die übliche kausale Weise in Raum und Zeit. Man muß sogar sagen, daß die Natur dieser Felder aus der Sicht der Physik völlig rätselhaft ist. Allerdings hat die Theorie zumindest den Vorzug, falsifizierbar zu sein, und Sheldrake hat verschiedene Verfahren der experimentellen Überprüfung vorgeschlagen, darunter auch das menschliche Lernen. Die Ergebnisse sind bislang nicht schlüssig.

Die einigermaßen seltsamen Ideen, die ich in diesem Abschnitt besprochen habe, gehören nicht zum Hauptstrang der Naturwissenschaft und sollten vielleicht nicht allzu ernst genommen werden. Dennoch wird an ihnen deutlich, daß sich unter Wissenschaftlern und Nichtwissenschaftlern hartnäckig der Eindruck hält, daß sich das Universum auf eine Weise organisiert hat, die man schwerlich auf mechanistische Weise erklären kann, und daß ungeachtet der enormen Fortschritte in der fundamentalen Wissenschaft noch immer eine starke Versuchung besteht, auf irgendein höheres Prinzip zurückzugreifen.

12 Der Quantenfaktor

Die Verrücktheit
der Quanten und der Alltagsverstand

Oft hört man, die Physiker hätten die mechanistisch-reduktionistische Philosophie erfunden, den Biologen beigebracht und dann selbst aufgegeben. Es läßt sich nicht leugnen, daß die moderne Physik einen starken holistischen und sogar teleologischen Beigeschmack hat und daß dies weitgehend dem Einfluß der Quantentheorie zuzuschreiben ist.

Als die Quantenmechanik in den zwanziger Jahren unseres Jahrhunderts entwickelt wurde, stellte sie die Naturwissenschaft auf den Kopf. Das lag nicht allein an ihrer erstaunlichen Fähigkeit, eine Vielzahl von physikalischen Phänomenen zu erklären. Sie fegte – wie zuvor die Relativitätstheorie – viele tief verwurzelte Annahmen über das Wesen der Realität hinweg und verlangte nach einer abstrakteren Weltsicht.

Die ersten Opfer waren der Alltagsverstand und die Intuition. Hatte die alte Physik im allgemeinen gewohnte Begriffe von Raum, Zeit und Materie benutzt, die nur graduell von der vertrauten Erfahrung abwichen, so war die neue Physik mit Hilfe von abstrakten mathematischen Größen und Algorithmen formuliert. Wenn man versucht, das »Geschehen« durch Begriffe der gewöhnlichen Erfahrung auszudrücken, kommt häufig etwas Rätselhaftes, etwas Unfaßbares oder etwas schlechterdings Paradoxes heraus. Vor dem Tollhaus der Quanten bleiben wir in unseren alltäglichen Geschäften nur deshalb verschont, weil Quanteneffekte im allgemeinen auf

234

den submikroskopischen Bereich der Atome, Moleküle und subatomaren Teilchen beschränkt sind.

In der klassischen Mechanik ist es leicht, sich vom Zustand eines Systems ein Bild zu machen. Man braucht nur die Orte und Geschwindigkeiten (oder Impulse) aller beteiligten Teilchen zu kennen. Die Entwicklung des Systems richtet sich danach, wie die Teilchen sich unter dem Einfluß ihrer Wechselwirkungen und eventuell von außen einwirkender Kräfte bewegen. Der Physiker ist zumindest prinzipiell in der Lage, diese Evolution vorherzusagen; er muß nur mit Hilfe der Newtonschen Bewegungsgesetze die Bahnen jedes einzelnen Teilchens im Raum berechnen.

Die Quantenmechanik ersetzt dieses konkrete Bild vom Zustand eines Systems durch ein abstraktes Objekt, die *Wellenfunktion* oder den *Zustandsvektor*. Dafür gibt es keinerlei physikalische Entsprechung, es ist nicht beobachtbar. Es gibt jedoch ein wohldefiniertes mathematisches Verfahren, um aus der Wellenfunktion Informationen über beobachtbare Dinge (z. B. den Ort eines Teilchens) herauszuziehen.

Der fundamentale Unterschied zwischen Quantenmechanik und klassischer Mechanik liegt nicht so sehr in diesem »Einen-Schritt-weiter«-Verfahren, sondern in der Tatsache, daß die Wellenfunktion nur *Wahrscheinlichkeiten* in bezug auf beobachtbare Dinge liefert. So ist es, wenn man die Wellenfunktion hat, generell unmöglich, *genau* vorherzusagen, wo ein Teilchen sich befindet oder wie es sich bewegt. Man kann nur die relative Wahrscheinlichkeit ableiten, daß sich das Teilchen mit der und der Geschwindigkeit in dem und dem Gebiet des Raumes befinden wird.

Die Quantenmechanik ist daher eine *statistische* Theorie. Aber im Unterschied zu anderen statistischen Theorien (z. B. über das Verhalten des Aktienmarkts oder von Roulleterädern) beruht ihre probabilistische Natur nicht nur auf unserer Unkenntnis der genauen Einzelheiten – sie ist inhärent. Nicht, daß die Quantenmechanik außerstande wäre, den genauen Ort, die Bewegung usw. von Teilchen vorherzusagen; ein Quantenteilchen *besitzt ganz einfach nicht* einen vollständigen Satz physikalischer Attribute mit wohldefinierten Werten. Es ist sinnlos, etwa von einem Elektron zu sagen, es habe gleichzeitig einen exakten Ort und einen exakten Impuls.

Die der Quantenphysik innewohnende Unklarheit führt direkt zu Werner Heisenbergs berühmter Unschärfe- oder Unbestimmtheitsrelation, die zum Ausdruck bringt, daß zwei Größen (z. B. Ort und Impuls eines Teilchens) nicht zugleich genaue Werte haben können. Der Physiker kann sich entscheiden, die eine Größe zu messen, und ein Resultat von beliebiger Genauigkeit erhalten, aber je genauer sie gemessen wird, um so ungenauer wird die andere Größe.

In der klassischen Mechanik muß man, um die Entwicklung eines Systems vorhersagen zu können, Ort *und* Impuls aller Teilchen in einem Augenblick kennen. In der Quantenmechanik ist das verboten. Über die Entwicklung des Systems besteht daher eine naturgegebene Ungewißheit oder Unbestimmtheit. Auch wenn man alles weiß, was man über ein Quantensystem wissen kann, ist es generell unmöglich zu sagen, welchen Wert eine bestimmte Größe (z. B. der Ort eines Teilchens) zu einem späteren Zeitpunkt haben wird. Man kann nur die Wahrscheinlichkeit angeben.

Trotz des Indeterminismus, der der Quantenphysik innewohnt, kann ein Quantensystem in einem begrenzten Sinne noch immer als deterministisch aufgefaßt werden, da die *Wellenfunktion* sich deterministisch entwickelt. Ist der Zustand des Systems (im Sinne der Wellenfunktion) zu einem Zeitpunkt bekannt, so kann der Zustand zu einem späteren Zeitpunkt berechnet und dazu benutzt werden, die relative Wahrscheinlichkeit der Werte, welche die einzelnen Observablen bei der Messung haben werden, vorherzusagen. Was sich in dieser schwächeren Form von Determinismus deterministisch entwickelt, sind die verschiedenen Wahrscheinlichkeiten, nicht die beobachtbaren Größen selbst.

Die Tatsache, daß es in der Quantenphysik unmöglich ist, immer alles zu wissen, zieht merkwürdige Folgen nach sich. Ein Elektron zum Beispiel kann sich mal wie ein Teilchen und mal wie eine Welle verhalten – der berühmte »Welle-Teilchen-Dualismus«. Viele dieser verrückten Effekte kommen dadurch zustande, daß ein Quantenzustand eine *Überlagerung* anderer Zustände sein kann. Nehmen wir zum Beispiel an, wir hätten eine Wellenfunktion A, die einem Elektron entspricht, das sich nach links bewegt, und eine Wellenfunktion B, die einem Elektron entspricht, das sich nach rechts bewegt. Wir können dann einen Quantenzustand konstruieren, der durch eine Wellenfunktion beschrieben werden kann, die eine Überlagerung von A und B ist. Das Ergebnis ist ein Zustand, in dem das sich nach links bewegende Elektron mit dem sich nach rechts bewegenden koexistiert oder, dramatischer ausgedrückt, in dem zwei Welten, eine mit einem sich nach links bewegenden und eine mit einem sich nach rechts bewegenden Elektron, gleichzeitig vorhanden sind. Ob diese zwei Welten als gleichermaßen real zu gelten haben oder ob sie nur Konkurrenten sind, die sich um den Anspruch auf Realität streiten, ist offen. Unumstritten ist jedoch, daß es in Quantensystemen oft zu solchen Überlagerungen kommt.

Die Fähigkeit von Quantensystemen, scheinbar nicht miteinander zu vereinbarende oder widersprüchliche Eigenschaften zu besitzen – zum Beispiel sowohl Welle als auch Teilchen zu sein –, brachte Niels Bohr, den dänischen Physiker, der mehr als irgendein anderer zur Klärung der begrifflichen Grundlage der Theorie beigetragen hat, dazu, das von ihm so genannte Komplementaritätsprinzip einzuführen. Bohr erkannte, daß es für ein Elektron nicht paradox ist, sowohl Welle als auch Teilchen zu sein, weil die wellenartigen und die teilchenartigen Aspekte nie bei ein und demselben Experiment auf widersprüchliche Weise in Erscheinung treten. Bohr betonte, daß man ein Experiment darauf anlegen könne, die Wellen-Eigenschaften oder auch die Teilchen-Eigenschaften eines Quantenobjekts zu enthüllen, nicht aber beide zugleich. Wellen- und Teilchenverhalten (und auch andere Unvereinbarkeiten wie Ort und Impuls) sind nicht so sehr *widersprüchliche*, als vielmehr *komplementäre* Aspekte einer einzigen Realität. Welche Seite des Quantenobjekts uns dargeboten wird, hängt davon ab, wonach wir es zu befragen wünschen.

Was geschieht mit einem Atom, wenn es beobachtet wird?

Bohrs Komplementaritätsprinzip verlangt eine grundlegende Neu-einschätzung des Wesens der Realität, besonders der Beziehung zwischen dem Teil und dem Ganzen sowie zwischen dem Beobachter und dem Beobachteten. Wenn ein Elektron – je nachdem, welchen Aspekt seiner Realität man zu beobachten wünscht – einen wohldefinierten Ort beziehungsweise Impuls haben soll, dann sind die Eigenschaften des Elektrons nicht zu trennen von denen des Meßapparats – und im weiteren Sinne von denen des Beobachters. Wir können, anders gesagt, sinnvolle Aussagen über den Zustand eines Elektrons *nur im gegebenen Zusammenhang einer bestimmten Versuchsanordnung* machen. Während wir den Impuls eines Elektrons messen, kann zum Beispiel seinem Ort kein sinnvoller Wert zugeordnet werden.

Daraus folgt, daß die Mikrowelt der Quanten nur in bezug auf die klassische (nichtquantenmechanische) Makrowelt sinnvoll definiert werden kann. Makroskopische Begriffe wie der Meßapparat müssen (zumindest im Prinzip) *bereits existieren*, bevor mikroskopische Eigenschaften wie der Ort eines Elektrons einen Sinn haben.

Wir stoßen hier auf einen Anflug von Paradoxie. Die Makrowelt der Tische, Stühle, Physiklaboratorien und Experimentatoren *setzt sich zusammen* aus Elementen der Mikrowelt: Der Meßapparat und der Experimentator bestehen selbst aus Quantenteilchen. Wir haben es mit einer Art von Kreisprozeß zu tun: Die Makrowelt ist für ihre Konstituierung auf die Mikrowelt angewiesen, und die Mikrowelt ist für ihre Definition auf die Makrowelt angewiesen.

Das Paradoxe an diesem Kreisprozeß wird deutlich, wenn wir den Meßvorgang analysieren. Die Mikrowelt ist zwar ihrer Natur nach nebelhaft, und aufgrund der Wellenfunktion lassen sich statt Gewißheiten nur Wahrscheinlichkeiten vorhersagen, aber wenn tatsächlich eine dynamische Variable gemessen wird, erhält man gleichwohl ein konkretes Resultat. Der Akt der Messung verwandelt somit eine Wahrscheinlichkeit in eine Gewißheit, indem er aus einer Reihe von Möglichkeiten ein bestimmtes Resultat *verwirklicht* oder *auswählt*. Diese Verwirklichung führt nun zu einer abrupten, oft als deren »Kollaps« bezeichneten Änderung in der Form der Wellenfunktion, die deren weitere Entwicklung einschneidend berührt.

Der Kollaps der Wellenfunktion hat den Physikern viel Kopfzerbrechen bereitet, und zwar aus folgendem Grund. Solange ein Quantensytem nicht beobachtet wird, entwickelt es sich deterministisch. Es gehorcht in der Tat einer Differentialgleichung, die als Schrödingergleichung bezeichnet wird (oder einer Verallgemeinerung davon). Wird das System jedoch von einem äußeren Beobachter in Augenschein genommen, so macht die Wellenfunktion einen plötzlichen Sprung, in flagranter Verletzung der Schrödingergleichung. Das System kann sich also auf zwei ganz verschiedenen Wegen mit der Zeit ändern: einem, wenn niemand zuschaut, und einem, wenn es beobachtet wird.

Der einigermaßen rätselhafte Schluß, daß die Beobachtung eines Quantensystems in dessen Verhalten eingreift, veranlaßte von Neumann, ein mathematisches Modell eines Quantenmeßvorgangs aufzustellen.[1] Er untersuchte als Modell ein mikroskopisches Quantensystem – nehmen wir an, ein Elektron –, das an einen Meßapparat gekoppelt ist, der seinerseits als ein Quantensystem aufgefaßt wird. Das ganze System – Elektron plus Meßapparat – verhält sich dann wie ein großes, integriertes und geschlossenes Quantensystem, das eine Super-Schrödingergleichung erfüllt. Die Tatsache, daß das System als ganzes eine solche Gleichung erfüllt, sorgt mathematisch dafür, daß die Wellenfunktion, die das ganze System darstellt, sich deterministisch verhalten muß, gleichgültig, was aus dem Teil der Wellenfunktion wird, der das Elektron darstellt.

Von Neumanns Absicht war, herauszufinden, wie es durch die gekoppelte Quantendynamik des ganzen Systems zum plötzlichen Kollaps der Wellenfunktion des Elektrons kommt. Er fand, daß der Akt der Kopplung des Elektrons an den Meßapparat tatsächlich einen Kollaps in jenem Teil der Wellenfunktion herbeiführen kann, der sich auf unsere Beschreibung des Elektrons bezieht, daß aber die Wellenfunktion, die das *System als ganzes* darstellt, nicht kollabiert.

Die Schlußfolgerung aus dieser Analyse ist bekannt als »das Meßproblem«. Problematisch ist sie aus folgendem Grund. Wenn sich ein Quantensystem in einer Überlagerung von Zuständen befindet, kann eine bestimmte Realität nur beobachtet werden, wenn die Wellenfunktion in einen der möglichen beobachtbaren Zustände kollabiert. Wenn es, nachdem der Beobachter selbst in die Beschreibung des Quantensystems einbezogen wurde, zu keinem Kollaps kommt, hat es den Anschein, als sage die Theorie voraus, daß es nicht eine einzige Realität gibt.

Das Problem wird veranschaulicht durch das berühmte Paradoxon von Schrödingers Katze. Schrödinger stellt sich vor, daß eine Katze in eine Kiste eingesperrt ist, in der sich eine Glasflasche mit Zyanid befindet. Die Kiste enthält außerdem eine radioaktive Quelle und einen Geigerzähler, der, wenn er einen Kernzerfall registriert, einen Hammer auslöst, der die Glasflasche zertrümmert. Nun kann man sich vorstellen, daß der Quantenzustand des Kerns sich nach beispielsweise einer Minute in einer Überlagerung befindet, die einer Wahrscheinlichkeit von 50 Prozent entspricht, daß ein Zerfall stattgefunden hat, und von ebenfalls 50 Prozent, daß das nicht der Fall ist. Wenn der gesamte Inhalt der Kiste einschließlich der Katze als ein einziges Quantensystem aufgefaßt wird, muß sich auch die Katze in einer Überlagerung von zwei Zuständen befinden: tot oder lebendig. Die Katze schwebt, anders ausgedrückt, in einem Mischzustand der Unwirklichkeit, in dem sie sowohl tot als auch lebendig ist!

Man hat viele Versuche unternommen, um das vorstehende Quantenmeßparadoxon aufzulösen, Versuche, die vom Mystischen bis zum Bizarren reichen. In die erste Kategorie gehört der in Kapitel 10 kurz erwähnte Vorschlag von Wigner, daß es das Bewußtsein des Experimentators (oder der Katze?) sei, das die Wellenfunktion kollabieren läßt: »Es ist das Eindringen eines Eindrucks in unser Bewußtsein, was die Wellenfunktion verändert... Es ist unvermeidlich und unabänderlich, daß das Bewußtsein in die Theorie eindringt.«[2] Zur Kategorie des Bizarren gehört die Viele-Welten-Interpretation, der zufolge alle Quantenwelten in einer Überlagerung gleichermaßen real sind. Der Akt der Messung bewirkt, daß sich das gesamte Universum in alle Quantenmöglichkeiten (z. B. lebende Katze, tote Katze) aufspaltet. Jede dieser nebeneinander bestehenden parallelen Realitäten enthält eine andere Kopie des bewußten Beobachters.

Jenseits der Quanten

Die Bemühungen, dem Quantenmeßparadoxon zu entgehen, zerfallen in zwei Kategorien. Es gibt solche wie die soeben beschriebene Viele-Welten-Theorie, die die universelle Geltung der Quantenmechanik zu ihrem Ausgangspunkt machen. Sodann gibt es die radikaleren Theorien mit der Annahme, daß die Quantenmechanik irgendwo zwischen der Mikrowelt und der Makrowelt versagt. Das könnte bei einer bestimmten Schwelle der Größe oder, was überzeugender ist, bei einer bestimmten Schwelle der Komplexität erfolgen. In Kapitel 10 wurde schon erwähnt, daß David Bohm Zweifel hat, ob Quantenereignisse bei Biosystemen wirklich zufällig sind.

Unter denen, die ein Versagen der Quantenmechanik bei komplexen Systemen annehmen, dürfte Eugene Wigner, einer der Begründer der Quantenmechanik, der bekannteste sein. Wigner stützt seine Ansicht auf eine mathematische Analyse der biologischen Reproduktion, bei der er ein abgeschlossenes System untersucht hat, das einen Organismus und eine gewisse Nahrungsmenge enthält.[3] Nachdem er die Gesetze der Quantenmechanik auf das System angewandt hat, hält er es praktisch für ausgeschlossen, daß das System sich mit der Zeit in der Weise entwickelt, daß es zu einem späteren Zeitpunkt statt des einen Organismus zwei enthält. Wigner behauptet mit anderen Worten, daß die biologische Reproduktion mit den Gesetzen der Quantenmechanik unverträglich sei. Diese Unverträglichkeit zeige sich am deutlichsten beim Akt der Quantenmessung, wo das Eindringen der Information über das Quantensystem in das Bewußtsein des Beobachters zum Kollaps der Wellenfunktion führt.

Viele der Ansichten Wigners teilte von Neumann, der ebenfalls zweifelte, ob die Quantenmechanik auch für organische Phänomene gültig sei. Bei einer Gelegenheit diskutierte von Neumann mit einem Biologen, der ihn von der neodarwinistischen Evolutionstheorie zu überzeugen suchte. Von Neumann führte den Biologen ans Fenster seines Studierzimmers und bemerkte zynisch: »Sehen Sie dort drüben auf dem Hügel das schöne weiße Landhaus? Das ist durch Zufall entstanden.«[4] Der Biologe war natürlich unbeeindruckt.

Ein anderer Wissenschaftler, der an der Allgemeingültigkeit der Quantenmechanik zweifelt, ist Roger Penrose. Seine Skepsis beruht auf der Beschäftigung mit Schwarzen Löchern und kosmologischen Fragen, die in Kapitel 10 erörtert wurden. Er schreibt:

Es ist etwas äußerst Unbefriedigendes an der derzeit üblichen Formulierung der Quantenmechanik, die zwei ganz verschiedene Entwicklungsformen einschließt: die eine im Einklang mit der Schrödinger-Gleichung vollkommen deterministisch, die andere ein probabilistischer Kollaps. Und es ist eine große Schwäche der gängigen Theorie, daß einem nicht gesagt wird, wann die eine Entwicklungsform der anderen Platz machen soll, außer daß es immer irgendwann stattfindet, bevor eine Beobachtung gemacht wird... wenn ich mich nicht täusche, wird man die Schrödinger-Gleichung in irgendeiner Weise modifizieren müssen.[5]

Penrose schlägt eine Modifikation vor, die einen radikal neuen Ansatz enthält – daß nämlich auf irgendeine Weise die *Gravitation* am Kollaps der Wellenfunktion beteiligt ist. Er verknüpft also seine Zweifel an der Gültigkeit der Quantenmechanik in der makroskopischen Welt mit seinem Bemühen, ein zeit-asymmetrisches Gesetz zu formulieren, um die gravitative Gleichförmigkeit des frühen Universums zu erklären. (Hier sei daran erinnert, daß der Kollaps der Wellenfunktion ein zeit-asymmetrischer Vorgang ist.)

Ich nehme an, der Leser ist überzeugt, daß das quantentheoretische Meßproblem ungelöst bleibt. Es gibt jedoch mindestens einen Punkt der Übereinstimmung: Man kann nur dann sagen, daß eine Messung stattgefunden hat, wenn irgendeine Spur erzeugt wurde. Das kann eine Spur in der Nebelkammer sein, das Ticken eines Geigerzählers oder die Schwärzung einer fotografischen Emulsion. Worauf es ankommt, ist, daß im Meßapparat eine *irreversible* Veränderung erfolgt, die dem Experimentator eine sinnvolle Information vermittelt. Bohr sprach von »einer irreversiblen Verstärkung« der mikroskopischen Störung, die den Meßapparat aktiviert und ihn in einen konkreten Zustand versetzt, der »mit einfachen Worten beschrieben« werden kann (z. B.: der Zähler hat getickt, der Zeiger ist in Stellung 3). Die Konsequenz lautet, daß das Konzept der Messung immer in der klassischen Welt der gewohnten Erfahrung verankert sein muß.

Quantenmessung als Beispiel der Abwärtsverursachung

Ich habe betont, daß die Beschreibung des Zustands eines Quantensystems durch eine Wellenfunktion nicht beschreibt, wo die Teilchen sind und wie sie sich bewegen, sondern daß sie etwas Abstrakteres ist, aus dem man statistische Informationen über diese Dinge gewinnen kann. Die Wellenfunktion stellt nicht dar, wie das System *ist*, sondern was wir über das System *wissen*.

Wenn man diese Tatsache gebührend würdigt, ist der Kollaps der Wellenfunktion nicht länger rätselhaft, denn wenn wir eine Messung eines Quantensystems vornehmen, ändert sich unser Wissen von dem System. Dem Rechnung tragend, ändert sich (kollabiert) die Wellenfunktion. Auf der anderen Seite determiniert die Entwicklung der Wellenfunktion die relativen Wahrscheinlichkeiten der Ergebnisse künftiger Messungen, und folglich muß sich der Kollaps auf das weitere Verhalten des Systems auswirken. Ein

Quantensystem entwickelt sich unterschiedlich, je nachdem, ob man eine Messung vornimmt oder ob man es in Ruhe läßt.

Das ist nun an sich nicht besonders merkwürdig. Es trifft ja auch auf ein klassisches System zu: Wann immer wir etwas beobachten, stören wir es ein wenig. In der Quantenmechanik ist diese Störung jedoch eine fundamentale, irreduzible und unerkennbare Tatsache. In der klassischen Mechanik ist sie bloß eine nebensächliche Erscheinung: Die Störung kann auf einen beliebig kleinen Effekt reduziert oder genau berechnet und berücksichtigt werden. Das ist bei einem Quantensystem nicht möglich.

Die Quantenmessung ist eindeutig ein Beispiel der Abwärtsverursachung, denn etwas, das (wie ein Geigerzähler) auf einer höheren Ebene sinnvoll ist, bewirkt eine grundlegende Veränderung im Verhalten einer Größe (etwa eines Elektrons) auf einer tieferen Ebene. Die Quantenmessung schließt sogar *unvermeidlich* eine Abwärtsverursachung ein, denn wenn wir versuchen, den Meßapparat auf der *gleichen* Ebene wie das Elektron zu behandeln – indem wir ihn als eine bloße Ansammlung von Quantenteilchen betrachten, die durch eine umfassende Wellenfunktion beschrieben wird –, dann findet, wie wir gesehen haben, überhaupt keine Messung statt. Die Messung hat nur dann einen Sinn, wenn wir einen Unterschied machen zwischen der mikroskopischen Ebene von Elementarteilchen und der makroskopischen Ebene der komplexen Teile des Apparats, in denen irreversible Veränderungen erfolgen und Spuren festgehalten werden.

Die Abwärtsverursachung, um die es hier geht, kann man auch in Begriffen der Information beschreiben. Von der Wellenfunktion, die unser Wissen über das System enthält, kann man sagen, daß sie eine Information darstellt – oder in der Computersprache: Software. Demnach ist die einem Elektron zugehörige Welle eine Welle von *Software*. Der Teilchenapparat eines Elektrons ist demgegenüber der Hardware verwandt. Man könnte unter Verwendung dieser Begrifflichkeit sagen, daß der quantenmechanische Welle-Teilchen-Dualismus ein Hardware-Software-Dualismus ist, wie wir ihn aus dem Computerwesen kennen. So wie es beim Computer für ein und dieselben Ereignisse zwei komplementäre Beschreibungen gibt – eine im Sinne des Programms (die Maschine berechnet z. B. einen Steuerbescheid) und eine im Sinne der elektrischen Schaltungen –, so gibt es auch beim Elektron zwei komplementäre Beschreibungen – als Welle und als Teilchen.

Im normalen Betriebszustand ist ein Computer allerdings kein Beispiel der Abwärtsverursachung. Wir würden normalerweise nicht sagen, daß eine Multiplikation *bewirkt*, daß bestimmte Schaltungen aktiv werden. Es besteht lediglich eine Parallelität zwischen der Hardware- und der Software-Beschreibung ein und derselben Ereignisse. Im Falle der Quantenmessung kommt es bei dem scheinbar abgeschlossenen Quantensystem (Elektron plus Meßapparat plus Experimentator) zu einer Veränderung in der Information oder Software, die wiederum eine Veränderung in der Hardware bewirkt (das Elektron bewegt sich danach anders).

Ich habe versucht, die Computeranalogie so zu erweitern, daß sie dies mit einbezieht. Betrachten wir einen Computer, der mit einem Mechanismus, zum Beispiel einem Roboterarm, ausgestattet ist, welcher sich nach einem Programm, das im Computer enthalten ist, bewegen kann. Man kennt solche Vorrichtungen von Automobil-Fertigungsstraßen. Jetzt überlege man sich, was geschieht, wenn der Computer so programmiert wird, daß der Arm anfängt, Modifikationen *an den Schaltungen des Computers selbst* vorzunehmen *(siehe Abbildung 32)*. Dies ist ein Beispiel für Software-Hardware-Rückkoppelung. So wie bei einer Quantenmessung Veränderungen der Information abwärts Veränderungen im Verhalten eines Elektrons bewirken, so bewirken Veränderungen in der Programm-Software abwärts Modifikationen in der Hardware des Computers.

Der Physiker John Wheeler[6] gibt der Quantenmessung als Abwärtsverursachung eine noch weitergehende Deutung. »Wie ist es möglich«, so fragt er, »daß bloße Information (das heißt: ›Software‹) in einigen Fällen den realen Zustand makroskopischer Dinge (Hardware) modifiziert?« Zunächst pflichtet Wheeler der Auffassung Bohrs bei, daß eine Messung so etwas wie eine irreversible Verstärkung erfordert, die zu einer Aufzeichnung oder Spur führt,

ABBILDUNG 32. Ein Computer, der so programmiert ist, daß er seine eigenen Schaltungen umorganisiert, ist ein Beispiel für »Vermischen von Ebenen«. Die logische Verwicklung zwischen Software und Hardware erinnert an den Welle-Teilchen-Dualismus in der Quantenphysik.

aber das reicht nach seiner Ansicht nicht aus. Man könne, meint er, nur dann davon reden, daß eine Messung stattgefunden hat, wenn eine *sinnvolle* Aufzeichnung existiert.

Wann ist eine Aufzeichnung sinnvoll? Wheeler beruft sich auf die recht abstrakte Vorstellung einer »Gemeinschaft der Forscher«, für die ein Ticken eines Geigerzählers oder eine Ablenkung eines Zeigers etwas *bedeutet*. Er zeichnet einen Kreislauf der Verursachung oder Wirkung nach, der von Elementarteilchen über Moleküle und makroskopische Objekte bis hin zu bewußten Wesen und Kommunikatoren und zu sinnvollen Aussagen reicht, und er fordert uns auf, »um der Grundlage der Existenz willen eine ›da draußen‹ angesiedelte Physik-Hardware aufzugeben und durch eine sinnvolle, bedeutsame Software zu ersetzen«. Damit wird die Bedeutung – oder Information oder Software – zu einem primären Status erhoben, während Materieteilchen sekundär werden. In diesem Sinne erklärt Wheeler: »Die Physik ist das Kind der Bedeutung, so wie die Bedeutung das Kind der Physik ist.«

Nun fragt Wheeler jedoch, wie der Bedeutungskreislauf geschlossen werden soll. Dabei muß es irgendeine *Rückwirkung* der

Bedeutung auf die physikalische Welt der Elementarteilchen geben – den »Rückwärtsteil des Kreislaufs«. Eine solche Abwärtsverursachung soll ebenso fundamental sein, wenn auch bislang noch unklarer als der »Aufwärts«teil des Kreislaufs.

Die Einzelheiten dieser Abwärtsverursachung bleiben rätselhaft, mit einer Ausnahme. Normalerweise verläuft die Aufwärtsverursachung in der Zeit vorwärts (ein Atom zerfällt, ein Teilchen tritt auf, ein Zähler tickt, ein Experimentator liest den Zeiger ab...). Der Rückwärtsteil muß daher »in der Zeit rückwärts« verlaufen. Wheeler veranschaulicht das durch ein neues Experiment, das sogenannte Experiment der verzögerten Entscheidung, bei dem es um eine Art von rückwirkender Verursachung geht. Das Experiment ist kürzlich durchgeführt worden[7], und es stimmt vollkommen mit Wheelers Erwartungen überein. Aber selbstverständlich gibt es dabei keine wirkliche Verständigung mit der Vergangenheit.

Sind die höheren Ebenen primär?

Die in allen Interpretationen der Quantenmessung entscheidende *Irreversibilität* erinnert an Prigogines Auffassung, daß irreversible Phänomene – die Phänomene des Werdens – primär, reversible Prozesse – die Phänomene des Seins – dagegen Näherungen oder Idealisierungen von sekundärer Natur seien. Die Quantenphysik verlegt die Beobachtung (oder zumindest die Messung) in den Mittelpunkt des Schauplatzes Realität und betrachtet Elementarteilchen als bloße Abstraktion aus diesen primären Erfahrungen (oder Ereignissen).

In zwangloser Rede sprechen Physiker über Elektronen, Atome usw. oft so, als besäßen diese eine vollgültige, eigenständige Existenz mit allen dazugehörigen Attributen. Doch das ist eine Fiktion. Die Quantenphysik lehrt uns, daß Elektronen einfach nicht »irgendwo dort« in einem wohldefinierten Sinne, mit einem bestimmten Ort und einer bestimmten Bewegung, existieren, wenn man sie nicht beobachtet. Wenn ein Physiker von einem »Elektron« spricht, bezieht er sich in Wirklichkeit auf einen mathematischen Algorithmus, der es ihm erlaubt, die Ergebnisse ganz bestimmter und genau spezifizierter Experimente systematisch miteinander zu verknüpfen. Weil die Beziehungen systematisch sind, läßt man sich leicht zu der Ansicht verleiten, daß es »irgendwo dort« wirklich ein kleines Ding gibt, das einer verkleinerten Billardkugel ähnelt und die Ergebnisse der Messungen hervorruft. Diese Ansicht hält aber einer genaueren Prüfung nicht stand.

Die Quantenphysik führt zu der Schlußfolgerung, daß die Gebilde der untersten Ebene im Universum – die Elementarteilchen, aus denen sich die Materie zusammensetzt – im Grunde gar nicht elementar sind. Sie sind von sekundärer, abgeleiteter Natur. Alles andere als der konkrete »Stoff«, aus dem die Welt gemacht ist, sind diese »elementaren« Teilchen in Wirklichkeit ganz *abstrakte* Konstruktionen, errichtet auf dem festen Grund von irreversiblen »Beobachtungsereignissen« oder Meßergebnissen.

Dies scheint auch die Auffassung von Prigogine zu sein:

> Die klassische Reihenfolge war: zunächst das Teilchen, dann der Zweite Hauptsatz (der Thermodynamik) – erst das Sein, dann das Werden! Es ist nicht ausgeschlossen, daß dies nicht mehr gilt, wenn wir zum Niveau der Elementarteilchen kommen und hier *zunächst* den Zweiten Hauptsatz einführen müssen, bevor wir das Seiende definieren können... Aber schließlich ist ein Elementarteilchen – im Gegensatz zu dem, was sein Name besagt – kein »vorgegebener« Gegenstand; wir müssen es konstruieren.[8]

Prigogine erinnert an Eddingtons Unterscheidung zwischen Gesetzen »erster Art« (z. B. den Newtonschen Bewegungsgesetzen für einzelne Teilchen) und Gesetzen »zweiter Art« (wie etwa dem Zweiten Hauptsatz der Thermodynamik). Man wäre, schreibt Eddington, nicht überrascht, »wenn bei der Neuordnung des gesamten physikalischen Systems, wie sie die Quantentheorie notwendig macht, die Gesetze erster Art ihre fundamentale Stellung an Gesetze zweiter Art abtreten müßten«[9]. Das heißt: Die Abwärtsverursachung gewinnt die Oberhand über die Aufwärtsverursachung.

Diese Überlegungen verleihen der Quantenphysik einen stark holistischen, fast aristotelischen Anstrich. Wir finden hier nicht nur, daß das Ganze mehr ist als die Summe seiner Teile, sondern auch, daß die Existenz der Teile in einer gewaltigen Vermengung der Hardware- und Software-Ebenen durch das Ganze definiert wird.

Ein Physiker, der dieses Thema sehr ausgiebig entwickelt und Parallelen zur östlichen Philosophie gezogen hat, ist David Bohm. Für ihn ist die Quantenphysik der Prüfstein einer neuen Vorstellung von Ordnung und Organisation, die über die Grenzen der subatomaren Teilchen hinausgeht und das Leben, ja sogar das Bewußtsein einschließt. Er betont, daß es eine »implizite« Ordnung gibt, die »zusammengefaltet« in der Natur existiert und sich in dem Maße, wie das Universum sich entwickelt, schrittweise entfaltet und dadurch ermöglicht, daß Organisation entsteht.[10] Eine der wichtigen Erscheinungen in der Quantenphysik, auf die sich Bohm bei der Entwicklung seiner Ideen stützt, ist die Nichtlokalität, und diesem Gegenstand wollen wir uns jetzt zuwenden.

Nichtlokalität in der Quantenmechanik

Die Ergebnisse der Beobachtung eines Elektrons – es nimmt ein mikroskopisch kleines Raumgebiet ein – hängen, wie wir schon gesehen haben, von der Beschaffenheit eines Teils des makroskopischen Meßapparats ab – eines zusammenhängend konstruierten, über ein großes räumliches Gebiet hinweg organisierten Gebildes. Die Physiker sprechen von *Lokalität*, wenn das, was an einem Punkt in Raum und Zeit geschieht, nur von Einflüssen in der unmittelbaren Nachbarschaft dieses Punktes abhängt. Von der Quantenmechanik sagt man daher, sie sei »nichtlokal«.

Nichtlokalität äußert sich in der Quantenmechanik am auffälligsten in bestimmten Situationen, die allgemein als EPR-Experimente bezeichnet werden, nach Einstein, Podolsky und Rosen, die als erste in den dreißiger Jahren auf die Idee aufmerksam gemacht haben. Einstein beharrte auf seinem Zweifel an der Quantenmechanik, und am wenigsten gefiel ihm die Nichtlokalität, denn sie schien die Quantenphysik in einen Widerspruch zu seiner eigenen Relativitätstheorie zu bringen.

Er überlegte sich ein Experiment, bei dem zwei Teilchen miteinander wechselwirken und dann auseinanderfliegen. Unter diesen Umständen kann der Quantenzustand des kombinierten Systems derart sein, daß eine Messung, die man an einem der Teilchen vornimmt, scheinbar das Ergebnis von Messungen an dem anderen, weit entfernten Teilchen beeinflußt. Er fand dies so beunruhigend, daß er von einer »gespenstischen Fernwirkung« sprach.

Man findet, um es genauer zu sagen, daß unabhängig an weit voneinander entfernten Teilchen vorgenommene Messungen korrelierte Ergebnisse liefern.[11] Das ist an sich nicht erstaunlich, denn wenn die Teilchen von einem gemeinsamen Ursprung fortgeflogen sind, wird jedes von ihrer Begegnung eine gewisse Prägung beibehalten haben. Das Interessante ist das *Maß* der entsprechenden Korrelation. Dies hat John Bell vom CERN-Laboratorium bei Genf untersucht.[12]

Bell zeigte, daß die Quantenmechanik einen sehr viel höheren Grad von Korrelation vorhersagt, als sich mit einer Theorie erklären läßt, die die Teilchen als voneinander unabhängig real existierend und der Lokalität unterworfen betrachtet. Es ist fast, als würden sich die beiden Teilchen zu einem Zusammenwirken verschwören, wenn unabhängig voneinander Messungen an ihnen durchgeführt werden, sogar dann, wenn diese Messungen gleichzeitig erfolgen. Doch die Relativitätstheorie verbietet, daß zwischen den beiden Teilchen so etwas wie eine augenblickliche Mitteilung oder Wechselwirkung ausgetauscht wird. Es ist daher rätselhaft, wie die Verschwörung zustande kommt.

Die übliche Reaktion auf die Herausforderung des EPR-Experiments formulierte Niels Bohr. Er argumentierte, daß es im Grunde gar keinen Konflikt mit der Relativitätstheorie gebe, wenn man akzeptiert, daß die beiden Teilchen, mögen sie auch räumlich voneinander getrennt sein, dennoch ein und demselben Quantensystem mit einer einzigen Wellenfunktion angehören. Ist das der Fall, dann ist es schlechthin unmöglich, die beiden Teilchen physikalisch voneinander zu trennen und sie als *unabhängig voneinander real existierende Gebilde* zu betrachten, trotz der Tatsache, daß alle direkt zwischen ihnen wirkenden Kräfte über große Entfernungen vernachlässigt sind. Die unabhängige Realität der Teilchen kommt nur zustande, wenn Messungen an ihnen vorgenommen werden. Das Rätsel, auf welche Weise die Teilchen sich verschwören, entsteht nur, wenn man sich auf die Ansicht versteift, jedes von ihnen besitze vor den Messungen einen wohldefinierten Ort und eine wohldefinierte Bewegung.

Die Lehre aus dem EPR-Experiment lautet, daß Quantensysteme grundsätzlich nichtlokal sind. Im Prinzip gehören alle Teilchen, die jemals in Wechselwirkung standen, zu einer einzigen Wellenfunktion, einer globalen Wellenfunktion, die eine ungeheure Zahl von Korrelationen enthält. Man könnte sogar (und es gibt Physiker, die das tun) eine Wellenfunktion für das gesamte Universum in Erwägung ziehen. In dieser Vorstellung ist das Schicksal eines beliebigen Teilchens untrennbar mit dem Schicksal des gesamten Kosmos verknüpft, nicht in dem trivialen Sinne, daß es Kräften aus seiner Umgebung ausgesetzt sein kann, sondern weil schon seine bloße Realität mit der des übrigen Universums unauflöslich verwoben ist.

Quantenphysik und Leben

Viele der an der Entwicklung der Quantenmechanik beteiligten Physiker waren fasziniert von den Implikationen der neuen Theorie für die Biologie. Einige – so etwa Max Delbrück – machten in der Biologie Karriere. Andere – unter ihnen Bohr, Schrödinger, Pascual Jordan, Wigner und Elsasser – haben sich ausführlich mit den Fragen befaßt, die biologische Organismen aus der Sicht der Physik aufwerfen.

Zunächst könnte es scheinen, als sei die Qantenmechanik irrelevant für die Biologie, weil lebende Organismen makroskopische Gebilde sind. Man darf jedoch nicht vergessen, daß alle wichtigen Vorgänge der Molekurlarbiologie Quantenprozesse sind. Schrödinger zeigt, daß die Qantenmechanik unerläßlich ist, wenn man die Stabilität der auf der molekularen Ebene gespeicherten genetischen Information verstehen will. Wenn man nun akzeptiert, daß das Leben auf der fundamentalen Ebene quantenmechanisch verschlüsselt ist, taucht die Frage auf, wie es möglich ist, daß diese Quanteninformation sich in Gestalt eines klassischen makroskopischen Organismus manifestiert. Wenn die Vererbung im Sinne der Quantenmechanik beschrieben werden muß, wie läßt sie sich dann mit der klassischen Vorstellung vereinbaren, daß ein biologischer Phänotyp in Wechselwirkung mit der Umwelt steht? Wenn es darum geht, die quantenmechanische und die klassische Beschreibung biologischer Phänomene miteinander in Einklang zu bringen, stehen wir im Grunde wieder vor einer anderen Spielart des Quantenproblems.

Howard Pattee glaubt, die Lösung des Quantenmeßproblems hänge eng mit dem Problem zusammmen, das Leben zu verstehen. Er macht darauf aufmerksam, daß eines der Wesensmerkmale des Lebens, die Weitergabe von Erbinformation, eine *Aufzeichnung* voraussetzt. Und wie wir gesehen haben, findet eine Quantenmessung nur statt, wenn eine irreversible Veränderung eintritt, die zu einer Spur oder Aufzeichnung führt.

Pattee bezeichnet den Dualismus der Ebenen, den ich »Hardware-Software« genannt habe, als Materie-Symbol-Dualismus, und er stellt die provozierende Behauptung auf: »Mein zentraler Gedanke ist, daß das Materie-Symbol-Problem und das Problem der Messung oder Aufzeichnung bei der Entstehung lebender Materie auftreten müssen.« Er charakterisiert die Enzyme als »messende Moleküle« und kommt zu dem Schluß, daß ein klassischer Mechanismus nicht die für die Weitergabe der Erbinformation notwendige Geschwindigkeit und Zuverlässigkeit bietet. »Das Leben begann mit einem katalytischen Kodierungsprozeß auf der Ebene des einzelnen Moleküls.«[13]

Wenn man das Leben als einen Aspekt des Problems verstehen muß, wie klassische Beschreibung und Quantenbeschreibung sich vereinbaren lassen, dann scheint die Abwärtsverursachung in der Biologie unausweichlich zu sein. Außerdem bin ich überzeugt, daß wir dann die nichtlokalen Aspekte der Quantenphysik bei biologischen Phänomene ernst nehmen müssen. Wie wir gesehen haben, enthüllt das EPR-Experiment, daß Nichtlokalität sich in Korrelationen oder in einer »Verschwörung« über makroskopische Entfernungen äußern kann. Die beiden Teilchen, um die es in diesem Experiment geht, sind trotz ihrer weit auseinanderliegenden Orte grundsätzlich untrennbar; das System muß als ein kohärentes Ganzes aufgefaßt werden. Das hat große Ähnlichkeit mit biologischen Prozessen.

Es gibt viele Beispiele für biologische Phänomene, bei denen nichtlokale Effekte im Spiel zu sein scheinen. Eines davon ist die berühmte Faltung der Proteine. Wie in Kapitel 7 erwähnt, bilden sich die Proteine als lange Ketten, die sich dann zu einer komplizierten und ganz spezifischen dreidimensionalen Gestalt verdrehen müssen, bevor sie ihre Aufgabe richtig erfüllen können. Biophysikern war dieser Faltungsvorgang lange ein Rätsel. Woher »weiß« das Protein, welche Gestalt es schließlich annehmen soll?

Man hat angedeutet, die erforderliche Form sei der stabilste Zustand (Energieminimum) und daher in einem statistischen Sinne der wahrscheinlichste Zustand. Es gibt jedoch sehr viele andere Konfigurationen mit annähernd den gleichen Energien. Es würde wirklich sehr lange dauern, wenn das Protein all die wahrscheinlichen Möglichkeiten durchprobieren müßte, ehe es die richtige findet. Irgendwie scheint das Protein die erforderliche endgültige Form zu erahnen und darauf hinzuarbeiten. Um diese Wirkung zu erreichen, müssen weit voneinander entfernte Teile des Proteins sich nach einem geeigneten Gesamtplan im Gleichklang bewegen, sonst würde sich das Molekül in der verkehrten Form verheddern. Diese Aktivität, die auf einer Unmenge von Quantenwechselwirkungen beruht, ist offenkundig nichtlokaler Natur.

Für diese Art von »Fernwirkung« gibt es noch viele andere Beispiele, angefangen von der Tatsache, daß Proteine, die an einer bestimmten Stelle eines Gens sitzen, offenbar auf andere Proteine, die Tausende von Atomen weiter sitzen, einen Einfluß ausüben, bis hin zu dem global organisierten Phänomen der Morphogenese selbst. Zwischen der Anwendung der Quantenmechanik auf lebende Organismen und der auf Elementarteilchen besteht jedoch ein fundamentaler Unterschied. Niels Bohr hat darauf hingewiesen, daß man den Quantenzustand eines Organismus nicht bestimmten kann, ohne diesen zu töten. Die mit einer Quantenmessung unvermeidlich verbundene Störung würde die für das Leben so wesentlichen molekularen Prozesse völlig durcheinanderbringen. Diesen Mangel kann man übrigens nicht dadurch ausgleichen, daß man eine Vielzahl von Teilmessungen an einer großen Menge von Organismen vornimmt, denn jeder Organismus ist einzigartig.

Wir stoßen hier auf eine Eigentümlichkeit, die für die Anwendung der Quantenmechanik auf ein hochgradig komplexes System von zentraler Bedeutung ist. Die Quantenmechanik ist ja eine statistische Theorie, und ihre Vorhersagen können nur dadurch überprüft werden, daß man sie auf eine Menge von identischen Systemen anwendet. Bei Elementarteilchen ist das unproblematisch, denn sie sind von anderen Mitgliedern der gleichen Klasse naturgemäß ununterscheidbar (alle Elektronen z. B. sind gleich). Doch wenn das interessierende System einzigartig ist, hat eine statistische Vorhersage keine Aussagekraft. Das trifft ganz sicher auf einen lebenden Organismus zu, und es gilt wohl auch für viele unbelebte Systeme wie zum Beispiel Konvektionszellen und Belusow-Zhabotinsky-Muster.

Elsasser hat – nach meiner Meinung überzeugend – dargelegt, daß diese Einzigartigkeit den Weg für zusätzliche Organisationsprinzipien (seine »biotonischen Gesetze«) freimacht, die nicht aus den Gesetzen der Quantenmechanik abgeleitet werden können, ihnen aber auch nicht widersprechen:

Die primären Gesetze sind die Gesetze der Physik, die nur aufgrund ihrer Geltung in homogenen Klassen quantitativ untersucht werden können. Es gibt dann noch einen »sekundären« Typ von Ordnung oder Regelmäßigkeit, der nur durch den (normalerweise kumulativen) Effekt von Individualitäten in inhomogenen Systemen und Klassen entsteht. Man beachte, daß die Existenz einer solchen Ordnung nicht unbedingt die Gesetze der Physik zu verletzen braucht.[14]

Elsasser erinnert an einen Beweis von Neumanns, nach dem die Quantenmechanik nicht durch zusätzliche Gesetze ergänzt werden kann, doch weist er zugleich darauf hin, daß die Gesetze der Quantenmechanik in einer Stichprobe, die nur aus einem einzigen Fall besteht, ohnehin nicht verifiziert oder falsifiziert werden können. Der Beweis spielt hier gar keine Rolle. Die Quantenmechanik bezieht sich auf die Ergebnisse von Messungen an Mengen von identischen Systemen, also von Systemen, die zu homogenen Klassen gehören. Zumindest in ihrer üblichen Formulierung kann sie über Regelmäßigkeiten in *inhomogenen* Klassen nichts sagen. In der Biologie geht es aber um Regelmäßigkeiten bei Organismen, die verschieden, aber dennoch ähnlich sind, d. h. um inhomogene Klassen. Die Quantenmechanik erlegt der Existenz solcher Regelmäßigkeiten keinerlei Beschränkung auf. Es steht uns daher frei, neue, zusätzliche Prinzipien zu entdecken, die sich auf Mitglieder solcher Klassen beziehen. Ein derartiges Prinzip ist ohne Zweifel die natürliche Auslese. Es ist nicht zu erkennen, wie man eine Beschreibung der natürlichen Auslese jemals aus den Gesetzen der Quantenmechanik ableiten kann.

Einen ganz anderen Zweifel an der Anwendbarkeit der Quantenmechanik in ihrer gegenwärtigen Form auf biologische Systeme äußert Robert Rosen, dessen Kritik an der schmalen begrifflichen Grundlage der Physik in Kapitel 11 erörtert wurde. Nach seiner Behauptung können einige der zentralen Annahmen, die der Anwendung der Quantenmechanik in der Physik zugrunde liegen, in der Biologie nicht gelten. Wenn ein Physiker ein System quantenmechanisch analysiert, legt er zunächst fest, welche dynamischen Größen er als »Observable« verwenden will, und entwickelt dann einen entsprechenden mathematischen Formalismus. Die Observablen sind in der Regel vertraute mechanische Größen: Energie, Ort eines Teilchens, Spin usw. Wenn es um biologische Systeme geht, wo man an solchen Dingen wie der Mutationsrate, der Enzymerkennung, der DNA-Verdopplung usw. interessiert ist, ist unklar, auf welche dynamischen Größen sich diese Observablen beziehen.

Versucht man, das biologische Geschehen auf molekularer Ebene in mechanischen Begriffen zu beschreiben, so stößt man auf ein schwerwiegendes Hindernis. Der Ausgangspunkt der herkömmlichen Mechanik ist, wie verschiedentlich bemerkt, die Konstruktion einer Lagrange-Funktion für das System. Die Lagrange-Funktion ist eng mit einer anderen Größe verwandt, der Hamilton-Funktion (nach dem irischen Physiker William Rowan Hamilton). In der klassischen Mechanik kann man die Hamilton-Funktion benutzen, um zu den Newtonschen Gesetzen zu gelangen. Ihre Bedeutung beruht jedoch eher auf der Rolle, die sie in der Quantenmechanik spielt, denn hier haben wir nicht die Newtonschen Gesetze als alternativen Ausgangspunkt. Die Quantisierung eines mechanischen Systems *beginnt* mit der Hamilton-Funktion.

Rosen behauptet nun, daß für biologische Systeme im allgemeinen *keine Hamilton-Funktion existiert.* (Unter anderem, weil sie offene Systeme sind.) Es ist also, anders gesagt, gar nicht möglich, diese Systeme mit den herkömmlichen Methoden zu quantisieren. Im Grunde weiß niemand, wie man verfahren soll, wenn ein System keine Hamilton-Funktion besitzt, und es ist daher sicherlich noch zu früh für irgendwelche Schlußfolgerungen, was die Anwendung der Quantenmechanik auf die Biologie oder auf ein anderes komplexes System betrifft, für das keine Hamilton-Funktion definiert werden kann.

Es ist aufschlußreich zu erfahren, was die Gründerväter der Quantenmechanik über die Geltung ihrer Theorie für biologische Phänomene dachten. Schrödinger schrieb: »Nach allem, was wir von der Struktur der lebenden Materie wissen, müssen wir darauf gefaßt sein, daß sie auf eine Weise wirkt, die sich nicht auf die gewöhnlichen physikalischen Gesetze zurückführen läßt.« Er vergaß jedoch nicht, erläuternd hinzuzufügen: »und zwar nicht deswegen, weil eine ›neue Kraft‹ oder etwas Ähnliches das Verhalten der einzelnen Atome innerhalb eines Organismus leitete«. Es liegt vielmehr an der einzigartig komplexen Natur des Organismus, »dessen Bau sich von allem unterscheidet, war wir je im physikalischen Laboratorium untersucht haben«.[15]

Der Physiker William Scott schildert in seiner Biographie Schrödingers, wie er die Haltung des großen Wissenschaftlers zu neuen Organisationsprinzipien in den Wissenschaften höherer Ebenen wie etwa der Biologie versteht:

> Im Lichte der obigen Analyse wird deutlich, daß Schrödingers Behauptung, in der Biologie könnten neue Gesetze der Physik und Chemie auftauchen, weitgehend eine Frage der Wortwahl ist. Wenn die Ausdrücke »Physik und Chemie« ihre gegenwärtige Bedeutung behalten sollen, muß Schrödingers Vorhersage so verstanden werden, daß man neue Organisationsprinzipien finden wird, die über die Gesetze von Physik und Chemie hinausgehen, aber nicht im Widerspruch zu diesen Gesetzen stehen.[16]

Der zusätzliche Spielraum, in dem solche neuen Organisationsprinzipien zum Tragen kommen können, rührt, so behauptet Scott, von »der Vielzahl der möglichen Anfangs- und Grenzwerte her. In so komplexen Systemen wie den lebenden Organismen ist dieser Spielraum tatsächlich sehr groß«.

Niels Bohr hat sich intensiv mit dem Wesen von lebenden Organismen befaßt, und er bestand darauf, daß sie primäre Phänomene seien, die sich nicht auf das Geschehen auf atomarer Ebene reduzieren lassen:

> Dieser Ansicht zufolge muß die Existenz von Leben als eine elementare Tatsache aufgefaßt werden, die sich nicht erklären läßt, sondern als Ausgangspunkt der Biologie hingenommen werden muß.[17]

Werner Heisenberg[18] schildert ein Gespräch, das er während einer Bootspartie in den frühen dreißiger Jahren mit Bohr hatte. Heisenberg äußerte Zweifel daran, daß die Quantenmechanik biologische Erscheinungen erklären könne. Er fragte Bohr, ob er glaube, daß eine künftige einheitliche Naturwissenschaft, die die biologischen Phänomene zu erklären vermöchte, einfach aus der Quantenmechanik bestehen werde, der man noch einige biologische Begriffe

zugeordnet hat, oder ob »in dieser einheitlichen Naturwissenschaft
(...) dann umfassendere Naturgesetze gelten, von denen aus die
Quantenmechanik nur als ein spezieller Grenzfall erscheint«.

Bohr meinte in der für ihn typischen Art eines erfahrenen und
weisen Mannes, diese Unterscheidung sei nicht so wichtig. Er berief
sich lieber auf sein berühmtes »Komplementaritätsprinzip«. Die
biologische und die physikalische Beschreibung, so behauptete er,
seien lediglich zwei einander ergänzende, aber nicht widersprechende Beobachtungsweisen der Natur. Wie es dann aber mit der
Evolution bestellt sei, wollte Heisenberg wissen. »Es ist doch immer
noch schwer zu glauben, daß so komplizierte Organe wie etwa das
menschliche Auge nur durch solche zufälligen Änderungen allmählich entstanden sind.« Bohr gab zu, daß der Gedanke, neue Formen
entstünden durch reinen Zufall, »auch wenn wir uns schwer etwas
anderes vorstellen können, viel problematischer« sei. Aber er zog es
vor, das Problem »auf sich beruhen zu lassen«.

Schließlich konfrontierte Heisenberg Bohr mit dem Problem des
Bewußtseins. War die Existenz des Bewußtseins nicht ein Argument für die Notwendigkeit einer Erweiterung der Quantentheorie? Bohr erwiderte: »Dieses Argument sieht natürlich im ersten
Augenblick sehr überzeugend aus... Das Bewußtsein ist also auch
ein Teil der Natur... und wir müssen neben Physik und Chemie,
deren Gesetze in der Quantentheorie niedergelegt sind, noch Gesetzmäßigkeiten ganz anderer Art beschreiben und verstehen können.«

Was sollen wir aus alledem folgern?

Die Gesetze der Quantenmechanik reichen allein nicht aus, das
Leben zu erklären, aber sie machen den Weg frei für das Wirken von
nichtlokalen Korrelationen, Abwärtsverursachung und neue Organisationsprinzipien. Möglich, daß derartige Prinzipien weiterhin
mit der Quantenmechanik vereinbar sind, möglich auch, daß die
Quantenmechanik oberhalb eines gewissen Niveaus der organisatorischen Komplexität versagt. Wie dem auch sei – es ist offenkundig
ein grober Irrtum, biologische Organismen als klassische Maschi-

nen aufzufassen, die einzig aufgrund der Umordnung molekularer Einheiten funktionieren, welche lediglich lokalen Kräften unterworfen sind. Dieser Irrtum tritt um so deutlicher hervor, wenn wir die Existenz des Bewußtseins betrachten.

13 Geist und Gehirn

Denkende Strukturen

Wann immer über Komplexität und Selbstorganisation diskutiert wird, nimmt das Gehirn eine besondere Stellung ein, denn hier überschreiten wir nochmals eine Schwelle zu einer höheren begrifflichen Ebene. Wir geraten nun in die Welt des *Verhaltens*, schließlich auch des Bewußtseins, des freien Willens, der Gedanken, Träume usw. In diesem Bereich vermischen sich Subjektives und Objektives, und unvermeidlich kommen tiefverwurzelte Gefühle und Überzeugungen ins Spiel. Das ist wohl der Grund, warum Naturwissenschaftler eine Erörterung dieses Themas zu meiden suchen. Doch irgendwann kommt man nicht mehr an der Frage vorbei, ob *geistige* Funktionen sich letztlich auf physikalische Vorgänge im Gehirn und somit auf Physik und Chemie zurückführen lassen – oder ob es für die geistige Welt zusätzliche Gesetze und Prinzipien gibt, die sich nicht mechanistisch aus der Physik der unbelebten Materie ableiten lassen.

Aus der Sicht der Neurophysiologie kann man das Gehirn auf zwei Ebenen untersuchen. Auf der unteren Ebene geht es um das Funktionieren der einzelnen Neuronen (Gehirnzellen) und ihrer Verbindungen, um die Feststellung, warum sie elektrische Impulse aussenden und wie diese sich von Neuron zu Neuron fortpflanzen. Auf einer höheren Ebene kann man das Gehirn als ein *Netzwerk* von phantastischer Komplexität betrachten, durch das elektrische *Muster* wandern. Wenn der Anschein nicht trügt, daß geistige Prozesse weniger mit dem Zustand eines ganz bestimmten Neurons, sondern vielmehr mit gewissen Mustern neuraler Aktivität verknüpft sind, dann wird sehr wahrscheinlich die letztere Betrachtungsweise Aufschluß über die höheren Funktionen des Verhaltens und des Bewußtseins geben.

Man hat vielfach versucht, Neuronengesetze nach dem Muster von zellulären Automaten darzustellen, indem man von einem Leitungsnetz und einer Regel ausging, nach der sich der elektrische Zustand des Netzes im Zeitablauf deterministisch entwickelt, und dann eine Computersimulation laufen ließ. Bei diesen Untersuchungen spielen auch praktische Überlegungen eine Rolle. Die Leute, die Computer entwerfen, möchten herausfinden, wie das Gehirn bestimmte Integrationsaufgaben löst, zum Beispiel das Erkennen von Mustern, um danach »intelligente« Maschinen entwerfen zu können. Außerdem möchte man einfache Modelle finden, die helfen könnten, elementare geistige Funktionen wie das Träumen, die Gedächtnisspeicherung und das Erinnern oder auch Funktionsstörungen wie zum Beispiel epileptische Anfälle aufzuklären.

Die neurale Anatomie ist ungeheuer komplex. Das menschliche Gehirn enthält einige hundert Milliarden Neuronen, und ein bestimmtes Neuron kann direkt mit sehr vielen anderen verbunden sein. Vermutlich werden einige der Verbindungen systematisch aufgebaut, während andere zufällig entstehen. Zwischen dem ausgehenden elektrischen Signal eines Neurons und der Summe der ankommenden Signale, die es von den mit ihm verbundenen Partnern empfängt, besteht in der Regel ein nichtlinearer Zusammenhang. Diese Eingangssignale können sowohl eine erregende als auch eine hemmende Wirkung haben. Die Beschaffenheit des Ausgangssignals eines bestimmten Neurons, zum Beispiel die Impulsfrequenz, hängt daher auf eine sehr komplexe Weise davon ab, was an anderen Stellen des Systems geschieht.

Es ist nicht erstaunlich, wenn ein System mit einem so hohen Grad von Nichtlinearität und Rückkoppelung Fähigkeiten der Selbstorganisation aufweist und kollektive Verhaltensweisen entwickelt, die zur Entstehung globaler Muster und Zyklen führen. Die Kunst besteht darin, einige dieser Merkmale so zu erfassen, daß sie in ein leicht zu bearbeitendes Computermodell eingebracht werden können.

Ein typisches Modellnetz setzt sich aus einigen hundert Elementen (»Neuronen«) zusammen, von denen jedes mit rund zwanzig anderen Elementen eine Verbindung von unterschiedlicher Stärke besitzen kann. Man schreibt den Neuronen eine bestimmte Erholzeit zwischen den einzelnen Impulsen zu. Danach versetzt man das System in einen Anfangszustand, indem man – unter Umständen nach Belieben – ein Aktivitätsmuster annimmt, das sich dann durch Computersimulation deterministisch entwickelt, bis schließlich bestimmte Muster entstehen.

Eine bedeutsame Verfeinerung besteht darin, daß man *Plastizität* in das System einführt, indem man die Netzparameter stetig abwandelt, bis man auf ein interessantes Verhalten stößt. Es wird vermutet, daß das Gehirn sich in seiner eigenen Entwicklung die Plastizität zunutze macht. In einem an der Washington University in St. Louis entwickelten Modell ändert sich das Netz im Zeitverlauf in Abhängigkeit von der jeweiligen neuronalen Aktivität: die Stärke der Verbindung ändert sich je nachdem, ob die Endneurone Impulse aussenden oder nicht. Dank dieser Rückkoppelung zwischen verschiedenen Ebenen kann das Netz einige bemerkenswerte Fähigkeiten entwickeln. Ein bestimmter, als *Gehirnwäsche* bezeichneter Plastizitäts-Algorithmus bewirkt, daß die Verbindungen zwischen aktiven Neuronen systematisch geschwächt werden, so daß das Aktivitätsniveau sinkt. Das Netz zeigt infolgedessen keine Aktivität auf hohem Niveau, an der man nicht interessiert ist, sondern ein sich selbst organisierendes Verhalten, das in der Regel zu zyklischen Verhaltensweisen von unterschiedlicher Dauer und Komplexität führt. Nach Ansicht der Forscher von St. Louis stellt ihr Modell einen plausiblen ersten Schritt zu einem Netz dar, das lernfähig ist und letzten Endes intelligentes Verhalten entwickeln kann.

Gedächtnis

J. J. Hopfield vom California Institute of Technology hat 1982 die Erforschung von Neuronennetzen bedeutend vorangebracht. In seinem Modell kann ein Neuron in einem von zwei Zuständen sein: aktiv oder in Ruhe. In welchem Zustand es sich befindet, hängt davon ab, ob sein elektrisches Potential eine bestimmte Schwelle übersteigt, was von der Stärke der Signale bestimmt wird, die von den mit ihm verbundenen Partnern eintreffen. Diese Stärke ist ihrerseits abhängig von der Stärke der jeweiligen Verbindungen. Im Modell wird eine symmetrische Stärke der Verbindungen angenommen, d. h., die Verbindung von A nach B ist ebenso stark wie die von B nach A. Die Stärke spielt natürlich nur dann eine Rolle, wenn die Neuronen an den Enden der Verbindungen aktiv sind. Es sind sowohl positive (erregende) als auch negative (hemmende) Stärken denkbar.

Für Hopfields Methode spricht, daß es ein physikalisches Analogon besitzt, das man sich leicht veranschaulichen kann. Die verschiedenen möglichen Zustände des Netzes kann man sich vorstellen als eine unebene Fläche im Raum, wobei der aktuelle Zustand einer imaginären Kugel entspricht, die auf der Fläche umherrollt. Die Kugel hat die Tendenz, in die anziehenden Täler oder Senken hinabzurollen, wobei sie das nächsterreichbare Minimum anstrebt. Das Netz wird sich, so können wir sagen, bei solchen Aktivitätsmustern stabilisieren, die Zuständen eines »minimalen Potentials« entsprechen. Man kann sich vorstellen, daß die Höhe der Fläche an einem gegebenen Punkt der Energie analog ist und von der zusammengefaßten Stärke der Verbindungen bestimmt wird: große positive Stärken steuern geringe Energien bei. Die bevorzugten »Tal«zustände sind daher solche, in denen stark verbundene Neuronen gleichzeitig aktiv sind. Um das Modell zu erkennen, kann man (bildlich gesprochen) die Energielandschaft so manipulieren, bis man auf ein interessantes Verhalten stößt.

Um der Realität näherzukommen, kann man etwas dem thermischen Rauschen Entsprechendes einführen. Würde die Kugel ständig herumgestoßen, so könnte sie die Landschaft gründlicher erkunden. So bestünde zum Beispiel die Gelegenheit, daß sie ein Tal verläßt und in der Nähe ein anderes, tieferes findet. Insgesamt würde sie sich zumeist in der Umgebung der tiefsten Minima aufhalten. Um diese Verfeinerung zu erhalten, braucht man nur ein Zufallselement in die Aktivitätsregel einzuführen. An solchen probabilistischen Netzen hat man Ansätze von Lern- und Erkennungsfunktionen beobachtet.

Das Hopfield-Modell, so ist vermutet worden, stelle eine bedeutsame Form von Gedächtnis dar. Man stellt sich das so vor, daß der Grund eines Tals einen Begriff oder eine gespeicherte Information repräsentiert. Um an sie heranzukommen, setzt man die imaginäre Kugel einfach irgendwo in die Senke und wartet, daß sie zum Grund hinabrollt. Das heißt also: Das Aktivitätsmuster braucht nur einigermaßen dem zu ähneln, welches den Zielbegriff repräsentiert, und schon entwickelt sich die Aktivität auf dieses hin. Das Netz wiederholt dann das einschlägige Aktivitätsmuster und reproduziert auf diese Weise die gespeicherte Information. Computerwissenschaftler sprechen hier von einem inhaltlich adressierbaren Speicher, weil er es ermöglicht, aufgrund eines Bruchstücks einen vollständigen Begriff aufzufinden. Das entspricht dem, was passiert, wenn wir »uns den Kopf zerbrechen«, um anhand einer vagen Erinnerung oder einer assoziativen Vorstellung auf einen bestimmten Gedanken oder Gedächtnisinhalt zu kommen.

Hopfields Gedächtnismodell unterscheidet sich fundamental von dem, das in Computern verwendet wird, wo jedes Informations-Bit in einem spezifischen Element gespeichert ist und nur durch Angabe der exakten Adresse aufgerufen werden kann. Im Hopfield-Modell ist die Information *holistisch* gespeichert; die Information wird durch das kollektive Aktivitätsmuster des gesamten Netzes repräsentiert. Während das Gedächtnis von Computern versagt, wenn auch nur ein einziges Element ausfällt, ist das Hopfield-System äußerst robust, da das Funktionieren der neuralen Aktivität nicht entscheidend von irgendeinem einzelnen Neuron abhängt.

Offensichtlich liegt im menschlichen Gehirn etwas Ähnliches vor, denn häufig sterben Neuronen ab, ohne daß das Funktionieren des Gehirns merklich beeinträchtigt würde.

Das Lernen kann man sich nach diesem Modell so vorstellen, daß die imaginäre Landschaft durch Eingaben von außen umgestaltet wird, so daß neue Täler entstehen, die die frisch gespeicherte Information repräsentieren. Das setzt Plastizität in dem bereits beschriebenen Sinne voraus. Hopfield hat auch herausgefunden, daß der Zugriff auf das Gedächtnis besser funktioniert, wenn ein Prozeß des »Verlernens« beteiligt ist – so etwas wie ein Lern-Algorithmus, nur umgekehrt –, und er hat sogar die Vermutung, daß sich im Traumschlaf etwas Ähnliches im Gehirn abspielt.[1]

Diese erregenden neuen Fortschritte in der modellhaften Abbildung der neuronalen Aktivität unterstreichen die Bedeutung der kollektiven und holistischen Eigenschaften des Gehirns. Danach kommt es nicht so sehr darauf an, wie individuelle Neuronen im einzelnen funktionieren, sondern auf das *Muster* der neuronalen Aktivität. Auf dieser kollektiven Ebene treten neue Qualitäten der Selbstorganisation auf, die ihre eigenen Verhaltensregeln zu besitzen scheinen, welche sich nicht aus den Gesetzen der Physik, die für das Funktionieren das Neurons maßgebend sind, herleiten lassen. Bei den hier angesprochenen Computersimulationen spielt die Physik gar keine Rolle, außer in dem Sinne, daß realistische Annahmen über das Aktivitätsverhalten von Neuronen gemacht wurden.

Verhalten

Wie auch immer die Mechanismen aussehen, die dem Funktionieren des Gehirns zugrunde liegen, im Ergebnis zeigen Organismen, die sie oder auch nur rudimentäre Nervensysteme besitzen, ein *komplexes Verhalten*. Verhalten stellt ein neues, noch höheres Aktivitätsniveau in der Natur dar. Fällt es schon schwer, organische

Funktionen auf Physik zu reduzieren, so ist es beim Verhalten so gut wie unmöglich.

Nehmen wir zum Beispiel einen Hund, der die Duftspur einer Jagdbeute verfolgt. Der Organismus insgesamt funktioniert so, daß eine spezifische Aufgabe als integrierte Ganzheit ausgeführt wird. Das setzt eine ungeheuer komplexe Vielzahl von ineinandergreifenden Funktionen voraus, die alle der Gesamtstrategie untergeordnet werden müssen. Man kann sich kaum des Eindrucks erwehren, daß der Hund, der der Duftspur folgt, *zielgerichtet* agiert, mit einer Art von innerem Zukunftsmodell des Endzustandes, den er zu erreichen trachtet – in diesem Fall: die Beute zu packen.

Der Versuch, das entschieden teleologische Verhalten des Hundes zu erklären, dürfte einen Verfechter des totalen Reduktionismus in Verlegenheit bringen. Ihm zufolge soll jedes einzelne Atom in seinen Bewegungen nur von den blinden Kräften bestimmt sein, die von benachbarten Atomen her auf es einwirken, und sie alle folgen einfach dem Diktat der Gesetze der Physik. Aber kann denn jemand bestreiten, daß der Hund auf irgendeine Weise seinen Körper manipuliert, im Hinblick auf die Ergreifung der Beute?

Man darf nicht der falschen Annahme erliegen, jegliches zielgerichtete Verhalten sei ein Ergebnis bewußter Überlegungen. Eine Spinne, die ein Netz spinnt, oder eine Ameisenkolonie, die einen Haufen errichtet, arbeitet sicherlich ohne Bewußtsein dessen, was sie tut (zumindest haben sie keine Vorstellung von der Gesamtstrategie), und dennoch bewältigen sie die Aufgabe. Das gesamte Instinktverhalten fällt unter diesen Bereich. Nach der landläufigen Theorie sind die bemerkenswerten instinktiven Fähigkeiten von Insekten und Vögeln restlos auf erbliche Programmierung zurückzuführen. Anders gesagt, bringt niemand der Spinne bei, wie sie ein Netz spinnen soll; sie erbt die Kunst über ihre DNA.

Natürlich hat niemand auch nur die geringste Ahnung, wie aus der bloßen Anordnung einiger Moleküle in einer bestimmten Konfiguration (einer statischen Form) eine integrierte *Aktivität* hervorgehen kann. Das Problem ist hier sehr viel schwieriger als bei der Morphogenese, wo räumliche Strukturen das Endprodukt sind. Vielleicht vermutet jemand, daß das Erbgut so etwas wie eine Folge von programmierten Instruktionen sei, die wie der Lochstreifen eines Pianolas »ablaufen« müssen, aber bei genauerer Prüfung läßt sich dieser Vergleich nicht halten. Auch instinktgesteuerte Verhaltensweisen können gestört werden, ohne daß katastrophale Folgen einträten. Wenn man eine Ameisenstraße verstellt, kann für kurze Zeit ein Durcheinander entstehen, doch ändern die Ameisen rasch ihre Strategie, um den neuen Umständen Rechnung zu tragen.

Offensichtlich gibt es eine Unmenge von Steuerungs- und Ausgleichsmechanismen, die nur infolge von Sinneswahrnehmungen und nicht aufgrund von feststehenden, mechanistisch ablaufenden Instruktionen wirksam werden. Mit anderen Worten: Der Organismus kann (im Unterschied zum Pianola) nicht als ein geschlossenes System betracht werden, das ein vollständig determiniertes Verhaltensrepertoire besitzt. Eine Ameise muß als Bestandteil einer Kolonie und diese Kolonie als Bestandteil der Umwelt aufgefaßt werden. Das Ameisenverhalten ist demnach ganzheitlich bedingt und nur teilweise von der genetischen Beschaffenheit einer einzelnen Ameise abhängig.

Die wohl eindrucksvollsten Belege für die Robustheit des Instinktverhaltens beruhen auf Versuchen mit dem Vogelzug. Vögel vollbringen bekanntlich phantastische Navigationsleistungen, worin sie offenbar von den Sternen und vom Erdmagnetismus unterstützt werden. Es gibt Vögel, die über Tausende von Kilometern ein Ziel punktgenau anfliegen, obwohl ihnen die Flugroute nie gezeigt worden ist. Noch ungewöhnlicher ist, daß Vögel, die man über Hunderte oder gar Tausende von Kilometern in einen anderen Erdteil verbringt, von dem sie nichts wissen können, nach ihrer Freilassung praktisch in direkter Linie wieder nach Hause fliegen.

Um diese erstaunlichen Leistungen zu erklären, greift man üblicherweise auf die Annahme zurück, daß die Navigationsfähigkeit genetisch programmiert, also in der DNA des Vogels gespeichert sei. Solange man aber keine Erklärung dafür hat, wie eine Anordnung von Molekülen in eine verhaltensmäßige Fähigkeit übersetzt wird, die mit völlig unvorhergesehenen Störungen fertig werden kann, besagt das im Grunde nichts.

Wäre die erforderliche astro-navigatorische Information im DNA-Molekül enthalten, so müßte man, wenn man die Natur der DNA hinreichend verstanden hat, grundsätzlich imstande sein, diese Information zu »entschlüsseln« und eine Karte des Sternenhimmels zu rekonstruieren! Damit nicht genug: Der Vogel muß außerdem Zeiten und Orientierungen kennen, und somit käme das astronomische Panoramabild praktisch einem Film gleich. Wenn man einmal seiner Phantasie freien Lauf läßt, kann man sich nur fragen, ob es einem intelligenten Wissenschaftler, der noch nie einen Vogel und noch nie den Himmel gesehen hat, je gelingen wird, aus dem Aufbau eines einzigen DNA-Moleküls die Einzelheiten einer wenn auch noch so rudimentären Planetariumsschau herauszulesen!

Mir erscheint es sehr viel einleuchtender, daß das Geheimnis der navigatorischen Fähigkeiten des Vogels in einer ganz anderen Richtung liegt. Es ist, wie wir gesehen haben, eine allgemeine Eigenschaft komplexer Systeme, daß oberhalb einer bestimmten Schwelle der Komplexität neue Qualitäten auftreten, die auf einer tieferen begrifflichen Ebene nicht nur nicht gegeben, sondern einfach bedeutungslos sind. Jedesmal, wenn man zu einer höheren Ebene der Organisation und Komplexität übergeht, müssen außer den zugrundeliegenden Gesetzen der tieferen Ebenen, die weiterhin gültig bleiben mögen (oder, natürlich, auch nicht), neue Gesetze und Prinzipien herangezogen werden.

Was das tierische Verhalten angeht, so sind die einschlägigen Begriffe informationaler Art (der Vogel *navigiert* anhand der *Stellung der Sterne*), und daher ist zu erwarten, daß es hier um Gesetze und Prinzipien geht, die sich auf die Beschaffenheit, die Manipulation und die Speicherung von Informationen beziehen – Dinge, wie sie bei der Untersuchung von zellulären Automaten und Neuronennetzen eine Rolle spielen. Solche Gesetze und Prinzipien lassen sich nicht auf eine mechanistische Physik reduzieren, die in diesem Zusammenhang vollkommen irrelevant ist.

Bewußtsein

Man kann den teleologischen Charakter des Verhaltens unmöglich leugnen, wenn es sich um ein bewußt gewähltes Verhalten handelt, denn wir wissen aus unmittelbarem Erleben, daß wir oft wirklich eine feste Vorstellung von einem erwünschten Endzustand haben, den wir anstreben. Wenn wir den Bereich des bewußten Erlebens betreten, überschreiten wir noch einmal eine Schwelle der organisatorischen Komplexität, die neue, eigene Begriffe mit sich bringt: Gedanken, Gefühle, Hoffnungen, Ängste, Erinnerungen, Pläne, Willensakte. Es ist schwer zu verstehen, wie diese *geistigen Vorgänge* sich mit den Gesetzen und Prinzipien des physikalischen Universums vertragen, das sie hervorbringt.

Der Reduktionist steht hier vor einer ernsten Schwierigkeit. Wenn die neuronalen Prozesse nichts anderes sind als Bewegungen von Atomen und Elektronen, die sklavisch den Gesetzen der Physik gehorchen, dann muß geistigen Vorgängen jede eigene Realität abgesprochen werden, denn der Reduktionist macht zwischen der Physik von Atomen und Elektronen im Gehirn und der Physik von Atomen und Elektronen anderswo keinen grundlegenden Unterschied. Damit ist das Problem der Verträglichkeit zwischen der geistigen und der physikalischen Welt sicherlich gelöst.

Doch mit der Lösung des einen entsteht sogleich ein anderes Problem. Wenn geistigen Vorgängen Realität abgesprochen wird und Menschen zu bloßen Automaten reduziert werden, dann wird gerade den Denkprozessen, in denen die Auffassung des Reduktionisten dargelegt wird, Realität abgesprochen. Das heißt, daß das Argument, auf sich selbst angewandt, zusammenbricht.

Andererseits ist auch die Annahme, geistige Vorgänge seien real, nicht ohne Schwierigkeiten. Können geistige Vorgänge, wenn sie auf irgendeine Weise durch physikalische Prozesse wie die neuronale Aktivität *erzeugt* werden, ihre eigene, unabhängige Dynamik besitzen?

Am deutlichsten empfindet man die Schwierigkeit im Zusammenhang mit dem Willen, der wohl das vertrauteste Beispiel der Abwärtsverursachung ist. Wenn ich beschließe, meinen Arm zu heben, und mein Arm sich anschließend hebt, dann ist es für mich eine selbstverständliche Annahme, mein *Wille* habe die Bewegung *verursacht.* Mein Geist wirkt natürlich nicht direkt auf meinen Arm ein, sondern auf dem Umweg über mein Gehirn. Mein Willensakt, meinen Arm zu bewegen, ist offenbar mit einer Veränderung in der neuronalen Aktivität meines Gehirns verbunden – bestimmte Neuronen werden »ausgelöst« usw. –, die eine Kette von Signalen begründet, welche zu meinen Armmuskeln wandern und die gewünschte Bewegung bewirken.

Ohne Zweifel stellt dieses Phänomen – ein Aspekt davon wird traditionell als »Leib-Seele-Problem« bezeichnet – die größte Schwierigkeit für die Wissenschaft dar. Einerseits glaubt man, die neuronale Aktivität im Gehirn sei durch die Gesetze der Physik bestimmt, wie es bei jedem elektrischen Netz der Fall ist. Andererseits bestärkt uns unser unmittelbares Erleben in der Ansicht, daß zumindest unser absichtliches Handeln durch unsere geistigen Zustände verursacht werde. Wie kann ein und derselbe Vorgang zwei Ursachen haben?

Die Ansichten zu dieser Frage reichen von der oben erwähnten Leugnung geistiger Vorgänge, bekannt unter der Bezeichnung »Behaviorismus«, bis zum Idealismus, der seinerseits die *physikalische* Welt leugnet und alle Vorgänge als geistige Konstrukte auffaßt. Unzweifelhaft ist es für diese Frage von Belang, daß das Gehirn ein hochgradig nichtlineares System und daher anfällig für chaotisches Verhalten ist. Die grundsätzliche Unvorhersagbarkeit chaotischer Systeme und ihre extreme Empfindlichkeit gegenüber Anfangsbedingungen verleiht ihnen einen offenen, eigenwilligen Zug. Der Physiker James Crutchfield und seine Kollegen glauben, das Chaos sorge in einem offenbar deterministischen Universum für die Willensfreiheit:

Es ist denkbar, daß der angeborenen Kreativität ein chaotischer Prozeß zugrunde liegt, der kleine Schwankungen selektiv verstärkt und zu makroskopischen kohärenten geistigen Zuständen ausformt, die als Gedanken erlebt werden. Die Gedanken mögen in einigen Fällen Entscheidungen sein oder das, was als Ausübung des Willens wahrgenommen wird. So gesehen, stellt das Chaos einen Mechanismus dar, der in einer Welt, die von deterministischen Gesetzen beherrscht ist, Raum für Willensfreiheit läßt.[2]

Zu den vielen weiteren Theorien über den Zusammenhang zwischen Leib und Seele gehört der kartesianische Dualismus, dem zufolge ein außerhalb unabhängig existierender Geist oder eine Seele auf geheimnisvolle Weise auf das Gehirn einwirkt, um es zu veranlassen, sich dem Willen zu fügen. Ferner gibt es den psychophysischen Parallelismus, der geistige Vorgänge anerkennt, sie aber völlig an die physikalischen Vorgänge im Gehirn bindet und ihnen jede kausale Macht abspricht. Auch gibt es einen sogenannten Funktionalismus, der Analogien zwischen geistigen Vorgängen und Computer-Software herstellt. Eine wiederum andere Idee ist der Panpsychismus, der allem eine Art von Bewußtsein zuschreibt. Für ihn hat sich Teilhard de Chardin eingesetzt, in jüngerer Zeit aber auch der Physiker Freeman Dyson, bei dem wir lesen:

Ich bin also der Meinung, daß unser Bewußtsein nicht nur eine passive, durch die chemischen Vorgänge in unserem Gehirn vorangetriebene Begleiterscheinung ist, sondern ein aktives Agens, das die Molekularkomplexe zwingt, zwischen zwei Quantenzuständen zu wählen. Mit anderen Worten, Vernunft ist bereits in jedem Elektron inhärent...[3]

Ich möchte hier nicht auf diese vielen umstrittenen Theorien eingehen. Mir geht es darum, die Realität geistiger Vorgänge zu betonen und zu zeigen, daß sie der zentralen These dieses Buches entsprechen: daß jede neue Ebene der Organisation und Komplexität in der Natur ihre eigenen Gesetze und Prinzipien erfordert.

Starke Anregung in diesem Sinne habe ich durch die Arbeit des Nobelpreisträgers R. W. Sperry erfahren, der mit Personen mit »durchtrenntem Gehirn« einige faszinierende Versuche durchgeführt hat. Das sind Patienten, bei denen die Verbindung zwischen der linken und der rechten Gehirnhälfte aus medizinischen Gründen chirurgisch durchtrennt wurde. Sperry meidet nach diesen Versuchen reduktionistische Erklärungen von geistigen Phänomenen und spricht sich statt dessen dafür aus, daß es so etwas wie Abwärtsverursachung (in der Fachsprache: emergenten Interaktionismus) gibt. Sperry betrachtet geistige Vorgänge als »holistische Konfigurationseigenschaften, die es noch zu entdecken gilt«, bei denen sich aber zeigen wird, daß sie »anders und mehr sind als die neuronalen Vorgänge, auf denen sie aufbauen... sie sind neu auftauchende Resultate dieser Vorgänge«. Er teilt die Auffassung, daß die Gegebenheiten einer höheren Ebene ihre eigenen Gesetze und Prinzipien haben, die nicht auf die Gesetze tieferer Ebenen reduziert werden können:

Diese großen zerebralen Vorgänge haben als Gegebenheiten ihre eigene Dynamik und damit zusammenhängende Eigenschaften, die ihre Wechselwirkungen ursächlich bestimmen. Diese Eigenschaften von Systemen der höchsten Ebene verdrängen die Eigenschaften der verschiedenen in ihnen enthaltenen Subsysteme.[4]

Damit wird geistigen Vorgängen eindeutig Kausalwirkung zugeschrieben: Sie können bewirken, daß etwas geschieht.

Wie erklärt sich Sperry dann das friedliche Nebeneinander von Gesetzen der höchsten und der tiefsten Ebene, von denen die einen für die neuronalen Muster (holistische Konfigurationseigenschaften) und die anderen für die Atome gelten, aus denen sich die Neuronen zusammensetzen? Er sagt ausdrücklich: »Geistige Kräfte oder Eigenschaften üben einen regulativ bestimmenden Einfluß in der Hirnphysiologie aus.«[5] Mit anderen Worten: Der Geist (oder das kollektive Muster der neuronalen Aktivität) erzeugt auf irgendeine Weise Kräfte, die auf Materie (Neuronen) einwirken. Sperry betont gleichwohl, daß dieses Beispiel von Abwärtsverursachung durchaus nicht die Gesetze der unteren Ebene verletzt.

Wie das erreicht wird?

Die Kontrolle der Hirnphysiologie durch geistige Vorgänge kann man sich ganz einfach mit Hilfe der Befehlskette der Hierarchie von Kausalmechanismen des Gehirns erklären. Man sieht leicht ein, daß die Kräfte, die auf subatomarer und subnuklearer Ebene wirksam sind, an Moleküle gebunden sind und von den umfassenden Konfigurationseigenschaften der Gehirnmoleküle verdrängt werden, in welche die subatomaren Elemente eingebettet sind.[6]

Sperry berichtet davon, daß die Gegebenheiten der tieferen Ebene in dem holistischen Muster »aufgehen«, ähnlich wie ein Wassertropfen in einem Strudel aufgeht und gezwungen wird, kooperativ an der ganzheitlich organisierten Aktivität teilzunehmen.

Ein zentraler Punkt von Sperrys Auffassung ist der, daß die verursachende Kraft auf verschiedenen Ebenen der Komplexität eine andere sein kann und daß darüber hinaus eine Ursache gleichzeitig und ohne Widerspruch auf verschiedenen Ebenen und zwischen Ebenen wirksam werden kann. So können Gedanken andere Gedanken verursachen, und die Bewegung von Elektronen im Gehirn kann zur Ursache für die Bewegung anderer Elektronen werden. Mit der Bewegung von Elektronen können Gedanken nicht vollständig erklärt werden, obwohl sie ein wesentliches Erklärungselement ist:

Bewußtseinsphänomene (sind) neu auftauchende Funktionseigenschaften von Gehirnprozessen, (die) als ursächliche Determinanten für die Gestaltung von Fließmustern der zerebralen Erregung eine aktiv bestimmende Rolle spielen. Nachdem sie einmal aus neuronalen Vorgängen entstanden sind, haben die geistigen Muster und Programme der höheren Ebene ihre eigenen subjektiven Qualitäten und Abläufe, operieren und interagieren sie aufgrund ihrer eigenen Kausalgesetze und Prinzipien, die sich von denen der Neurophysiologie unterscheiden und nicht auf sie reduziert werden können... Die geistigen Kräfte stehen nicht im Widerspruch zu den neuronalen Aktivitäten, stören sie nicht oder greifen in sie ein, sondern sie treten zu diesen hinzu... Betont wird eine Verursachung auf und zwischen mehreren Ebenen, zusätzlich zu der einstufigen sequentiellen Verursachung, mit der wir es traditionell zu tun hatten.[7]

Während Physiker auf solche Ideen gewöhnlich mit Entsetzen reagieren, scheinen sie für Computerwissenschaftler, Fachleute für Künstliche Intelligenz und Neuroforscher völlig akzeptabel zu sein. Donald MacKay, Professor für Kommunikation und »Neuroscience« an der Universität Keele, erkennt ebenfalls an, daß eine Ursache auf verschiedenen Ebenen unterschiedlich wirken kann. Seinen Ausführungen zufolge wurden unsere Kausalitätsvorstellungen im Zusammenhang mit Entwicklungen in der Theorie der Information und Steuerung erweitert. In einem Informationssystem können wir eine »informationale« Kausalität erkennen, die etwas von der physikalischen Kausalität Verschiedenes ist, mit dieser koexistiert und ebenso wirksam ist. Man kann in etwa sagen, daß die Determination einer Kraft durch eine Kraft in der klassischen Physik einen Energiefluß erfordert, während die Determination einer Form durch eine Form aus der Sicht der Informationstheorie einen Informationsfluß erfordert. Die beiden sind so verschieden, daß ein Informationsfluß von A nach B einen Energiefluß von B nach A erfordern kann; dennoch sind sie vollkommen interdependent und komplementär, und der eine Prozeß ist in dem anderen enthalten.[8]

Marvin Minsky, ein amerikanischer Fachmann für Künstliche Intelligenz, schreibt:

Viele Wissenschaftler betrachten Chemie und Physik als ideale Modelle für die Psychologie. Schließlich unterliegen die Atome im Gehirn den gleichen allumfassenden Gesetzen, die für jede andere Form von Materie bestimmend sind. Können wir also auch das, was unser Gehirn tatsächlich tut, mit Hilfe eben dieser grundlegenden Gesetze erklären? Die Antwort lautet nein, denn auch wenn wir verstehen, wie jede einzelne der Milliarden Gehirnzellen für sich allein funktioniert, sagt uns das noch nichts darüber, wie das Gehirn insgesamt funktioniert. Die »Denkgesetze« beruhen nicht nur auf den Eigenschaften dieser Gehirnzellen, sondern auch darauf, wie sie miteinander verbunden sind. Und diese Verbindungen werden nicht durch die grundlegenden, »allgemeinen« Gesetze der Physik hergestellt, sondern durch die speziellen Anordnungen der Millionen von Informationsbits in unseren ererbten Genen. Selbstverständlich gelten die »allgemeinen« Gesetze für alles. Aber gerade deshalb vermögen sie kaum irgend etwas Spezielles zu erklären.[9]

Heißt das, daß die Psychologie die Gesetze der Physik verwerfen und ihre eigenen finden muß? Natürlich nicht. Es geht nicht um *andere* Gesetze, sondern um *zusätzliche* Theorien und Prinzipien, die auf höheren Ebenen der Organisation wirksam werden.

Minsky trifft die wichtige Feststellung, daß das Gehirn – genauso wie ein Computer – ein *beschränktes* System ist. Die zulässige dynamische Aktivität beruht auf den Gesetzen der Physik *und* auf der Anordnung der »Leitungen«. Gerade dank der Beschränkungen, die ihrerseits nicht aus den Gesetzen der Physik abgeleitet werden können, weil sie sich auf *individuelle* Systeme beziehen, können auf der höheren Ebene neue Gesetze und Prinzipien realisiert werden. So kann man zum Beispiel einen Computer programmieren, Schach oder irgendein anderes Spiel auf einem Bildschirm zu spielen. Die Spielregeln bestimmen die »Gesetze«, nach denen sich die Bilder auf dem Bildschirm bewegen, sie legen also eine rudimentäre Dynamik der Gegebenheiten der höheren Ebene (der »Schachfiguren«) fest. Es besteht aber natürlich kein Widerspruch zwischen den Gesetzen des Schachspiels, denen die Bilder gehorchen, und den zugrundeliegenden Gesetzen der Physik, von denen die Elektronen, die in den Schaltungen kreisen und auf den Bildschirm treffen, letztlich regiert werden.

Diese und andere Überlegungen haben mich zu der Überzeugung kommen lassen, daß an der Schwelle zu geistiger Aktivität neue Prozesse, Gesetze und Prinzipien ins Spiel kommen. Ich glaube nicht, daß sich das menschliche Verhalten oder gar die Psychologie letzten Endes auf die Teilchenphysik zurückführen läßt. Es ist nach meiner Meinung absurd, daß das Zugverhalten von Vögeln, ganz zu schweigen von meinen persönlichen Empfindungen und Gefühlen, irgendwie in der fundamentalen Lagrange-Funktion der Superschnüren-Theorie oder einer sonstigen Theorie enthalten sein soll.

Ich behaupte außerdem, daß wir die Prozesse der tieferen Ebene nie völlig verstehen werden, ehe wir nicht auch die Gesetze der höheren Ebene verstanden haben. Solche Probleme wie der Kollaps der Wellenfunktion in der Quantenmechanik, die an den Bestand der Teilchenphysik führen, verlangen offenbar, daß der Beobachter in einem fundamentalen Sinne in die Theorie einbezogen wird. Nach meiner Überzeugung muß die Beobachtung in der Quantenmechanik letztlich auf die Gesetze der höheren Ebene bezogen werden, die für die geistigen Vorgänge bestimmend sind, an welche der Akt der Beobachtung die mikroskopischen Vorgänge koppelt.

Ich beende diesen Abschnitt mit einem Zitat des Physikochemikers Michael Polanyi, der ähnliche Überzeugungen ausdrückt:

Die Empfindungen, die wir selbst erleben und die wir indirekt bei höheren Tieren beobachten, bieten Anhaltspunkte für irreduzible Prinzipien, die zu denen der morphologischen Mechanismen hinzutreten. Die meisten Biologen verwerfen diese Dinge als nutzlose Erwägungen. Sobald man aber aus anderen Gründen anerkennt, daß das Leben Physik und Chemie transzendiert, besteht kein Grund mehr, nicht die offenkundige Tatsache anzuerkennen, daß das Bewußtsein ein Prinzip ist, welches nicht nur Physik und Chemie, sondern auch die mechanistischen Gesetzmäßigkeiten der lebenden Organismen in grundlegender Weise transzendiert.[10]

Über das Bewußtsein hinaus

Geistige Vorgänge bilden nicht den Höhepunkt von Organisation und Komplexität in der Natur. Man kann noch eine weitere Schwelle überschreiten, hinein in die Welt der Kultur, der sozialen Institutionen, der Kunstwerke, der Religion, der wissenschaftlichen Theorien, der Literatur usw. Diese abstrakten Gegebenheiten transzendieren die geistigen Erfahrungen einzelner Menschen und repräsentieren die kollektiven Errungenschaften der menschlichen Gesellschaft insgesamt. Popper hat sie als Gegebenheiten von »Welt 3« bezeichnet, wobei materielle Objekte die Gegebenheiten von Welt 1 und geistige Vorgänge die von Welt 2 sind.

Kann Welt 3 auf Welt 2 oder gar auf Welt 1 reduziert werden? Ich sehe dafür keine Möglichkeit, denn Gegebenheiten von Welt 3 besitzen ihre eigenen logischen und strukturellen Beziehungen, die über die Eigenschaften von einzelnen Menschen hinausgehen. Nehmen wir zum Beispiel die Mathematik. Die Eigenschaften reeller Zahlen gehen weit über das hinaus, was wir kollektiv von der Arithmetik wissen. Es wird künftig Theoreme über Zahlen geben, von denen keiner der heute Lebenden etwas weiß, die aber dennoch wahr sind. In der Musik gibt es Kompositionen, die ihre innere Organisation und Konsistenz besitzen, unabhängig davon, ob tatsächlich jemand zuhört, wie sie gespielt werden. Außerdem übersteigen gewisse Gegebenheiten von Welt 3 wie Polizei-Datenbanken oder

Geldmarkt-Berichte das Fassungsvermögen eines einzelnen Menschen, und dennoch existieren sie.

Welt-3-Systeme haben ihr eigenes dynamisches Verhalten. Die Gesetze der Wirtschaft mögen zwar hart sein, aber auf die Gesetze der Physik können sie nicht zurückgeführt werden. Es kann gerechtfertigt sein, einen Börsenkrach mit einem Regierungswechsel in Verbindung zu bringen – ein weiteres Welt-3-Ereignis. Wie soll ein solcher Kausalzusammenhang jemals aus den Kausalprozessen der Atome herausgelesen werden?

Im übrigen findet man viele Beispiele einer Abwärtsverursachung, bei denen Gegebenheiten von Welt 3 als verantwortlich für Veränderungen in Welt 2 und Welt 1 gelten können. So mag eine künstlerische Tradition einen Bildhauer dazu inspirieren, einem Stein eine bestimmte Form zu geben. Die Gedanken des Bildhauers und die Verteilung der Atome in dem Stein werden in diesem Fall von der abstrakten Gegebenheit von Welt 3 namens »künstlerische Tradition« determiniert. Im gleichen Sinne kann ein neues mathematisches Theorem oder eine neue wissenschaftliche Theorie einen Wissenschaftler dazu veranlassen, einen bislang nicht vorgesehenen Versuch durchzuführen.

Mit Welt 3 gelangen wir auch an das Ende der Wechselwirkungskette, die in Kapitel 12 im Zusammenhang mit dem Quantenmeßproblem erörtert wurde, denn hier stoßen wir auf den Begriff der *Bedeutung*. Wheeler verwendet die Definition des norwegischen Philosophen D. Follesdal: Bedeutung ist das gemeinsame Produkt des gesamten Faktenmaterials, das den Kommunizierenden zur Verfügung steht. Sie ist somit ein kollektives, ein kulturelles Attribut. Im Grunde müssen wir jede Art von wissenschaftlicher Messung als ein kulturelles Unternehmen betrachten, denn sie wird immer im Zusammenhang mit einer wissenschaftlichen Theorie oder zumindest einem begrifflichen Rahmen durchgeführt, der auf die Gemeinschaft insgesamt zurückgeht.

Ausgehend von den fundamentalen subatomaren Gegebenheiten haben wir in aufsteigender Linie – über die unbelebten Zustände der Materie, die lebenden Organismen, das Gehirn, den Geist und die sozialen Systeme – den Fortschritt von Organisation und Komplexität bis zur Welt 3 untersucht. Endet die Leiter hier? Gibt es etwas darüber hinaus?

Natürlich glauben viele Menschen, daß es etwas darüber hinaus gibt. Wer einer Religion anhängt, sieht im Menschen und seiner Kultur eine auf relativ niedriger Ebene angesiedelte Manifestation der Realität. Manche stellen Mutmaßungen darüber an, daß es höhere Ebenen des Organisationsvermögens geben könnte, ja daß sogar die Ereignisse von Welt 1, 2 und 3 durch Abwärtsverursachung von »oben« gestaltet werden. In diesem Zusammenhang kann man dann die Natur selbst einschließlich ihrer Gesetze als Ausdruck eines höheren Organisationsprinzips sehen.

Auch unterhalb dieser kosmischen Ebene trifft man auf eine ganze Reihe von Überzeugungen, nach denen das Einzelbewußtsein auf der Stufenleiter der organisatorischen Vervollkommnung nicht die Spitze bildet. Nach Jungs Theorie vom kollektiven Unbewußten zum Beispiel ist das Einzelbewußtsein nur ein Element einer gemeinsamen kulturellen Erfahrung, von der es sich inspirieren läßt. Auch für mystische Vorstellungen wie die Astrologie ist das Einzelbewußtsein einer globalen Harmonie und Organisation untergeordnet, die sich in astronomischen Vorgängen äußert. Diejenigen, die an ein Schicksal oder eine Bestimmung glauben, müssen ebenfalls ein höheres Organisationsprinzip annehmen, das die Erfahrung der Menschen nach einem teleologischen Imperativ formt.

Schließlich gibt es sehr viele, die sich auf Ideen, wie sie in diesem Buch dargelegt wurden, berufen, um damit ihren Glauben an das »Paranormale« oder »Übersinnliche« zu rechtfertigen. Angebliche Phänomene wie außersinnliche Wahrnehmung, Telepathie, Präkognition und Psychokinese gelten diesen Menschen als Beweise für Organisationsprinzipien, die über das Einzelbewußtsein hinausgehen und eine vom Geist auf die Materie ausgeübt Abwärtsverursachung ermöglichen, oft in flagranter Verletzung der Gesetze der Physik.

Dazu möchte ich nur sagen: Die Grenzen des Reduktionismus aufzuzeigen ist eine Sache, aber es ist etwas ganz anderes, wenn

278

man sich auf diese Beschränkungen beruft, um zu verkünden, daß »jetzt alles erlaubt« ist. Vielleicht wird man die paranormalen Phänomene eines Tages als normal erkennen, vielleicht wird man sie als unbegründet abtun. Wie auch immer die Entscheidung ausfallen wird, sie muß sich auf solide wissenschaftliche Kriterien stützen und darf nicht einfach auf einer pauschalen Ablehnung eines unbequemen Paradigmas beruhen.

Der menschliche Geist und die Gesellschaft könnten, wenn wir diese religiösen oder spekulativen Ideen einmal beiseite lassen, gleichwohl in einem gewissen Sinne eine Zwischenstufe auf der Leiter des organisatorischen Fortschritts im Kosmos darstellen. Das Universum ist, um es mit einem Wort von Louise Young zu sagen, noch immer »unvollendet«. Die Schöpfung liegt jetzt erst wenige Milliarden Jahre zurück. Nach dem, was sich aus astronomischen Vorgängen schließen läßt, könnte das Universums noch auf Trillionen von Jahren hinaus, vielleicht sogar für immer bewohnbar bleiben. Der Wärmetod des Kosmos, eine Vorstellung, die uns die ganze Zeit verfolgt hat, ist in der absehbaren Zukunft keine reale Gefahr und nach menschlichen Zeitmaßstäben noch eine Ewigkeit entfernt.

Dadurch, daß die Produkte unserer Welt 3 immer raffinierter und komplexer werden (man braucht nur an die Computersysteme zu denken), entsteht die Möglichkeit, daß wir eine neue Schwelle der Komplexität überschreiten, die uns eine noch höhere organisatorische Ebene mit neuen Qualitäten und Eigengesetzlichkeiten zugänglich macht. So könnte eine kollektive Aktivität von abstrakter Natur entstehen, die wir uns kaum vorzustellen vermögen, die vielleicht sogar unser Fassungsvermögen übersteigt. Es könnte sogar sein, daß diese Schwelle anderswo im Universum bereits überschritten worden ist, nur erkennen wir es nicht.

14 Gibt es einen Bauplan?

Optimisten und Pessimisten

Die meisten Wissenschaftler, die sich mit fundamentalen Fragen befassen, sind von der subtilen Ordnung und Schönheit der Natur tief beeindruckt. Aber sie gelangen nicht alle zu der gleichen Naturauffassung. Während einige zu der Überzeugung gelangen, daß hinter der Existenz ein Sinn stecken müsse, betrachten andere das Universum als ganz und gar sinnlos.

Die Wissenschaft als solche kann nicht herausfinden, ob das Leben und das Universum einen Sinn haben, aber wissenschaftliche Paradigmen können die herrschenden Vorstellungen stark beeinflussen. In diesem Buch habe ich die Geschichte eines sich neu herausbildenden Paradigmas nachgezeichnet, das einen radikalen Wandel in unseren Auffassungen über das Universum und unsere eigene Stellung in ihm verheißt. Ich bin überzeugt, daß das neue Paradigma ein sehr viel optimistischeres Bild für diejenigen zeichnet, die nach einem Sinn in der Existenz suchen. Bestimmt wird es immer noch Pessimisten geben, die in den neuen Entwicklungen nichts finden werden, was sie von ihrer Ansicht abbringen könnte, daß das Universum sinnlos ist. Sie müssen aber zumindest zugeben, daß die neue Weltauffassung fröhlicher ist.

Die von mir vorgetragene These lautet, daß die Wissenschaft mehrere Jahrhunderte lang von dem Newtonschen Paradigma geprägt war, das das Universum als einen Mechanismus betrachtet, der letzten Endes auf das Verhalten von einzelnen Teilchen reduziert werden kann, die deterministischen Kräften unterliegen. Die Zeit ist aus dieser Sicht nichts als ein Parameter; es gibt keine wirkliche Veränderung, keine Evolution, sondern nur ein Umordnen von Teilchen. Die Gesetze der Thermodynamik führten wieder die Vorstellung von Fluß und Veränderung ein, doch die Verbindung des Newtonschen und des thermodynamischen Paradigmas führte lediglich zum Zweiten Hauptsatz, nach dem jeglicher Wandel Bestandteil des unausweichlichen Zerfalls und Niedergangs des Kosmos ist und im Wärmetod mündet.

Das neuentstehende Paradigma erkennt dagegen an, daß die kollektiven und holistischen Eigenschaften physikalischer Systeme neue, nicht vorhergesehene Verhaltensweisen offenbaren können, die weder vom Newtonschen noch vom thermodynamischen Ansatz erfaßt werden. Es entsteht die Möglichkeit der *Selbstorganisation*, bei der Systeme unvermittelt und spontan einen Sprung zu verwickelteren Formen machen. Kennzeichnend für diese Formen sind größere Komplexität, kooperatives Verhalten und globale Kohärenz, das Auftreten räumlicher Strukturen und zeitlicher Rhythmen und eine generelle Unvorhersagbarkeit ihrer endgültigen Gestalt.

Die neuen Zustände der Materie müssen mit neuen Begriffen beschrieben werden, zu denen Ausdrücke wie Wachstum und Anpassung gehören, Begriffe, die eher zur Biologie als zur Physik oder Chemie passen. Hier deutet sich also eine Vereinheitlichung an. Vor allem verändert das neue Paradigma unsere Auffassung von der Zeit. Physikalische Systeme können sich unidirektional in Richtung nicht auf den Zerfall, sondern auf den *Fortschritt* ändern. Das Universum erscheint in einem neuen, anregenderen Licht, denn es entfaltet sich aus primitiven Anfängen heraus und gelangt Schritt für Schritt zu immer verwickelteren und komplexeren Zuständen.

Das Wiederaufleben des Holismus

Für viele wissenschaftliche Laien hat sowohl das Newtonsche als auch das thermodynamische Paradigma etwas zutiefst Bedrückendes. »Reduktionismus« ist für sie ein Schimpfwort. Die Erfolge des Reduktionismus empfinden sie als eine Abwertung der Natur und innerhalb der Wissenschaften vom Leben als eine Abwertung ihrer selbst. In einer Fernsehdiskussion, an der ich kürzlich teilgenommen habe, wurde das Publikum aufgefordert, seine Ansichten über Naturwissenschaft und Gott zu äußern. Ein zorniger Mann beklagte bitter: »Die Wissenschaftler behaupten: Wenn ich zu meiner Frau sage: ›Ich liebe dich‹, sei das nichts als ein sinnloser Haufen Atome, der mit einem anderen sinnlosen Haufen Atome wechselwirkt.« Die Verzweiflung über die vermeintliche Sterilität des reduktionistischen Denkens, die hier zum Ausdruck kam, hat viele veranlaßt, sich dem Holismus zuzuwenden. Darin sind sie durch das neuerliche Wiederaufleben des holistischen Denkens in der Soziologie, der Medizin und den physikalischen Wissenschaften zweifellos sehr bestärkt worden.

Es wäre jedoch ganz falsch, würde man das Bild vermitteln, als lägen Reduktionismus und Holismus in unversöhnlichem Streit miteinander. In Wirklichkeit handelt es sich um zwei komplementäre, nicht um einander widersprechende Paradigmen. In einer richtig verstandenen Wissenschaft ist immer Platz für beide gewesen, und es ist eine grobe Vereinfachung, wenn man behauptet, der eine habe »recht« und der andere »unrecht«.

Wer sich auf den Holismus berufen möchte, muß zwischen zwei Behauptungen unterscheiden. Die eine besteht in der Aussage: Wenn Materie und Energie höhere, komplexere Zustände erreichen, treten neue Qualitäten auf, die von einer Beschreibung auf tieferer Ebene nicht erfaßt werden können. Oft wird auf das Leben und das Bewußtsein hingewiesen, die auf der Ebene der Atome einfach nichts besagen.

Derartige Beispiele scheinen ganz einfach unbestreitbare Tatsa-

chen zu sein. Einen so verstandenen Holismus kann man nur ablehnen, wenn man den Qualitäten der höheren Ebene Realität abspricht, wenn man zum Beispiel behauptet, das Bewußtsein exi-
stiere nicht wirklich, oder wenn man leugnet, daß Begriffe der höheren Ebene wie zum Beispiel »biologischer Organismus« sinnvoll
sind. Da es nach meiner Überzeugung Aufgabe der Wissenschaft
ist, die Welt, so wie sie uns erscheint, zu erklären, und da diese Welt
solche Gegebenheiten wie Bakterien, Hunde und Menschen mit ihren jeweils charakteristischen Eigenschaften einschließt, ist es für
mich im günstigsten Fall eine Ausflucht, im schlimmsten Fall aber
ein Betrug, wenn behauptet wird, diese Eigenschaften würden erklärt, indem man sie einfach wegdefiniert.

Umstrittener ist jedoch die Behauptung, diese auf einer höheren
Ebene auftretenden Eigenschaften könnten nur mit Gesetzen einer
höheren Ebene erklärt werden. Wir begegnen ihr zum Beispiel in
der Auffassung, es gebe bestimmte *biotonische* Gesetze für organische Systeme, und in den Ideen des dialektischen Materialismus,
dem zufolge jede neue Stufe in der Entwicklung der Materie eigene
Gesetze mit sich bringt, die nicht auf die Gesetze tieferer Stufen zurückgeführt werden können. Allgemeiner gesagt, sind, wie wir gesehen haben, drei verschiedene Arten von Organisationsprinzipien
möglich: schwache, starke und logische.

Daß es logische Organisationsprinzipien gibt, scheint schon
ziemlich eindeutig erwiesen zu sein, zum Beispiel im Zusammenhang mit chaotischen Systemen und Feigenbaums Zahlen. Schwache Organisationsprinzipien sind in Gestalt der Notwendigkeit,
verschiedene Randbedingungen und globale Beschränkungen anzugeben, zumindest als methodologisches Hilfsmittel anerkannt.

Starke Organisationsprinzipien, also zusätzliche physikalische
Gesetze, die sich auf die kooperativen, kollektiven Eigenschaften
komplexer System beziehen und aus den bestehenden physikalischen Gesetzen nicht ableitbar sind, sind weiterhin eine verlok-
kende, aber doch spekulative Idee. Ungeklärte Fragen wie der Ursprung des Lebens oder der progressive Charakter der Evolution
fördern den Eindruck, daß da zusätzliche Prinzipien im Spiel sind,

die es den Systemen irgendwie »leichter« machen, komplexe organisierte Zustände zu entdecken. Allerdings ist es wegen der reduktionistischen Methodologie, die bei wissenschaftlichen Untersuchungen vorherrscht, sehr wahrscheinlich, daß solche Prinzipien, falls es sie gibt, in der augenblicklichen Forschung übersehen werden.

Prädestination

Unsere Ansichten über die Entwicklung des Universums werden sich durch das neue Paradigma einschneidend verändern. Im Newtonschen Paradigma ist das Universum ein Uhrwerk, ein Gefangener deterministischer Kräfte, unrettbar an einen vorherbestimmten Weg gekettet, der zu einem unabwendbaren Schicksal führt. Das thermodynamische Paradigma zeigt uns ein Universum, das in einem Zustand von ungewöhnlicher Ordnung begonnen haben muß und anschließend degeneriert. Sein Schicksal ist ebenfalls unausweichlich und gleichermaßen schlimm.

In beiden vorerwähnten Bildern ist die *Schöpfung* eine momentane Angelegenheit. Nach dem anfänglichen Ereignis entsteht nichts grundlegend Neues mehr. Während sich die Atome im Newtonschen Universum lediglich umarrangieren, ist die Geschichte des Universums in der thermodynamischen Vorstellung eine Geschichte des *Verlusts*, die in öde Gestaltlosigkeit mündet.

Das sich jetzt abzeichnende Bild der kosmologischen Entwicklung ist insgesamt nicht so hoffnungslos. Die Schöpfung ist nicht Sache eines Augenblicks, sondern ein fortdauernder Prozeß. Das Universum hat eine Lebensgeschichte. Statt in Gestaltlosigkeit abzusinken, steigt es aus Gestaltlosigkeit auf, es ist nicht am Absterben, sondern es wächst, es entwickelt ständig neue Strukturen, Prozesse und Möglichkeiten, es entfaltet sich wie eine Blume.

Der Vergleich mit einer Blume läßt an einen Bauplan denken, einen schon vorher bestehenden Plan oder Entwurf, den das Universum im Zuge seiner Entwicklung verwirklicht. Das ist das alte, te-leologische Bild vom Kosmos des Aristoteles. Soll es durch das neue Paradigma der modernen Physik wiederaufleben?

Man muß erkennen, daß der Determinismus dem neuen Para-digma zufolge keine Rolle spielt: Das Universum ist seiner Natur nach unvorhersagbar. Es hat sozusagen eine gewisse »Wahlfrei-heit«, die dem herkömmlichen Weltbild vollkommen fremd ist. Im-mer wieder entstehen Umstände, unter denen sich viele mögliche Entwicklungspfade, die nach den zugrundeliegenden Gesetzen der Physik zulässig sind, eröffnen. Damit ergibt sich das Element des Neuen und der Kreativität, aber auch der Ungewißheit.

Das erweckt vielleicht den Eindruck einer kosmischen Anarchie. Manche möchten es gern dabei belassen und sind froh, wenn das Universum ungehindert seine Möglichkeiten erkundet. Doch be-friedigender ist vielleicht die Vorstellung, daß die »Entscheidun-gen« an kritischen Punkten erfolgen (Mathematiker würden von Singularitäten in den Entwicklungsgleichungen sprechen), wo neue Prinzipien ins Spiel kommen können, die die Entwicklung von im-mer organisierteren und komplexeren Zuständen fördern. In die-sem stärker *kanalisierten* Bild haben Materie und Energie von Na-tur aus eine Tendenz zur Selbstorganisation, die mit einer bemer-kenswerten Effizienz neue Strukturen und Systeme entstehen läßt. Wir haben an einer Fülle von Beispielen gesehen, daß aus nicht viel-versprechenden Anfängen spontan und unerwartet ein organisier-tes Verhalten erwuchs. In Physik, Chemie, Astronomie, Geologie, Biologie und Computerwesen, praktisch in allen Wissenschafts-zweigen wird die gleiche Neigung zur Selbstorganisation deutlich.

Der Biologe Robert Shapiro hat die zuletzt beschriebene Auffas-sung als »Prädestination« bezeichnet, weil sie annimmt, daß die ge-genwärtige Form und Anordnung der Dinge unausweichlich aus dem Wirken der Naturgesetze folge. Ich vermute, daß er diesen Ausdruck herabsetzend gemeint hat, und mir gefällt der mystische Beigeschmack, der ihm anhaftet, nicht. Ich spreche lieber von *Prä-disposition.*

Die Verfechter dieser »Prädestinationslehre« sind, allgemein gesagt, nicht bereit anzuerkennen, daß bestimmte zentrale Phänomene der Welt bloß »Zufälle« oder Launen der Natur sind. Daß es lebende Organismen gibt, finden sie nicht erstaunlich, denn sie glauben, daß die Naturgesetze derart beschaffen sind, daß die Materie unvermeidlich den Weg wachsender Komplexität beschreiten muß, der zur Entstehung des Lebens führt. Auch die Existenz von intelligenten, denkenden Wesen wird als Ausdruck eines natürlichen Fortschritts verstanden, der irgendwie schon in den Gesetzen enthalten ist. Für die Anhänger der Prädestination ist es ebenfalls nicht erstaunlich, daß in einer (geologisch gesehen) so kurzen Zeit, nachdem unser Planet bewohnbar wurde, Leben auf der Erde entstand. Auf jedem anderen geeigneten Planeten wäre es genauso geschehen. Das ehrgeizige Programm, im Weltall nach intelligentem Leben zu forschen, das von Carl Sagan so geschickt unter die Leute gebracht wird, hat einen eindeutigen Anstrich von Prädestination.

Die Prädestination – oder Prädisposition – darf nicht mit dem Prädeterminismus verwechselt werden. Es ist durchaus möglich, daß die Materie so beschaffen ist, daß sie eine Tendenz hat, sich unter geeigneten Bedingungen bis hin zur Entstehung von Leben selbst zu organisieren. Das bedeutet jedoch nicht, daß eine bestimmte Form von Leben unausweichlich ist. Der Prädeterminismus (der alten Newtonschen Spielart) war ja der Ansicht, alles sei seit unvordenklichen Zeiten *im Detail* festgelegt worden. Prädestination bedeutet lediglich, daß die Natur eine Neigung besitzt, sich nach den allgemeinen Grundsätzen, die ihr eigen sind, zu entwikkeln. Die Prädestination läßt die Möglichkeit offen, daß die Zukunft grundsätzlich unerkennbar ist, daß wirklich immer wieder etwas Neues entstehen kann. Sie läßt insbesondere Raum für die menschliche Willensfreiheit.

Unter den Kosmologen, die von speziellen Anfangsbedingungen nicht viel halten, hat die Ansicht, das Universum besitze eine Neigung, bestimmte Formen und Strukturen hervorzubringen, großen Anklang gefunden. Man hat immer wieder zu zeigen versucht, daß unabhängig davon, wie die Anfangsbedingungen beschaffen waren, aus den Gesetzen der Physik zwangsläufig etwas Ähnliches wie die jetzige großräumige Struktur des Universums entstehen mußte. Einer dieser Versuche ist das Bild vom sich aufblähenden Universum. Ein anderer ist Penroses Idee, der Anfangszustand des Universums folge aus einem noch unbekannten physikalischen Prinzip. Ein dritter besteht in dem Bemühen von Hawking und Mitarbeitern, eine mathematische Vorschrift zu entwickeln, die den Quantenzustand des Universums auf »natürliche« Weise bestimmt.[1]

Auch die Arbeiten, die sich in letzter Zeit mit dem sogenannten anthropischen Prinzip befaßten, haben einen starken Einschlag von Prädestination oder Prädisposition. Der Schwerpunkt liegt hier nicht auf zusätzlichen Gesetzen oder Organisationsprinzipien, sondern auf den Konstanten der Physik. Wie wir in Kapitel 11 gesehen haben, sind die Werte, welche diese Konstanten haben, besonders vorteilhaft für das schließliche Auftreten von komplexen Strukturen und besonders von lebenden Organismen. Auch hier kann nicht von Zwang die Rede sein. Die Konstanten *determinieren* nicht die später entstandenen Strukturen, aber sie *fördern* deren Entstehung.

Prädestination ist nur eine mögliche Interpretation der Welt. Sie ist keine wissenschaftliche Theorie. Sie erfährt jedoch Bestätigung durch jene Experimente, bei denen sich zeigte, daß unter ganz unterschiedlichen Bedingungen spontan und selbsttätig Komplexität und Organisation entstehen. Der Überblick, den ich in diesem Buch gegeben habe, hat den Leser hoffentlich von den unverhofft vielfältigen Möglichkeiten der Selbstorganisation überzeugt, die man in der Forschung neuerdings entdeckt.

Es besteht immer noch die Hoffnung, daß die Prädestinationslehre durch eine wirklich spektakuläre Entdeckung bestätigt wird. Würde man anderswo im Universum Leben entdecken oder im Reagenzglas erschaffen, so wäre das ein nachdrücklicher Hinweis darauf, daß in der Materie schöpferische Kräfte am Werk sind, die sie (die Materie) darin unterstützen, Leben zu entwickeln; diese Kräfte wären keine Lebenskräfte oder metaphysischen Prinzipien, sondern Eigenschaften der Selbstorganisation, die in unseren bestehenden physikalischen Gesetzen nicht vorkommen oder zumindest nicht offenkundig aus ihnen folgen.

Was hat das alles zu bedeuten?

Ich möchte damit schließen, daß ich auf die Frage zurückkomme, die ich zu Beginn dieses Kapitels gestellt habe. Wenn man anerkennt, daß der Natur eine Prädisposition, eine bestimmte Tendenz innewohnt – was hat das in bezug auf den Sinn und Zweck des Universums zu bedeuten?

Viele werden sich durch die Prädestinationslehre in dem Glauben bestätigt fühlen, daß es tatsächlich einen kosmischen Bauplan gibt, daß alles, was uns gegenwärtig umgibt, einschließlich der Tatsache, daß es menschliche Wesen gibt, ja, daß vielleicht sogar jedes einzelne menschliche Wesen Bestandteil eines Plans sei, den sich eine allmächtige Gottheit lange vorher ausgedacht hat. Welchen Zweck dieser Plan verfolgt und wie der Endzustand aussehen wird, ist dabei natürlich weiterhin in das Belieben jedes einzelnen gestellt.

Für andere ist diese Vorstellung ebenso unattraktiv wie der Determinismus. Sie empfinden einen Plan, der den Verlauf der menschlichen und der außermenschlichen Geschichte bis in die letzten Einzelheiten starr festlegt, als eine sinnlose Farce. Wenn der Endzustand bereits im Entwurf enthalten ist, warum soll man sich dann, so fragen sie, überhaupt noch mit der Realisierung befassen? Eine allmächtige Gottheit wäre ja imstande gewesen, das fertige Ergebnis gleich am Anfang zu schaffen.

Einer dritten Auffassung zufolge gibt es keinen detaillierten Bauplan, sondern nur eine Reihe von Gesetzen, in denen die Möglichkeit steckt, daß interessante Dinge geschehen können. Das Universum kann dadurch nach und nach selbst etwas erschaffen. Der allgemeine Ablauf der Entwicklung ist »prädestiniert«, nicht aber die Einzelheiten. Das heißt, daß die Entstehung von vernunftbegabten Lebewesen irgendwann unausweichlich ist – sie ist sozusagen in die Gesetze der Natur einbeschrieben. Der Mensch als solcher ist aber durchaus nicht vorherbestimmt.

Kritikern der Prädisposition mißfällt der scheinbar aus ihr folgende Anthropozentrismus, doch sehe ich in der Annahme, daß sich das Universum irgendwann seiner selbst bewußt werden muß, keine besonders schwerwiegende Form von Anthropozentrismus. Die Erkenntnis, daß unsere Anwesenheit im Universum nicht ein *zufälliges*, sondern ein *fundamentales* Merkmal des Seienden ist, bietet, wie ich meine, eine tiefe und befriedigende Grundlage der menschlichen Würde.

Ich habe in diesem Buch die Auffassung vertreten, daß man das Universum mit Hilfe der wissenschaftlichen Methode verstehen kann. Ich habe auf die Unzulänglichkeit einer ganz und gar reduktionistischen Naturauffassung hingewiesen, weil ich wünsche, daß die Lücken, die das reduktionistische Denken offen läßt, durch weitere wissenschaftliche Theorien über die kollektiven, organisierten Eigenschaften komplexer Systeme und nicht durch die Beschwörung von mystischen oder transzendenten Prinzipien geschlossen werden. Das ist sicherlich enttäuschend für all jene, die sich begierig auf die Schwächen der Wissenschaft stürzen und bei jeder Meinungsverschiedenheit unter den Wissenschaftlern ihre antiwissenschaftlichen Ansichten bestätigt sehen.

Ich habe zu zeigen versucht, daß man sehr wahrscheinlich über neue Ansätze in der Forschung und eine neue Deutung der Komplexität in der Natur zu den Organisationsprinzipien gelangen wird, die als eine Ergänzung der physikalischen Gesetze notwendig sind. Ich glaube, daß die Wissenschaft grundsätzlich in der Lage ist, Komplexität und Organisation auf allen Ebenen einschließlich des menschlichen Bewußtseins zu erklären, allerdings nur, wenn sie die Gesetze der »höheren Ebene« anerkennt. Der eine oder andere wird diese Ansicht vielleicht so auslegen, daß ich die Existenz eines Gottes leugne oder dem wundervollen schöpferischen Universum, in dem wir leben, einen Sinn abspreche.

Das sehe ich nicht so. Die bloße Tatsache, daß das Universum schöpferisch ist und daß die Gesetze die Entstehung und Entwicklung komplexer Strukturen bis hin zum Bewußtsein zugelassen haben – daß, anders gesagt, das Universum sein Selbst-Bewußtwerden organisiert hat –, deutet in meinen Augen nachdrücklich darauf hin, daß hinter alledem »etwas steckt«. Dem Eindruck, daß es einen Plan gibt, kann man sich nicht entziehen. Vielleicht wird es der Wissenschaft gelingen, all die Prozesse zu erklären, durch die das Universum seine eigene Bestimmung verwirklicht; das schließt aber dennoch nicht aus, daß die Existenz einen Sinn hat.

Quellenangaben

1 Bauplan für ein Universum

1 Ilya Prigogine, »The Rediscovery of Time«, in: Sara Nash (Hrsg.), *Science and Complexity*, Northwood, Middlesex, Science Reviews Ltd., 1985, S. 11.

2 Karl Popper/John C. Eccles, *Das Ich und sein Gehirn*, München 1982, S. 89.

3 Ilya Prigogine/Isabelle Stengers, *Order Out of Chaos*, London 1984, S. 9.

4 Erich Jantsch, *Die Selbstorganisation des Universums*, München 1979, S. 143 f.

5 Louise B. Young, *The Unfinished Universe*, New York 1986, S. 15.

2 Der fehlende Pfeil

1 Pierre Simon de Laplace, *Philosophischer Versuch über die Wahrscheinlichkeit*, hrsg. v. R. von Mises, Leipzig 1932; zitiert nach: *Der Weg der Physik*, hrsg. v. Shmuel Sambursky, Zürich und München 1975, S. 462.
2 Richard Wolkomir, »Quark City«, *Omni*, Februar 1984, S. 41.
3 Bertrand Russell, *Why I am not a Christian*, New York 1957, S. 107.
4 Friedrich Engels, *Dialektik der Natur*, Berlin 1961, S. 27.
5 Arthur S. Eddington, *Das Weltbild der Physik und ein Versuch seiner philosophischen Deutung*, Braunschweig 1931, S. 78.

3 Komplexität

1 Henri Bergson, *Schöpferische Entwicklung*, Jena 1912, S. 246.
2 P. Cvitanovic (Hrsg.), *Universality in Chaos*, Bristol 1984, S. 4.
3 Joseph Ford, »How random is a coin toss?«, in: *Physics Today*, April 1983, S. 4.

4 Chaos

1 Genesis 41, 15.
2 D. J. Tritton, »Ordered und chaotic motion of a forced spherical pendulum«, in: *European Journal of Physics*, 7, 1986, S. 162.
3 Henri Poincaré, *Wissenschaft und Methode*, Berlin/Leipzig 1914, S. 56.
4 Ilya Prigogine, *Vom Sein zum Werden. Zeit und Komplexität in den Naturwissenschaften*, München und Zürich ⁴1985, S. 222.
5 Ford, a.a.O.

5 Erfassung des Unregelmäßigen

1 P. S. Stevens, *Patterns in Nature*, Boston 1974.
2 D'Arcy W. Thompson, *On Growth and Form*, Cambridge 1917 (deutsch: *Über Wachstum und Form*, Basel 1973).
3 Stephen Wolfram, »Statistical mechanics of cellular automata«, in: *Reviews of Modern Physics*, 55, 1983, S. 601.
4 Oliver Martin, Andrew M. Odlyzko und Stephen Wolfram, »Algebraic properties of cellular automata«, in: *Communications in Mathematical Physics*, 93, 1984, S. 219.
5 Ebda., S. 221.
6 John von Neumann, *Theory of Self-Reproducing Automata*, hrsg. v. A. W. Burks, Urbana, Ill., 1966.
7 James P. Crutchfield, »Space-time dynamics in video feedback«, in: *Physica*, IOD, 1984, S. 219.
8 Wolfram, a.a.O., S. 601.

6 Selbstorganisation

1 Prigogine/Stengers, a.a.O., Vorwort von Alwin Tofler, S. XVI.
2 »On the nature and origin of complexity in discrete, homogeneous, locally-interacting systems«, von Charles H. Bennett, in: *Foundations of Physics*, 16, 1986, S. 585.
3 Prigogine (1985), a.a.O., S. 161.

7 Das Leben: seine Natur

1 *Nature*, 320, 1986, S. 646.
2 C. Bernard, *Leçons sur les phénomènes de la vie*, Paris ²1985, Bd. 1.
3 Jacques Monod, *Zufall und Notwendigkeit*, München 1971, S. 17.
4 Ebda., S. 30.
5 G. Montalenti, »From Aristotle to Democritus via Darwin«, in: Francisco Jose Ayala und Theodosius Dobzhansky (Hrsg.), *Studies in the Philosophy of Biology*, London 1974, S. 3.
6 H. H. Pattee, »The Physical basis of coding«, in: C. H. Waddington (Hrsg.), *Towards a Theoretical Biology*, 4 Bde., Edinburgh 1968, Bd. 1, S. 67.
7 James P. Crutchfield, J. Doyne Farmer, Norman H. Packard und Robert Shaw, »Chaos«, in: *Scientific American*, Dezember 1968, S. 38.

8 Das Leben: sein Ursprung und seine Evolution

1 Fred Hoyle, *Das intelligente Universum*, Frankfurt 1984, S. 109.
2 J. Maynard-Smith, »The status of neo-Darwinism«, in: C. H. Waddington (Hrsg.), *Towards a Theoretical Biology*, 4 Bde., Edinburgh 1968, Bd. 2, S. 82.
3 Motoo Kimura, *The Neutral Theory of Molecular Evolution*, Cambridge 1983.
4 S. J. Gould und N. Eldridge, *Paleobiology*, 3, 1977, S. 115.
5 Stuart A. Kaufman, »Emergent properties in random complex automata«, in: *Physica*, IOD, 1984, S. 145.
6 Jantsch, a.a.O., S. 149 f.

9 Die Entfaltung des Universums

1 John D. Barrow und Joseph Silk, *Die asymmetrische Schöpfung. Ursprung und Ausdehnung des Universums*, München und Zürich 1986, S. 11.

10 Die Quelle der Schöpfung

1 Bergson, a.a.O., S. 45.

2 Popper/Eccles, a.a.O., S. 35.

3 Kenneth Denbigh, *An Inventive Universe*, London 1975, S. 145.

4 Ebda., S. 147.

5 Arthur Peacocke, *God and the New Biology*, London 1986.

6 William H. Thorpe, »Reductionism in biology«, in: Francisco Jose Ayala und Theodosius Dobzhansky (Hrsg.), *Studies in the Philosophy of Biology*, London 1974, S. 109.

7 P. W. Anderson, *Science*, 177, 1972, S. 393.

8 Bernhard Rensch, »Polynomistic determination of biological processes«, in: Francisco Jose Ayala und Theodosius Dobzhansky (Hrsg.), *Studies in the Philosophy of Biology*, London 1974, S. 241.

9 A. I. Oparin, *Life, its Nature, Origin and Development*, übers. v. A. Synge, New York 1964.

10 Peter Medawar, »A geometric model of reduction and emergence«, in: Francisco Jose Ayala und Theodosius Dobzhansky (Hrsg.), *Studies in the Philosophy of Biology*, London 1974, S. 57.

11 Montalenti, a.a.O., S. 13.

12 Peacocke, a.a.O.

13 Walter M. Elsasser, *Atom and Organism*, Princeton 1966, S. 4 und 45.

14 Eugene P. Wigner, »The probability of the existence of a self-reproducing unit«, in: (Hrsg.), *The Logic of Personal Knowledge*, London 1961, S. 231.

15 Ebda.

16 John D. Barrow und Frank Tipler, *The Cosmological Anthropic Principle*, Oxford 1986, S. 237.

17 H. H. Pattee, »The problem of biological hierarchy«, in: C. H. Waddington (Hrsg.), *Towards a Theoretical Biology*, 4 Bde., Edinburgh 1968, Bd. 3, S. 117.

18 Donald T. Campbell, »›Downward Causation‹ in hierarchically organized biological systems«, in: Francisco Jose Ayala und Theodosius Dobzhansky (Hrsg.), *Studies in the Philosophy of Biology*, London 1974, S. 179.

19 Norbert Wiener, *Cybernetics*, Cambridge 1961; E. M. Dewan, »Consciousness as an emergent causal agent in the context of control system theory«, in: Gordon G. Globus, Grover Maxwell und Irwin Savodnik (Hrsg.), *Consciousness and the Brain*, New York und London 1976, S. 181.

11 Organisationsprinzipien

1 Prigogine, a.a.O., S. 23.

2 Ebda.; Prigogine/Stengers, a.a.O., S. 285.

3 Prigogine/Stengers, a.a.O., S. 286.

4 Robert Rosen, »Some epistemological issues in physics and biology«, in: B. J. Hiley und F. D. Peat (Hrsg.), *Quantum Implications: Essays in Honour of David Bohm*, London 1987.

5 Ebda.

6 C. G. Jung, »Synchronizität als ein Prinzip akausaler Zusammenhänge«, in: C. G. Jung, *Naturerklärung und Psyche*, Zürich 1952, S. 10.

7 Ebda, S. 423.

8 Ebda, S. 530.

9 Arthur Koestler, *The Roots of Coincidence*, London 1972 (deutsch: *Die Wurzeln des Zufalls*, 1972).

10 Rupert Sheldrake, *A New Science of Life*, London 1981.

12 Der Quantenfaktor

1 John von Neumann, *Mathematical Foundations of Quantum Mechanics*, Princeton 1955.
2 Eugene Wigner, »Remarks on the mind-body question«, in: I. J. Good (Hrsg.), *The Scientific Speculates*, London 1961, S. 288 f.
3 Eugene P. Wigner, »The probability of the existence of a self-reproducing unit«, a. a. O.
4 Werner Heisenberg, *Der Teil und das Ganze. Gespräche im Umkreis der Atomphysik*, München 1969, S. 158.
5 Roger Penrose, »Big bangs, black holes und ›time's arrow‹«, in: Raymond Flood und Michael Lockwood (Hrsg.), *The Nature of Time*, Oxford 1986.
6 J. A. Wheeler, »Bits, quanta, meaning«, in: A. Giovannini, M. Marinaro und A. Rimini (Hrsg.), *Essays in Honour of Eduardo Caianello*.
7 C. O. Alley, O. Jakubowicz, C. A. Steggerda und W. C. Wickes, »A delayed random choice quantum mechanics experiment with light quanta«, in: *Proceedings of the International Symposium on the Foundations of Quantum Mechanics*, Tokio 1983, S. 158.
8 Prigogine (1985), a. a. O., S. 208.
9 Eddington, a. a. O., S. 102.
10 David Bohm, *Wholeness and the Implicate Order*, London 1980 (deutsch: *Die implizite Ordnung. Grundlagen eines dynamischen Holismus*, München 1985).
11 A. Aspect et al., *Physical Review Letters*, 49, 1982, S. 1804.
12 *Physics*, 1, 1964, S. 195.
13 H. H. Pattee, »Can life explain quantum mechanics?«, in: Ted

Bastin (Hrsg.), *Quantum Theory and Beyond*, Cambridge 1971.

14 Walter M. Elsasser, »Individuality in biological theory«, in: C. H. Waddington (Hrsg.), *Towards a Theoretical Biology*, 4 Bde., Edinburgh 1968, Bd. 3, S. 153.

15 Erwin Schrödinger, *Was ist Leben?*, München 1987, S. 133.

16 William T. Scott, *Erwin Schrödinger: An Introduction to his Writings*, Amherst, Mass., 1967.

17 *Nature*, 1. April 1933, S. 458.

18 Heisenberg, a.a.O., S. 156–160.

13 Geist und Gehirn

1 J. J. Hopfield, D. I. Feinstein und R. G. Palmer, »›Unlearning‹ has a stabilizing effect in collective memories«, in: *Nature*, 304, 1983, S. 158.

2 Crutchfield et al., a.a.O., S. 49.

3 Freeman Dyson, *Innenansichten*, Basel 1981, S. 256.

4 R. W. Sperry, »Mental phenomena as causal determinants in brain function«, in: Gordon G. Globus, Grover Maxwell und Irwin Savodnik (Hrsg.), *Consciousness and the Brain*, New York und London 1976, S. 166.

5 Ebda., S. 165.

6 Ebda., S. 167.

7 Roger Sperry, *Science and Moral Priority*, New York 1983, S. 92.

8 D. M. MacKay, *Nature*, 232, 1986, S. 679.

9 Marvin Minsky, *The Society of Mind*, New York 1987, S. 26.

10 Michael Polanyi, »Life's irreducible structure«, in: *Science*, 1968, S. 139.

14 Gibt es einen Bauplan?

1 J. B. Hartle und S. W. Hawking, »Wave function of the universe«, in: *Physical Review*, D 28, 1983, S. 2960.

Register